Hannelore Zech
Andrea Leuoth-Münzberger

Dein Weg zum essbaren WALDGARTEN

Gesund selbstversorgt durchs ganze Jahr

Obst, Gemüse, Kräuter & Co. in 7 Schichten anpflanzen und ernten

Mit großem Rezepte-Teil

BAYERLAND

Hannelore Zech
Andrea Leuoth-Münzberger

Dein Weg zum essbaren WALDGARTEN

Gesund selbstversorgt durchs ganze Jahr

EINLEITUNG

Unser Alltag ist von negativen Schlagzeilen und Schlagwörtern wie Klimawandel, Hitzesommer, Naturkatastrophen oder Raubbau geprägt. Damit auch immer verbundenes Thema ist Ernährung: Wie kann Hunger auf der Welt bekämpft werden? Wie kann Landwirtschaft klimafreundlich funktionieren?

Wir sollten uns, in Anbetracht der Gegenwart, fragen: Wie ernähren wir uns eigentlich tagtäglich – und woher kommt unser Essen? Viele der Waren, die wir konsumieren, werden importiert; wir sind es gewohnt, das ganze Jahr über aus aller Welt versorgt zu sein. Doch ist das der richtige Weg?

Es wäre so einfach, sich komplett regional zu ernähren und dabei auch noch Klimaschutz, Bodenschutz und Schutz der eigenen Gesundheit zu betreiben: durch die Anlage eines Waldgartens. Eines Obstwaldes, einer essbaren Landschaft. Egal ob Balkon, Terrasse, Reihenhausgarten, großer Siedlungsgarten oder Kleinsthof: Vom Naschwald bis zum Erwerbswaldgarten ist alles möglich. Und der Bauer nebenan liefert das Getreide, das, gesäumt von

regelmäßigen Baumreihen, wesentlich mehr Inhaltsstoffe ausbilden könnte. Agroforst wird dieses System genannt, das uns vor Erosion schützt und es dem Getreide ermöglicht, langsamer und wertvoller zu reifen. Die Menschen mit größeren Gärten können mit Menschen, die keine Gärten haben, teilen, gegen Mithilfe oder anderlei Wertschätzung. Es gibt immer Möglichkeiten, und wer mag, der kann immer Wege finden. Ein Waldgartensystem ermöglicht es uns, die wir es bewirtschaften, ein Teil der Natur zu sein. Wir besuchen diese dann nicht nur bei Spaziergängen, nein, wir leben richtig darin und kennen unsere Wildtiere genauso wie unsere Nutztiere. Unsere Kinder können toben und klettern und ernähren sich den ganzen Sommer über draußen, direkt von den Bäumen und Sträuchern.

Wir ernähren uns frisch, schöpfen volles Nährstoffpotenzial ab, stärken unsere Gesundheit mit der im Wald angelegten Hausapotheke. Wir sind mit allem versorgt, was wir brauchen, sind zufrieden – lieben unser Leben.

Ein Waldgarten produziert:

- Medizinpflanzen
- Früchte
- Gemüse
- Flechtmaterial für Körbe
- Nüsse und Saaten
- Salate und Kräuter
- Honig
- Pilze
- Bindematerialien
- Feuerholz
- Pflanzen zum Waschen (seifenhaltige)
- Färbepflanzen
- Gewürze
- Stangen und Stöcke
- Holzsaft (Birkensaft, Ahornsirup)

Ganz links: Brombeerknospen im Waldgarten
Links: Immer frische Früchte für den Joghurt

VISION

Stellt euch doch nur vor, ihr sitzt an einem heißen Sommertag im angenehmen Schatten eines Baumes, neben euch die reifenden Johannisbeeren, darunter die intensiv duftenden Walderdbeeren. Am Baum bekommen die Äpfel bereits rote Backen und die rosa Holunderblüten vom rotlaubigen Strauch daneben gab es heute Mittag, in Bierteig herausgebacken. Dazu frische Himbeersahne. Ihr beobachtet gerade die Eidechse, die auf einem Totholzstamm in der Sonne sitzt, und genießt das Gezwitscher der Vögel in den Bäumen. Das ist euer dauerhaftes Selbstversorger-System, das sich, erst einmal eingewachsen, größtenteils selbst erhalten kann und leicht zu pflegen ist. Dafür bekommt ihr eine volle Speisekammer, angenehmen Schatten, herrliche Gesangseinlagen der Gartenvögel. Generell ist es wichtig und dringend notwendig, Bäume zu pflanzen. *Jetzt* Bäume zu pflanzen! Die Vorteile eines Waldgartens bilden sich meist erst so richtig ab dem 10. Standjahr aus. Der Garten wächst quasi mit dem Besitzer mit und jeder Garten ist so individuell wie sein Besitzer. So kann jeder Stück für Stück und Jahr für Jahr noch etwas dazupflanzen, was das System Garten ergänzt. Statt Schnickschnack an Weihnachten bekommt man einen Pfirsich- oder Aprikosenbaum geschenkt. Zum Valentinstag Frühlingszwiebelblumen, zu Ostern winterharte Kräuter, zum Geburtstag eine Tummelbeere usw. – Geschenke mit Sinn, die wachsen und sich entwickeln.

Nach über 20 Jahren Waldgartenbewirtschaftung kann ich sagen: Es ist ein lebenswerter, geborgener Lebensraum entstanden, eine Oase in der Ackerkulturlandschaft, und weitere Waldgartenprojekte im Hausgarten und auf kleineren Äckern wachsen sich gerade ein. Die Fülle, die daraus entsteht, und der Genuss, die können ihresgleichen suchen.

Früchte des Waldgartens im Juli/August

Oben: Schönheit und Nutzen zugleich: die Sonnenblume
Rechts: junger blühender Apfelbaum neben Teichbiotop

Schauen wir außerdem auf unsere Klimaentwicklung, schauen wir auf das Weltgeschehen und schauen wir, was es an „**Lebens**mitteln" wirklich noch zu kaufen gibt, dann wird es Zeit, Eigenverantwortung zu übernehmen, wenn wir uns in Zukunft noch gesund ernähren möchten. So ein Garten hat zusätzlich einen pädagogischen Wert. Die Kinder wachsen auf und können vielleicht noch die Pflanzen benennen, die sie von klein auf wachsen sehen, wissen, wo ihr Essen herkommt, und kennen noch echten Geschmack!

Lasst uns miteinander Bäume pflanzen, damit wir unsere Umgebung lebenswert erhalten – in Bayern und rund um den Globus.

ALLES ÜBER DEN WALDGARTEN

WAS KANN MAN SICH UNTER EINEM WALDGARTEN VORSTELLEN?

WAS KANN MAN SICH UNTER EINEM WALDGARTEN VORSTELLEN?

Ein Waldgarten ist kein ursprünglicher Wald, wie wir ihn kennen. Es ist auch kein Wald mit Gemüsebeeten (das ist auch gesetzlich nicht erlaubt, außerdem nicht sinnvoll). Im deutschen Sprachgebrauch sorgt der Begriff „Waldgarten" für falsche Bilder. Im Englischen wird diese Art des Wirtschaftens „Food Forest" genannt, also „Nahrungswald". Es ist aber immer noch kein Wald im herkömmlichen Sinne, es ist eher eine essbare Landschaft mit vielen Bäumen. Oder eben ein essbarer Wald. Es ist ein Element aus der Permakultur mit dem Sinn, auf kleinen Räumen größtmögliche Vielfalt zu erschaffen. Wir schichten und wir stapeln Früchte, Kräuter, Wurzeln und Gemüse, alles, was essbar ist, was Früchte produziert. Wir verarbeiten Wurzeln für Küche und Hausapotheke, Grünzeug für Küche und Tee, aber auch Viehfutter. Denn oft wird ein Waldgarten auch noch von Nutztieren bevölkert, wie Hühnern, Enten, Gänsen, Ziegen und/oder Kaninchen. So ein Waldgarten wirft nämlich genug für alle ab. Zusätzlich können die Tiere mitwirtschaften, also entweder Schädlinge dezimieren oder zu viel Fremdaufwuchs eliminieren. Für Wildtiere wie Vögel, Insekten,

Der Mienbacher Waldgarten im Luftbild mit dem Örtchen Mienbach. Im Notfall könnte im Waldgarten genug zusätzliches Gemüse für alle 50 Dorfbewohner mitproduziert werden.

Reptilien und Kleinsäuger ist ein Waldgarten ein Paradies. Nicht zu dicht bepflanzt, gibt es noch genug freie Wiesenfläche für Kamikaze-Amseln, versteckte Steinmäuerchen für Eidechsen, kleine Wasserstellen für Libellen und Erdkröten, höhere Bäume für den wunderbaren Gesang des Pirols oder Ameisenhaufen für Grünspechte. Mit Totholzhaufen schafft man zusätzlich Lebensraum für den grunzenden Igel oder das nachtaktive Mauswiesel. Wir sehen das Wieselchen nicht, jedoch ist es der Feind unseres größten Widersachers, der Wühlmaus. Somit unser bester Freund und dem geben wir doch sehr gerne eine Herberge.

Ein Waldgarten ist ein Lebensraum für alle, er erzeugt ein Miteinander und wir können der Schöpfer dieses Lebensraumes sein. Als Lohn bekommen wir dafür die leckersten Früchte von Mai bis Dezember, Grünzeug und Gemüse das ganze Jahr über (wenn wir die Möglichkeit haben, auch im Winter unter Schutz anzubauen) und kulinarische Ergüsse. Denn wer nur das Obst aus dem Supermarkt kennt, der kennt kein richtiges Obst! Sonnengereift und erntereif gepflückt mit vollen Nährstoffen, das Superfood liegt quasi vor der Haustür.

Rechts:
Wärmebedürftigere Bäume wie Nektarine, Lotuspflaume oder Kaki können im geschützten Mikroklima wunderbar wachsen und fruchten.
Kleines Bild:
immer frisches Obst aus dem eigenen Garten: giftfrei und gesund

Links: Fruchtzaun mit Säulenobst und Spalierobst, Beeren und Kräutern; Mitte: junge Birne vor Brombeerwand in Hausgarten; Rechts: Geschütztes Mikroklima ergibt eine tolle Ernte.

Das Mikroklima

Es bezeichnet Kleinklimazonen in Bereichen, in denen Wind und Sonne nicht ihre volle Wucht entfalten können. Beobachten wir das in unserem Garten, so ist besonders die südliche Hauswand wärmebedingt exponiert, während man um die Hausecke eventuell mit sehr viel und sich verstärkendem Wind zu rechnen hat. Dies ist bei Bepflanzungen unbedingt mit zu beachten! Doch wie gestaltet man ein optimales Kleinklima?

Zuerst stellen wir fest, woher die intensivsten Winde kommen. Oft von Westen, aber auch von Osten. Im Siedlungsbau kann es aber oft vorkommen, dass der Wind anders geleitet wird, entlang von Straßenzügen oder wegen ungünstigen Höhen und Tiefen um Bauten herum. Wird Wind hochgeleitet, fällt er irgendwo ab. Unweigerlich. Wenn wir aber Wind bremsen wollen, brauchen wir eine strukturierte Bepflanzung mit unterschiedlichen Höhen. Der Wind soll durchkönnen, aber langsamer werden. Zu viel Wind ist deswegen ungünstig, weil er Wärme mitnimmt. Im Sommer jedoch sind kühle Lüftchen angenehm, diese entstehen jedoch auch durch die Verdunstung von Bäumen, so dass Bäume eine Doppelfunktion ausführen: das ganze Jahr über Windbremse, im Sommer Schattenspender und dadurch Garant für kühlere, angenehmere Luft. Dazu das Laub, das wir dringend als notwendige Organik zur Düngung unseres Systems benötigen. Es entsteht mit dem Pflanzen von Bäumen quasi eine Positivspirale von besserem Kleinklima und Bodenaufbau.

Wir können also windberuhigte Zonen in den Gärten anlegen oder mit Mauern gestalten. Allerdings ist der klare Nachteil von Mauern, dass diese sich aufheizen und im Sommer keinen kühlen, angenehmen Schatten wie ein Baum liefern. Im Siedlungsbereich haben wir oft ganz genaue gesetzliche Vorgaben über Zaun- bzw. Heckenhöhen und Abständen zu den Nachbarn. Diese gilt es auf alle Fälle zu beachten. Sichtschutz funktioniert am produktivsten mit einer Wildobsthecke, welche auch schnittfest ist. Diese hält Wind wunderbar auf, ist sie erst einmal auf 2 m Höhe angewachsen. Will man die Wärme besser auf dem Gelände halten, helfen uns Steinsetzungen (funktioniert auch wunderbar mit Dach- oder Reichsziegeln) in Form von Kraterbeeten oder Sonnenfallen. Auch Kräuterspiralen fangen Wärme ein. An solchen Orten, wo Wärme gespeichert wird und gleichzeitig Windschutz da ist, schmilzt Schnee viel früher und die Frühlingsblüher erfreuen uns schneller.

In den immer heißer und trockener werdenden Sommern allerdings ist es gut, wenn dann im Mai ein Blätterdach vor zu viel Wärme schützen kann, besonders vor einem Wintergarten, der zur dunkleren Jahreszeit eine optimale Wärmefalle darstellt. So kann man durch die Gartenbepflanzung sogar im Haus ein besseres Klima schaffen.

Nützlingsbiotope als Helfer

Je vielfältiger das Leben in unseren Gärten ist, umso eher kommen wir in ein ökologisches Gleichgewicht. Dies bezeichnet ein Gleichgewicht zwischen Schädlingen und Nützlingen. Als Beispiel: Nach längerer Regenzeit werden Rosen und Salate oft von Blattläusen befallen. In einem vielfältigen Garten mit viel Lebensräumen können sich jedoch auch Marienkäfer, Florfliegen und Ohrwürmer schneller vermehren nach Bedarf, da sie Lebensräume in der Nähe der befallenen Pflanzen haben. So können schädliche Populationen zwar auftreten, werden aber schnell bekämpft. Und wir müssen dagegen überhaupt nichts unternehmen. Lediglich die Behausungen von Nützlingen schaffen – und das sollte bereits zu Beginn der Gartenanlage miteingeplant werden. Hier eine Auflistung vieler Nützlinge und deren Nahrung, das heißt der für uns als schädlich eingestuften Tiere. Eine Bewirtschaftung ohne Gifte, auch ohne Schneckenkorn, ist hierbei vorausgesetzt!

In einem Garten, in dem der Igel seine Jungen aufziehen kann, der Siebenschläfer Höhlen findet, die Ringelnatter im Wasser schwimmt und im Winter genug Vogelnester sichtbar werden, ist die Welt weitestgehend in Ordnung. Sind genug Unterschlupfmöglichkeiten vorhanden, können besonders Katzen keine Eidechsen erwischen. Natürlich kann eine

Oben: Nützlingsbiotop durch Steinmäuerchen, Totholz und Grünschnitt
Mitte: Teich ohne Fische, für Libellen, Molche, Kröten und Co.
Unten: Enten sind wertvolle Mitarbeiter: Sie fressen Schnecken und weitere Schädlinge zuverlässig.

Biologische Schädlingsbekämpfung

Nützlinge	Hauptnahrung	Schutzmöglichkeiten
Fledermaus	Nachtinsekten	Standort schonen, alte Bäume erhalten, Kunsthöhlen anbringen
Igel	Mäuse (Nachwuchs), Insekteneier, Schnecken, Würmer	Hecken pflanzen, Totholzhaufen, Laubhaufen über den Winter
Maulwurf	Insektenlarven und -puppen, Würmer, Nachwuchs der Wühlmaus	nicht mit Wühlmaus verwechseln, sich über die Hügel freuen
Spitzmaus	Mäuse (Nachwuchs), Insekten, Insektenlarven, Schnecken	Standort schonen, Totholzhaufen
Mauswiesel	Ratten- und Mäusenachwuchs, Wühlmäuse	Stein- und Holzhaufen
Gartenvögel: Gartengrasmücke, Mönchsgrasmücke, Rotschwanz, Gartenspötter, Fliegenschnäpper, Mauersegler, Meisenarten, Rotkehlchen, Schwalbe, Specht, Wendehals, Zaunkönig	Insekten, Insektenlarven, Insektenpuppen und -raupen	Hecken und Gebüsch, alte Bäume erhalten, Reisighaufen, Kunsthöhlen = Nisthilfen
Steinkauz, Schleiereule, Bussard, Falke	Ratten und Mäuse, Insekten	alte Bäume erhalten, Kunsthöhlen, Zugang zu alten Scheunen
Lurche: Blindschleiche, Eidechse, Bergmolch, Erdkröte, Gelbbauchunke, Grasfrosch	Insekten, Insektenlarven, Schnecken, Würmer	Hecken und Gebüsch, Steinhaufen, Totholzhaufen, Wasserstellen, Boden nicht wenden
Gliederfüßer: Florfliege, Laufkäfer, Marienkäfer, Ohrwurm, Schlupfwespe, Schwebfliege, Spinnen, Wanzen	Insekten, Blattläuse, Insekteneier, -larven und -puppen, Wanzen fressen zusätzlich Milben, Laufkäfer, Schneckeneier	Boden nicht wenden, Tontöpfe mit Holzwolle füllen und auf Stab setzen
Springschwänze und Regenwürmer	organische Abfälle	Boden nicht wenden, nur organische Düngung, Abdeckung

Überpopulation Hauskatzen in einem Garten großen Schaden an Vogelnestern und Eidechsenpopulationen anrichten. Geeignete Schutzmaßnahmen wie Klettersperren an Bäumen oder eben genug Steinhaufen, Steinmäuerchen oder Dachziegelaufschichtungen machen es den Tieren möglich, in Kooperation miteinander zu leben. Wo am Land Katzen wichtige Mäusejäger rund ums Haus sind, sind sie in Städten oft ein Problem für Wildtiere. Wer Katzen selbst sein Eigen nennt oder in der Nachbarschaft hat, der sollte entsprechende Vorkehrungen im eigenen Garten treffen. In den Beeten hilft oft eine Abdeckung mit Maschendrahtzaun, um Scharren zu verhindern und sich vor Katzenkot zu schützen. Es gibt immer

Ein neues Biotop entsteht, Maschinen braucht es dazu keine: kleiner Teich, Sandarium, Totholz und der Aushub als Blühfläche.

Möglichkeiten für ein friedliches Miteinander. Wandern aus der Nachbarschaft zu viele Schnecken in den giftbefreiten Garten ein, helfen vielleicht Laufenten, doch auch hier kann eine Überpopulation Gefahr für Gemüse und Kräuter bergen. Alles sollte in einem gewissen Maß sein und die Anzahl der Tiere auf die Größe des Gartens angepasst sein.

Höhenkontrolle

Es kommt immer auf die Größe des Gartens an, wie hoch die Bäume werden sollen. Natürlich kann ich auch einen Halbstammbaum in einen 300 m^2 großen Garten pflanzen. Dann eben aber auch nur einen. Wenn ich Vielfalt ernten möchte, dann achte ich darauf: Je kleiner meine Fläche ist, desto niedriger belasse ich die Bäume. Dazu ist es sehr wichtig, zu wissen, auf welcher Unterlage die jeweilige Sorte veredelt ist. Im Supermarkt oder Baumarkt ergatterte Billigkäufe von Obstbäumen sind Überraschungseier! Auf diesen Etiketten finden wir keinerlei Informationen zu der Endhöhe des Baumes bzw. auf welcher Unterlage die Sorte veredelt wurde. In Baumschulen werden wir da eher fündig und werden dabei noch gut beraten.

Wir haben die Wahl zwischen Säulenbäumen, Spindelbuschbäumen, Spalierbäumen, Buschbäumen, Halbstamm- oder Hochstammbäumen. Bei Letzteren können wir eine Endhöhe bis zu 10 m und höher erwarten. Bei Säulenbäumen können es zwar auch bis zu 4 m werden, jedoch bleiben diese wunderbar schmal. Und wir können jeden Meter eine andere Sorte pflanzen. Übrigens als Sichtschutz ideal, da keine Zweige zu den Nachbarn hängen können. Spalierbäume wären auch ideal als Zaunersatz und als lockerer Sichtschutz. Man lässt sie nicht höher als 2,50 m werden und erzieht sie, so dass eine grüne Wand entsteht mit viel Fruchtbehang. Einzelne Spindelbuschbäume werden bis ca. 3 m hoch und brauchen einen Pfahl. Buschbäume werden ca. 4–5 m hoch, Halbstämme 5–6 m und Hochstämme, je nach Sorte, bis zu 10 m und höher.

Links: Zwischen jung gepflanzten Obstbäumen ist noch viel Platz für den Gemüsegarten und für Blumen.
Rechts: Spalierobst, wie hier der Apfel „Santana", wird höchstens 3 m hoch und man braucht dafür keine Leiter.

Hier eine Auflistung von Obstbaum-Unterlagen der Höhe nach, so dass eine grobe Orientierung entstehen kann:

- Bei Äpfeln gibt es eine Vielzahl an Unterlagen. Hier die gebräuchlichsten und die dazugehörigen Pflanzabstände im Garten:

	Niedrig bleibend	Mittelgroß	Mittel-Hoch
Äpfel	M27, M9, M26	M106, M7, MM111	A2, M25, M11, Sämling
Pflanzabstand, Platzbedarf	1,5–2,5 m	25 m²	65–80 m²

- Birnen wachsen von Haus aus schmal. Hier die gebräuchlichsten Unterlagen und der Pflanzabstand im Gartensystem:

Birne	Quitte A, BA29, Adams	Pyrodwarf	Sämling, Kirchensaller Mostbirne
Wuchsstärke	schwach	mittel	stark
Pflanzabstand	ca. 2 m	ca. 3 m	ca. 6 m

Zwetschgen und Pflaumen

Zwetschgen und Pflaumen	WaVit Säule	St. Julien A, WaVit, WeiWa	Bromptonpflaume, Myrobalane
Wuchsstärke	spezielle Sorten	für Spindel- und Halbstamm	für Hochstämme bis zu 5 m
Pflanzabstand	1,5-2 m	3-4 m	6-10 m

Pfirsiche und Aprikosen können säulig genauso wie sehr buschig wachsen. Für Säule gibt es spezielle Zuchtsorten.

Pfirsich und Aprikosen	spezielle Sorten	St. Julien A, WaVit	Sämlinge
Platzbedarf	Säule	für Spindel u. Halbstamm, 5-10 m²	für Hochstämme bis ca. 40 m²
Pflanzabstand	1,5-2 m	3-4 m	5-10 m

Kirschen: Ihr Platzbedarf wird meist unterschätzt. Nur Säulensorten sind wirklich schmal und können alle 1,5-2 m gepflanzt werden.

Kirschen	GiSelA 3, Weiroot 720	GiSelA5, Weigi 1 u. 2, Piku 1, Weiroot 158, MaxMa14, GiSelA12, Weigi 3, Weiroot 13	Prunus avium (Vogelkirsche), F12/1, Alkavo
Wuchsstärke	Spindel schwach	Spindel mittel bis Busch	Busch-, Halb- und Hochstamm
Höhe	ca. 3 m	3-5 m	bis zu 10 m hoch
Pflanzabstand	3-4 m	5-6 m	8-12 m

Plant ihr also euren vielfältigen Garten, ist es sehr wichtig, beim Kauf der Pflanzen auf die Unterlage zu achten bzw. auf die Angaben der Endhöhe. Einen stark wüchsigen Baum kann man nicht klein halten durch Schnitt. Man verhindert dadurch lediglich den Ertrag. Bäume reagieren auf starken Schnitt extrem. In unserer langjährigen Obstschneidepraxis erleben wir es immer wieder, dass Bäume als zu hoch empfunden werden im Hausgarten und einen sogenannten Hausmeisterschnitt erhalten. Sie werden einfach geköpft. Die Antwort des Baumes ist ganz klar: Er will überleben und treibt auf Teufel komm raus. Es entsteht ein extremer „Besen", den man nur mit jahrelanger Grunderziehung durch gezielten Schnitt wieder zum Ertrag und in Form bringt. Nur regelmäßig gepflegte Obstbäume bringen regelmäßigen Ertrag und können ein gutes Alter erreichen, bei Hochstämmen bis zu 150 Jahre. Je kleinwüchsiger sie jedoch sind, desto weniger alt können sie werden. Man spricht bei Spindelbusch so um die 30 Jahre. Dies ist abhängig vom Wurzelwerk. Je kleinwüchsiger die Unterlagen sind, desto kleiner ist der Wurzelballen, umso mehr sollte in Trockenphasen gegossen werden. Gut eingewachsene Hochstämme können in heißen Sommern auch ohne zusätzliches Wasser überleben, jedoch freuen sie sich trotzdem über jeden Tropfen.

Die Höhenkontrolle sollte bei der Planung viel Überlegung in Anspruch nehmen, besonders für kleinere Gärten, damit es später keine Probleme mit dem Licht gibt und vor allen Dingen auch keine Probleme mit den Nachbarn. Durch Spalier-, Spindelbusch und Säulenobst ist es schon einmal ausgeschlossen, dass Äste über den Zaun hängen. Säulenobst ist noch dazu so schön schmal, dass sich auch der Schattenwurf in Grenzen hält. Doch aufgepasst beim Kauf von Säulenobst! Es gibt extra Sorten für Säulen. Wird eine alte Apfelsorte auf eine Säulenunterlage veredelt, bleibt diese trotzdem keine reine Säule. Ja, sie bleibt schmal, aber trotzdem buschig. Dies gilt es zu bedenken. Gute Beispielsorten sind in der Auflistung von Obstarten und Sorten weiter vorne beschrieben.

Seid ihr euch unsicher mit der Planung bzw. mit den Endhöhen der jeweiligen Bäume, holt euch einen regionalen Baumwart oder Pomologen mit ins Planungsteam vor Ort in den Garten. Er kennt dann auch die jeweiligen besten regionalen Bezugsquellen. Und diese sind sehr wertvoll. Bevorzugt immer regionale Baumschulen und Gärtnereien und nicht das Gartencenter im Baumarkt.

Schichten und stapeln

Das Spiel mit dem Platz ist ein herrliches Spiel mit so vielen Möglichkeiten! Befindet sich der Garten auf einem Nordhang, dann werden die Bäume mit größerem Abstand gepflanzt, so dass trotzdem überall Licht hinkommt. Auf einem Südhang oder in der Ebene kann ich dichter pflanzen. Dies erfordert immer ein vorheriges gutes Beobachten der klimatischen Verhältnisse. Wir nutzen aber immer die komplette Fläche unter einem Baum, außer es ist ein Busch mit den Zweigen ganz unten. Dann können wir erst in der Tropfzone, das heißt im äußeren Kronenbereich, zu pflanzen beginnen bzw. zwischen den Bäumen. Besonders liebe ich es, wenn bei größeren Halbstämmen der komplette Bereich vom Stamm bis zur Tropfzone mit Kräutern, Stauden (essbare Blüten), Bodendeckern, Gemüsen und dann auch noch mit Beeren bepflanzt ist.

Nehmen wir z. B. einen Waldrand: Was und wie wächst dort? Alles ist auf Licht ausgerichtet und vor allen Dingen auch auf Schutz und Lebensraum. Sehr dicht stehen dort die Büsche, die meist die Vögel gesät haben, dazwischen kleinere Sträucher und nach außen, zur Wiese hin, viel Geblühe. Für den Wald heißt dies: absoluter Windschutz. Der Wind wird hochgeleitet und weht dann über den Wald hinweg. Er kann seine

Bollweiler Birne mit Baumscheibe im Hausgarten

Neu angelegte Obstbaumlebensgemeinschaft mit Birne im Agroforstsystem mit Dackel Gusti

Frisch bepflanzte Baumscheiben im Hausgarten neben Gemüsebeeten im Frühling

zerstörerische Fähigkeit nur ausleben, wenn er direkt in den Wald hinein kann. Doch die Waldrandvegetation schützt. Ähnlich können wir dies bei jedem einzelnen Obstbaum machen, und wird dies auf den ganzen Garten kopiert, dann entsteht ein System mit unterschiedlichsten Höhen, großer Vielfalt und dadurch genialer Stabilität. Eine Pflanze schützt die andere. Natürlich werden im Laufe der Zeit einige Pflanzen verschwinden, aufgrund von fehlendem Licht, sobald die Baumkrone zu dicht wird. Dafür haben andere wieder mehr Platz. Der Garten entscheidet im Endeffekt selbst, wer geht und wer bleibt. Und damit können wir arbeiten.

Ein ständiges Beobachten und Handeln wird hierbei aber nicht ausbleiben können. Ebensowenig wie ein Pflegeschnitt an den Bäumen. So wird vermieden, dass diese vergreisen, aber auch zu viel Licht nehmen.

Rankgeschichten

Am effektivsten wird es, wenn man den Platz mit Rankgewächs nutzt. Besonders Randbereiche können mit Spalieren hochproduktiv werden, Garagenwände oder Pergolen genial genutzt werden. Brombeeren, Taybeeren, Tummelbeeren, Japanische Weinbeeren, Kiwi oder Wein sind fruchttragende Kletterer, die Massen an Beeren liefern. Wein kann sogar in Bäume gepflanzt werden. Besonders Birnbäume eignen sich aufgrund ihres schmalen Wuchses für Weintrauben. Zwei Kulturen auf dem Platz von einer. Natürlich sollte auch hier der Wein regelmäßig geschnitten werden. Es ist im August/September einfach auch ein herrliches Bild, wenn neben schönen Birnen dicke Trauben hängen. Allerdings in besonders milden Gegenden könnte der Wein zu üppig für den Obstbaum werden. Deshalb entweder mehr pflegen oder dem Wein zwischen den Bäumen lieber ein Spalier bauen.

Unterpflanzungen und was die Wühlmaus damit zu tun hat

Die Bodendecker und Stauden leisten eine sehr wichtige Aufgabe unter den Bäumen oder unter Beerensträuchern. Sie decken den Boden ab, schützen ihn, halten ihn schattig und damit auch kühl. Die Baumwurzeln, ebenso das Bodenleben an sich vertragen keine zu heißen Temperaturen. Sehr kurz geschnittenes Gras z. B. kann den Boden fast so stark erhitzen, als läge er nackt da. Dagegen eine schöne Mulchschicht aus Grasschnitt oder eben eine Bepflanzung halten ihn schön kühl. Das begrüßt auch der

Weinreben am Spalier

Dornenlose Brombeeren eignen sich hervorragend zwischen Bäumen am Rankspalier.

Disteln locken sehr viele Schmetterlinge an.

Regenwurm, der in der Baumscheibe den Boden schön locker hält und Luft an die Wurzeln lässt. Das ist auch das Hauptproblem der Hausgärten, dass Gras bis zum Stamm wächst und der Wurzelbereich ständig betreten wird durch das Rasenmähen, Sitzen oder Spielen darunter. So kann der Baum auch kein Wasser speichern. Ein lockerer Boden stattdessen, mit vielen Wurmlöchern, kann Wasser leicht und schnell in tiefere Bereiche leiten und dort für später speichern. Der Baum profitiert ungemein davon.

Oben links: Beinwell als Pfahlwurzler und Hummelmagnet ist außerdem gut in der Hausapotheke
Oben rechts: Königskerzen zur Wühlmausablenkung
Unten: Meerrettich zur Schadpilzabwehr in der Aprikose

Meine liebsten Unterpflanzungen, die ich sehr oft benutze sind: Beinwell, Meerrettich, Knoblauch, Minze, Melisse und Taglilie. Stickstofffixierer wie Ginster oder Kleearten sind hier auch herzlich willkommen. Sie nutzen dem Baum besonders anfangs beim Anwachsen und generell beim Groß- und Starkwerden. Noch dazu werden sehr viele Nutzinsekten angelockt, die bei der Schädlingsbekämpfung nützlich sein können, oder wiederum Vögel anlocken, die dann auch gleich die Schädlinge vertilgen können.

Auch unter der Erde leisten diese Unterpflanzungen von Bäumen sehr wertvolle Beiträge, besonders die Wurzelpflanzen mit starkem ätherischen Ölgehalt. Nehmen wir als Beispiel die Streuobstwiese, die immer als Nonplusultra des Naturschutzes angesehen wird, dann findet sich dort hauptsächlich Raum für ein paar Insekten und Wühlmäuse. Die Wiesenblüher besonders der Magerstandorte sind zwar schon vereinzelt Tiefwurzler, jedoch nur sehr zart. Was wir brauchen, sind Barrierepflanzen: Diese starken Wurzeln treiben Beinwell, Meerrettich, Ampfer und Co. Besonders der scharfe Meerrettich ist eine gute Ablenkepflanze, genauso wie Knoblauch oder Minzen. Es ist genauso wie in der Mischkultur im Gemüsebeet: Es gibt einfach Pflanzen, die andere schützen, sei es wegen ihres Wuchses als auch wegen ihres Dufts. So entsteht Mischkultur auch unter der Erde. Wir müssen ja nur verhindern, dass die Wurzeln der Bäume abgefressen werden. Ein Wühlmausgitter allerdings kann das Wurzelwachstum auch wieder stark beeinträchtigen, so dass die Bäume später umkippen oder teils absterben durch Abschneiden der einzelnen Wurzelbereiche. Schlau ist es auch, die Beete mit Unterpflanzungen anzulegen, ein Jahr bevor der Baum gepflanzt wird. Das wäre ein Austricksen der Wühlmaus. Generell leistet diese ja besonders in schweren Böden einen großen Dienst, da sie den Boden grundlegend drainagiert. Was oft bitter notwenig ist. Ziel ist es, die Wühlmaus nicht komplett aus unserem Gartensystem zu vertreiben, sondern eine gute Koexistenz aufzubauen. Je größer die Vielfalt in unseren Gärten wird, umso mehr Lebensräume können entstehen und umso eher entwickelt sich ein Gleichgewicht der wilden Schad- und Nutztiere im Garten. Je mehr Nützlingsbiotopbereiche sich etablieren, umso stabiler und ungestörter können unsere Pflanzen wachsen.

Unsere Unterpflanzungen können auch sehr viele Wildgemüse beinhalten. Genial in den Baumscheiben und darüber hinaus sind z. B. Wiesenbärenklau, Pastinake (auch die Wilde), Klette, Löwenzahn, Giersch, Bereiche mit Grünspargel, Riesenmelde, Rhabarber, Taglilien, Haferwurzel und natürlich die Brennnessel. Ist abzusehen, wann das Obst auf den Bäumen reif wird, wird die Baumscheibe abgeerntet, die Kräuter werden dabei zurückgeschnitten, die Wildgemüse ebenso, die Teekräuter geerntet und getrocknet. Einige Wildgemüse eignen sich auch hervorragend als Mulchmasse, wie Giersch oder Brennnesseln. So entsteht ein weiches Bett und Äpfel, Birnen, Pflaumen etc. fallen weich und können noch gut aufgesammelt werden zur Direktverarbeitung.

Die Obstbaumlebensgemeinschaft – selbst ein Baum lebt nicht gern alleine

Warum sollten wir einem Obstbaum Partnerpflanzen zur Verfügung stellen?

Nehmen wir mal an, wir pflanzen eine Obstwiese. Diese lassen wir uns fördern (Streuobstpakt oder KULAP-Förderprogramm, Amt für Ländliche Entwicklung etc.). Als Bedingung gilt, es müssen Hochstämme sein. Diese Hochstämme (als Beispiel hier Apfel) haben als Unterlage alle den Bittenfelder Sämling. Somit pflanzen wir eine Monokultur, zumindest unter der Erde, und die Fraßschäden werden hiermit alle gleich sein. Dazu vielleicht noch Fettwiese ohne Kräuter – und das Desaster ist komplett. Im Hausgarten haben wir vielleicht unterschiedliche Unterlagen, jedoch vielleicht auch welche mit kleineren Wurzelballen, die nicht tief hinunterkommen, um sich selbst versorgen zu können. Wenn wir hier Partnerpflanzen, vor allen Dingen auch mit tieferen Wurzeln, dazusetzen, dann können diese Mankos ausgeglichen werden.

Hinweis: Gras sieht den Baum als Konkurrent und möchte vermeiden, dass dieser hoch wird und eine kräftige Krone ausbildet. Deswegen sendet es Stoffe aus, die den Baum am Wachstum hindern bzw. dem Baum viele Nährstoffe wegnehmen, weshalb es üblich ist, die Baumscheibe frei zu halten. Dies ist wiederum ungünstig wegen der erhöhten Verdunstung und Verkrustung der Erdoberfläche, was eine Überhitzung der Baumscheibe verursachen kann. Mit Partnerpflanzen umgehen wir all diese Probleme und schaffen noch zusätzlich unterirdischen Verbissschutz und ziehen oberirdisch Insekten als Nützlinge an.

Meerrettich, Kulturampfer, Beinwell, Königskerze oder die bis zu 4 m tief wurzelnde Luzerne können nun in tiefere Bereiche wurzeln und holen mit ihren Wurzeln Wasser und Nährstoffe hoch. Wenn jetzt noch Pilzmycele von z. B. Mykorrhiza ins Spiel kommen, dann bauen diese verbindende Leitungsbahnen auf, die Feuchtigkeit und Nährstoffe verteilen. Ein weiterer Vorteil von Pfahlwurzlern ist, dass sie Wühlmäuse von den Baumwurzeln ablenken durch ihre Gerüche oder generell durch ihren Wuchs vor den Baumwurzeln. Man muss sich das Wurzelwerk unter der Erde einmal richtig vorstellen: Je vielfältiger dieses ist, umso stabiler kann der Baum wachsen und ist somit gut versorgt. Blühstauden in der sogenannten Baumscheibe können zusätzlich Insekten anlocken, die dann wieder bei der Befruchtung oder Schädlingsbekämpfung helfen können.

Bodendeckerpflanzen beschatten den Boden und halten Gras fern, das den Baum als Endgegner sieht. Gras unter dem Baum ist nicht gut für ihn. Eine freie Baumscheibe jedoch genauso wenig, da die Verdunstung und Erhitzung enorm sind. In der Streuobstwiese bieten hier Kräuter Abhilfe, im Hausgarten eine Partnerschaft von Nutzpflanzen. Je beschatteter der Mutterboden ist, umso reichlicher das Bodenleben. Je reicher und aktiver das Bodenleben, umso mehr Dünger kann produziert werden, der dem Obstbaum wieder zugutekommen kann.

Hier ein paar Pflanzenbeispiele für eine sogenannte Gilde, die Obstbaumlebensgemeinschaft:

Bereich 1, unter der Erde als Pfahlwurzler: Beinwell, Meerrettich, Kultursauerampfer, Gemüsesauerampfer, Große Klette, Nachtkerze, Königskerze ...

Bereich 2, Bodendecker: Erdbeeren (klein- und großfrüchtig), Taubnesseln, Goldnessel, Bärlauch, Waldmeister, Lungenkraut, Giersch ...

Bereich 3, Kräuter mit ätherischen Ölen und Stauden: Lavendel, Melisse, Pfefferminze, Salbei, Fette Henne, Frühlingszwiebelblumen, Estragon, Taglilien, Indianernessel, Anis-Ysop, Skabiose, Sonnenhut, Iris, Herzgespann ...

Bereich 4, Beerensträucher in der Tropfzone des Baumes, also äußerer Bereich der Krone (oder eben späterer Krone): Johannisbeeren, Stachelbeeren, Maibeeren, Himbeeren, Jostabeeren ...

Bereich 5, Wildobst, das leicht nördlich vom Baum steht: Kornelkirsche, Holunder, Aronia, Schneeball, Nordische Zitrone, Quitte (kleinwüchsig), Felsenbirne etc.

Bereich 6, der Obstbaum selbst

Bereich 7, der vertikale Bereich, das heißt, wir nutzen den Obstbaum als Kletterhilfe für: Wein, dornenlose Brombeere. Bitte keine Kiwi in Bäume wachsen lassen, diese sind Würgschlinger und schaden dem Obstbaum. Deshalb einfach separat ein Gerüst bauen oder die Hauswand nutzen. Den vertikalen Bereich nutzen wir hauptsächlich bei Halbstammbäumen oder bei Spalierbäumen mit zusätzlichen Gerüstschnüren.

Die Vorteile einer solchen Obstbaumlebensgemeinschaft liegen also klar auf der Hand:

- Weniger Wurzelschäden durch Verbiss
- Weniger Schädlinge, wie Blattläuse, Raupen etc., durch Anlocken von Nützlingen
- Bessere Befruchtung durch mehr Blütenangebot
- Besserer Wuchs des Baumes durch Stärkung der Wurzeln und bessere Versorgung
- Mehr Vielfalt im Garten
- Bessere Flächenausnutzung
- Mehr nutzbare Pflanzen

Schon so manchen kränkelnden Siedlungsgartenapfelbaum haben wir durch die Anlage einer Baumscheibe wieder kräftigen und überzeugen können, dass es von Vorteil für ihn ist, mehr gutes Obst zu tragen.

Die Anlage einer Obstbaumlebensgemeinschaft

Pflanzen wir einen neuen Baum, dann ist dieser ja noch klein und wir beginnen mit dem ersten inneren Ring, den Pfahlwurzlern und mit 1–2 Kräutern mit ätherischen Ölen. Auch Knoblauch ist von Vorteil, wenn dieser gleich mit ins Pflanzloch gesteckt wird. Diese unterschiedlichen Düfte können Wühlmäuse fernhalten bzw. machen dadurch kein klar erkennbares Buffet für diese Nager auf. Wächst der Baum, können wir ihm Stück für Stück auch die Baumscheibe erweitern. Beeren pflanzen wir erst, wenn der Baum seine Breite erreicht hat, oder wir kalkulieren mit der Endbreite und pflanzen die Beeren schon früher. Diese Urnahrung des Menschen braucht immer genügend Sonne und vor allem auch gut Wasser. In der späteren Tropfzone des Baumes läuft überschüssiges Wasser immer an den Außenblättern herunter und direkt zu den Beerensträuchern. So ist allen gedient.

Doch wie pflanzen wir bei einem bereits bestehenden Baum mit Grasbewuchs, ohne die Wurzeln zu beschädigen?

Wir legen die Fläche vom Stamm bis zur Tropfzone des Baumes mit Zeitungspapier aus, ruhig mehrlagig, da wir damit den Grasbewuchs unterdrücken möchten. Auch unbedruckte Pappe ist möglich. Das Gras darf dabei ruhig lang sein, es legt sich somit besser hin und unterdrückt sich selbst ein klein wenig. Auf das angefeuchtete Zeitungspapier kommt dann Muttererde oder Komposterde in einer Höhe von ca. 10 cm. In diese Erdschicht packen wir die Pflanzen.

Es gibt noch eine andere Methode. Diese können wir im Herbst wunderbar umsetzen, wenn wir das Laub vom eigenen Garten und das Laub der Nachbarn verwenden, dazu noch etwas Grasschnitt. Richtig dick

packen wir dieses organische Material ruhig mit 30 cm Höhe um den Baum. Bis zur Pflanzzeit im Frühling ist schon ein Teil verrottet, hat gute Erde gebildet und so können die neuen Pflanzen gleich weiterwachsen. Das Bodenleben kann sich durch so eine Aktion um ein Vielfaches erhöhen. Diese Vielfalt unter der Erde durchlüftet den Boden, so dass durch den vermehrten Sauerstoff mehr Nährstoffe vom Baum aufgenommen werden können. Die Nährstoffe selbst werden hautpsächlich von Regenwürmern produziert, aber auch von Asseln, Springschwänzen und mehr. Gleichzeitig entstehen Futter und Unterschlupf für eine Vielzahl an Käfern. Für den Garten ist dies eine absolute Win-win-Situation!

Oben links: Apfelbaum aus meiner Kindheit, dem ich in der Jugend eine Unterpflanzung aus Cotoneaster, Skimmia, Spindelstrauch, Funkien und Co. gab. In 30 Jahren entwickelte sich eine optimale Gemeinschaft, die aber leider wenig für uns nutzbar ist.
Oben rechts: Erdbeeren als Bodendecker
Unten: junge Unterpflanzung mit Wildgemüse und Kräuter.

Der Waldgarten auf der Terrasse

Klein und fein, lecker und interessant, Beobachtungsraum und Genussraum. So können wir unseren Balkon oder unsere Terrasse, auch Dachgärten gestalten. In schönen großen Kübeln oder Holztrögen. Zwergbäume, Säulenbäume, sogar Spalierbäume in Reihe als Sichtschutz mit entsprechenden Sorten von Beeren, die geeignet sind für die Dauerhaltung im Topf. Es gibt mittlerweile so tolle Züchtungen von Himbeeren, aber auch Brombeeren, die nicht so extrem ranken, sondern eher buschig wachsen. Zwergmaulbeeren und Zwergige Felsenbirnen sind zusätzlich Highlights. Dazu Teekräuter, Küchenkräuter, Erdbeeren in verschiedensten Sorten, so dass von Ende Mai bis November geerntet werden kann. Es passen sogar Salate, Mangold oder Radieschen dazwischen. So entsteht eine Oase der Fruchtbarkeit, mit der man sogar umziehen könnte. Zur Düngung können einfach gemixte Küchenabfälle verwendet werden: Damit die offene Erde bedecken und vielleicht noch das ein oder andere Würmchen aus der Natur in die Töpfe umziehen. Die ökologische Düngung kann zusätzlich im Frühling mit Hornspänen und Gesteinsmehlen, aber auch Schafwollpellets erfolgen. Doch scheut euch nicht, gelegentlich den eigenen Urin zum Düngen zu verwenden. Natürlich nur, wenn man medikamentenfrei lebt. Gedüngt wird nur im Frühling und bis ungefähr Mitte Juni. Danach schadet jegliche Düngung den Bäumchen in den Töpfen. Bei zu viel Dünger werden diese eher anfälliger für Krankheiten und Schädlinge, als es ihnen nützen könnte.

Pflanzt ruhig die Kübel voller Pflanzen, es braucht keine Erde zu sehen sein bzw. sollte diese gerade auf einer Sonnenterrasse bedeckt sein. Achtet auch darauf, dass keine Stauhitze entstehen kann. Der Untergrund spielt dabei eine große Rolle. Ist das Pflaster hell, besteht weniger eine Gefahr, doch bei dunklem oder gar schwarzem Bodenbelag wäre es schlau, die Kübel nicht direkt darauf stehen zu haben, sondern eine Unterlüftung einzuplanen, ebenso wie eine leichte Beschattung für den Hochsommer.

Oben: Terrassenwaldgarten mit klein bleibendem Naschobst, Kräutern und Blumen für Insekten
Unten: Feigen im Topf; mit den richtigen Sorten gibt es auch hier reiche Ernte.

Der Waldgarten bis 500 qm

Jetzt wird es schon spannender! Bei der Planung achten wir zuallererst darauf, wie wir die Wege durch den Garten legen. Die eigenen Familienbedürfnisse sollten natürlich auch gedeckt sein. Brauchen wir Platz für einen Sandkasten, einen Solardörrer, die Wäscheleine? Brauchen die Kinder eine Schaukel oder will Mann/Frau einen Badezuber? Die Sitzflächen sollten im Vorhinein feststehen und die eventuelle Aussicht wollen wir uns auch nicht verpflanzen. Ist dies alles geklärt, verbleibt der übrige Platz, der dann vielleicht noch Abstriche für Gemüsebeete braucht? Beginnen wir mit Sichtschutz, Mikroklima und Nützlingsbiotopen. Zur Straße hin könnte eine Wildobsthecke den notwendigen Sichtschutz, Nahrung für Vögel und Insekten, Unterschlupf für Igel und Co. bieten. Auch vor Straßeneinträgen würde sie gut schützen. Zum Nachbarn hin sind Spalierobsthecken sehr beliebt; die Höhe haben wir hier gut im Griff und es wächst Essbares nur bis zur Grenze und nicht darüber.

Im Garten selbst können wir verschiedene Möglichkeiten anbieten:

- Tuffs von 3 Säulenbäumen mit entsprechender Teekräuterunterpflanzung oder dauerhaftem Gemüse, wie z. B. Rhabarber oder Ewigem Kohl, Winterheckenzwiebel und Grünspargel
- Spindelbuschbäume in kurzen Reihen, doch nicht gerade, sondern geschwungen. So entstehen neue Gartenräume und Entdeckungsmöglichkeiten. Verdeckte kleine Teichbiotope mit Geplätscher oder eine vom Haus nicht einsehbare Sitzmöglichkeit für den ungestörten Nachmittagskaffee. Die Unterpflanzung erfolgt dann natürlich auch relativ schmal bei den Bäumen, so dass die Pflege mit dem Rasenmäher schnell erledigt ist. Die Unterpflanzung kann hier eine Mischung aus Tee- und Küchenkräutern mit Blühstauden sein.
- Hingucker in Einzellage sind natürlich auch immer Obstsorten mit hängenden Zweigen. Diese gibt es von Sauerkirschen ebenso wie von Maulbeeren. Die Kinder könnten darin eine Art Geheimversteck unterbringen.
- Einzelne Spalierwände für dornenlose Brombeere, Taybeere oder Wein mit Unterpflanzung von Erdbeeren, Schnittknoblauch und Bärlauch würden gut eine Sitzfläche eingrenzen und verstecken.
- In Ecken, die man nicht so gerne intensiv pflegen möchte, können Buschbäume gepflanzt werden. Ihre Zweige setzen meist ziemlich tief an, so dass eine intensive Unterpflanzung oft nicht möglich ist. Hier kann der Rasenschnitt

Oben: Spalierapfel als Raumteiler
Mitte: Geschütztes Mikroklima an der Hauswand bringt leckere Erträge.
Unten: üppige Brombeerernte aus der Vertikalen

Oben: Im jungen Waldgarten/Agroforstsystem ist in den ersten 10–15 Jahren genügend Licht, um intensive Gemüsekulturen anzubauen.
Unten: Streuobstbaum in Hühnerweide

darunter verteilt werden, so dass Gräser nicht in den Baum hochwachsen. Die Ernte ist dagegen auch wieder praktisch, da sehr viel vom Boden aus erreicht wird und der Rest mit dem Apfelpflücker. Die Höhenkontrolle muss dann bei Pflegearbeiten erledigt werden.

- Natürlich können auch Hauswände oder Terrassenüberdachungen berankt werden mit unterschiedlichsten Kiwisorten, mit Wein (am besten pilzresistent) oder mit starkwüchsigen dornenlosen Brombeeren. Dieser Bewuchs beschattet optimal im Sommer, durch den Laubfall kommt jedoch im Winter genug Licht ins Haus.
- Die Wärme am Haus kommt auch Früchten wie Aprikosen, Pfirsich oder Kaki zum Vorteil. Diese gibt es auch in kleinwüchsigeren Sorten oder als Säule. Indianerbananen mit ihrem exotischen Geschmack sind auch ideale Fruchtbäume für kleinere Gärten, sie wachsen sehr langsam und bleiben ziemlich kompakt. Hier sollte lediglich auf die Sorte geachtet werden, es gibt selbstfruchtbare und Sorten, die eine weitere Sorte zur Befruchtung brauchen.

Ein Waldgarten mit bis zu 500 qm kann wirklich sehr vielfältig und spannend aufgebaut sein. Ist er mit den Sorten gut durchdacht, ernährt er locker 2 Personen das ganze Jahr über mit Obst, Kräutern und Grünzeug.

Ein Waldgarten bis 5000 qm

Ein halber Hektar ernährt locker eine größere Familie mit den Großeltern das ganze Jahr über. Hier kann dann großzügig eingelagert werden, können Säfte gepresst und auch Tiere gehalten werden. Ein Selbstversorger-Waldgarten mit ca. 1000 m^2 ist ideal für eine Familie mit 2 Kindern, wenn es noch leicht nebenher gehen soll. Bei bis zu 5000 m^2 kann dann schon etwas abgegeben werden an Freunde und weiterer Familie. Ab 500 m^2 aufwärts ist es auch möglich, Halbstammbäume zu pflanzen. Zu Hochstämmen würde ich wirklich nur in den äußeren Bereichen raten, wenn diese Fläche nur extensiv genutzt werden soll. Walnuss-, Schwarznuss- oder Herznussbäume sind bei dieser Gartengröße dann auch möglich. Weidehaltung von Gänsen oder Schafen, auch von Ziegen, sofern die Bäume gut geschützt sind mit separatem Zaun, kann hier gut laufen. Interessant ist jedoch wirklich ein Nahrungswald mit den unterschiedlichen Stockwerken, vielfältigen Sorten und je nach Sonnenausrichtung eine höhenmäßige Staffelung. Solche Nahrungswälder gibt es bereits in den Niederlanden, etwas lockerer angelegt auf einem Nordhang bietet dies auch der Mienbacher Waldgarten in Niederbayern. Bewusst angelegte essbare Landschaften mit einer Vielfalt an Arten und Sorten, wertvollen Biotopen und auch Kulturbäumen wie Linde, Buche, Esche, Weide oder Birke als Klimaxbäume und zusätzlichem Beitrag von Laub als Lebens- und Futtermittel für uns und die Tierhaltung.

Auf 5000 m^2 Fläche ist auch eine syntropische Landwirtschaft möglich. Schön in Reihenpflanzung und mit einem weiteren Stockwerk, den Klimaxbäumen, auch als „Opferbäume" benannt. Diese werden zwischen die Obstkulturen gepflanzt, um regelmäßig zurückgeschnitten zu werden und als Häckselmaterial den Boden aufzuwerten und die Feuchtigkeit des Regens länger im Boden zu halten. Klimaxbäume sind jedoch auch optimaler Windschutz, Tiefwurzler als Helfer zum Feuchtigkeitshaushalt und Nährstoffhaushalt und/oder Stickstoffsammler und -fixierer, der die Nachbarbäume beim Wachstum miternährt. Solche Klimaxbäume schützen das Obst z. B. vor Sonnenbrand oder vor starkem Wind und Schlagregen. Je nach Gegend mag dies große Vorteile haben. Syntropische Landwirtschaftssysteme sind hochproduktiv; und sind die Bäume noch klein, ist noch viel Raum für Gemüsebau dazwischen, später bleibt der Raum eher schattenverträglichem Unterwuchs. Dafür nimmt der Ertrag in höheren Etagen zu. So sind diese Systeme bereits im ersten Standjahr produktiv und nutzbar, die Art der Ernte verändert sich eben dann mit der Zeit.

Auf dieser Fläche kann auch schon ein Erwerbswaldgarten im Kleinen entstehen, als guter Zuerwerb als Produktbereicherung in der Landwirtschaft oder auf einem Gärtnerhof. Auch solidarische Landwirtschaften sind mit 5000 m^2 Erwerbswaldgarten wesentlich stabiler und umfangreicher aufgestellt.

Waldgartenernte im Juni

Ziegen können sehr gezielt zur Pflege eingesetzt werden.

Der Erwerbswaldgarten mit 1–5 Hektar Fläche

Ein Erwerbswaldgarten ist keine Plantage! Es ist jedoch sehr sinnvoll, in Reihen zu arbeiten, wenn die Fläche hügelig ist oder abschüssig, eventuell in Terrassen (hier wird das Gelände geformt) oder eben in Geländekonturen, so dass bei Regen Wasser immer bei den Kulturen bleibt und nicht weggeschwemmt wird. Der Unterschied von Plantage zu Waldgarten ist Monokultur gegen Polykultur. Wir arbeiten nie in gleichen Höhen, immer in Staffelung, wir arbeiten mit Lichtungen für Dauergemüse oder sonnenliebende Beerensträucher. Ein Waldgarten ist einfach ein interessantes Ökosystem mit vielen Mitarbeitern in Form von Nützlingen. Ein Nahrungswald ahmt die Natur nach. Hier rockt der Bär, hier zwitschern die Vögel und summen die Insekten. Ein essbarer Waldgarten überlebt auch ohne Gifte, und durch die Vielfalt entstehen auch gar nicht erst so viele Schädlinge. Für jeden Schädling gibt es früher oder später einen Nützling bzw. eine Strategie der Natur.

Besonders jetzt in unserer globalisierten, klimaveränderten Zeit tauchen immer wieder neue Schadinsekten auf, die aus China oder aus dem Süden zu uns einwandern und uns scheinbar das Leben schwer machen wollen. Die Erfahrung hat aber gezeigt, dass die Natur auf Dauer Lösungen findet, was uns kurzfristig manchmal aber nicht vor Komplettausfällen zu schützen vermag. Immer jedoch sollte auf eines geachtet werden, stets genug Luft bei pilzanfälligen Arten und Sorten, also Raum zu lassen. Hier gerne die Reihen in Windrichtung anlegen, damit ein schnelles Abtrocknen der Kulturen gewährleistet ist. Schorf und Sternrußtau können in feuchten Jahren anfällige Sorten heimsuchen. Allerdings sind diese

Sonne zwischen den Bäumen macht den Anbau von extensivem Gemüse, hier Kürbisse, möglich.

Pilze komplett ungefährlich für den Verbraucher. Waldgärtner beliefern keine Supermärkte, die nur genormte Früchte erwarten, Waldgärtner sind Direktvermarkter, ab Hof Verkäufer oder Obstverteiler, verarbeiter. Hier können Produkte entstehen, die es sonst nirgendwo zu kaufen gibt. In einer Geschmacksintensität, die ihresgleichen sucht. Hier sind ökologisch denkende Menschen zu Hause, die ihre Netzwerke und ihre Verteilersysteme ausgebaut haben mit der Zeit, für Menschen, die ebenso ökologisch denken und dies wertschätzen.

So ein Erwerbswaldgarten auf dieser Fläche könnte jede Gemeinde brauchen mit einem fest angestellten Bewirtschafter, der die Selbstpflücke der Gemeindemitglieder überwacht und organisiert, überschüssiges Obst und Gemüse verarbeitet und Gemeinschaftsaktionen plant und durchführt. Ein Allmendegarten, der die Nahversorgung und das Naturerlebnis für Kinder und Jugendliche im geschützten Rahmen sichert. Eine Bereicherung für Schulen und Kindergärten, die ihr Obst und das Gemüse für die Schulküchen daraus beziehen und darin lernen könnten, gerne auch in ihrer Freizeit, was es bedeutet, sein Essen selbst zu produzieren. Gemeinden, die so etwas ermöglichen, wären Leuchtturmprojekte, Vorzeigeprojekte für die ganze Welt.

Oben: Wildobst im Waldgarten mit Stockwerkaufbau (Holunder und Bibernellrose)
Unten: Platz für Schönheiten, die ökologisch wertvoll und schmackhaft sind, wie hier die russische Stockrose links. Aus besonderen Früchten/Wildfrüchten entstehen Produkte, die es nirgends oder sehr selten zu kaufen gibt.

Beispiele anderer Waldgärtner und ihrer Waldgartensysteme

So ganz neu ist dieses Waldgartenkonzept ja doch nicht, oder? Die ältesten Beispiele sind die Waldgärten der Chagga am Fuße des Kilimandscharo. Doch der gesamte Regenwald rund um den Globus ist durch die Menschen mit immer besseren Fruchtertragsbäumen, Auslesen etc. ergänzt und erneuert worden. Immer schon ging es um das Sammeln von Nahrung aus der Landschaft, und warum dann nicht die Landschaft optimieren für den eigenen Vorteil, nein, nicht nur. Zum Vorteil von allen!

Auch im süddeutschen-österreichischen Raum gibt es mittlerweile einige wunderbare Beispiele, nicht nur unseren Mienbacher Waldgarten auf 1,5 Hektar, sondern mittlerweile viele weitere. Hier möchten wir einige vorstellen mit einfachem Steckbrief und schönen Bildern.

„Hof[v:]Erde" im Fränkischen mit syntropischer Landwirtschaft

Ich bin Lilly Schmidtlein und wohne mit meiner Farmily auf einem 5-ha-Mehrgenerationenhof. Als Gemeinschaftshof haben wir uns seit 2018 zusammengefunden und uns mit der Frage beschäftigt, wie wir uns und andere Menschen in einer regenerativen Art und Weise ernähren können. Dabei wurden wir geprägt von den Weisheiten, die wir schon von unseren Großeltern in ihrer Landwirtschaft und Selbstversorgung gelernt haben, und haben stets neue Dinge aus der Permakultur, der (syntropischen) Agroforstwirtschaft und anderen regenerativen Anbaumethoden ausprobiert und für uns entdeckt. Wir leben hier auf dem „Hof[v:]Erde" als Selbstversorgungs-Gemeinschaftshof, der sich den Themen regenerativer Landwirtschaft und der damit verbundenen Bildung verschreibt.

Wo befindet sich dein Waldgarten?
Unser syntropischer Agroforst befindet sich in Kleinsendelbach, im Herzen Frankens.

Wie groß ist dein Waldgarten?
Die Fläche des syntropischen Agroforsts inklusive des Gemüse-Market-Gardens umfasst ca. 7000 m². 2000 m² sind dem Gemüse und anderen Nicht-Gehölzen gewidmet und 5000 m² umfasst das immer wieder erweiterte syntropische Frucht-, Nuss- und Beeren-System.

Wie alt ist dein Waldgarten?
2018 haben wir angefangen, die Fläche umzugestalten. Der größte Teil des syntropischen Agroforsts wurde im Jahr 2022 angepflanzt.

Syntropische Landwirtschaft „Hof[v:]Erde"

Welche Motivation steckt dahinter?
Unsere Motivation ist es, Böden und Landschaften, die über Jahrhunderte hinweg degradiert wurden, wieder mit Leben zu füllen. Mit unserem syntropischen Agroforst schaffen wir intakte, vielfältige und sich selbst tragende Ökosysteme. Sie schenken uns nicht nur nahrhafte, vielseitige Lebensmittel, sondern laden auch dazu ein, von und mit der Natur zu lernen. Für uns – und für all jene, die im Rahmen von Volunteering oder Bildungsangeboten zu uns kommen – ist es eine lebendige Erfahrung, wie Landwirtschaft auch aussehen kann: heilend statt ausbeutend, kreativ statt zerstörerisch. So brechen wir alte Paradigmen auf und zeigen, wie eine Landwirtschaft möglich ist, die in Zeiten des Klimawandels nicht nur resiliente Nahrung hervorbringt, sondern auch Hoffnung und Inspiration.

Wieviel Prozent schätzungsweise liefert dir dein Waldgarten an Nahrung und bereichert dir die Hausapotheke?
Wir versorgen uns aktuell nahezu zu 100 % selbst mit Gemüse und Beeren und einem Großteil von Obst. Wir kochen ein, trocknen und füllen die Regale für die kältere Jahreshälfte. Unsere Hausapotheke wird bereichert und wir stellen Tees her. Hülsenfrüchte sowie Getreide- und Milchprodukte werden regional zugekauft.

Verkaufst du auch Produkte daraus?
Natürlich! Wir verkaufen sowohl Gemüse, Beeren und Obst als auch verarbeitete Produkte (Marmeladen, Chutneys, Eingemachtes, Bohnenohrringe, Tee u. v. m.) direkt ab Hof und auf regionalen Themenmärkten.

Mehr Infos auf unserer Seite: www.hofverde.de

Was ist dir besonders wichtig in deinem Waldgarten?
Das Konzept der syntropischen Agroforstwirtschaft befähigt uns, Nahrungsmittel anzubauen, die resilient, mit hoher Nährstoffdichte und vor allem unabhängig von externen Inputs wie Kompost, Hackschnitzeln, Dünger, Transfermulch und globalen Lieferketten produziert werden können.

Reinhard Engelhardt, Waldgärten am Biohof „Grüner Engel", Niederösterreich

Gemeinsam mit meiner Familie bewirtschafte ich seit über 30 Jahren unseren Biohof „Grüner Engel" im unteren Traisental in Niederösterreich. Im Jahr 2022 durften wir den Betrieb an unsere Tochter Patrizia und unseren Schwiegersohn Christian übergeben. Die Verbindung zwischen praktischer Arbeit und universitärer Ausbildung (Diplom- und Doktoratsstudium an der Universität für Bodenkultur in Wien) ermöglichen mir tiefgreifende Einblicke und ein großes

Verständnis für die Wirkungszusammenhänge in der Natur.
Seit mehr als 20 Jahren beschäftige ich mich mit dem Konzept der Permakultur. Von 2009 bis 2012 war ich Obmann von Permakultur Austria.
In unseren Waldgärten kann ich all meine Erfahrungen und mein Wissen für eine zukunftsfähige Landwirtschaft integrieren. Daher habe ich 2019 zusammen mit einem langjährigen Freund die Bildungsplattform www.waldgarten.global gegründet, um möglichst viele Menschen aus unterschiedlichen Regionen für dieses Thema zu begeistern.

Unsere drei Waldgärten
Auf unserem Biohof gibt es derzeit drei Waldgärten, die in unmittelbarer Nähe zur Hofstelle liegen.
Unser ältester Waldgarten umfasst eine Größe von 3000 m² und wurde vor 25 Jahren als extensives Agroforstsystem mit den Schwerpunkten Sanddorn, Walnüsse und Holunder bepflanzt.
Mit 2800 m² ist der nunmehr 14-jährige Waldgarten im Pletzengraben ein vielfältiger Ort mit zahlreichen Nuss- und Obstbäumen, Beerensträuchern, mehrjährigem Gemüse und Heilkräutern.
Im Zuge der Renovierung unseres alten Weinkellers und der Adaptierung zu einer Waldgartenmanufaktur wurde am dahinterliegenden Kelleracker 2022 ein weiterer Waldgarten mit einer Fläche von 2200 m² angelegt. Dieser Waldgarten dient überwiegend der Selbstversorgung mit Obst und Gemüse.

Meine Motivation
Wir geben der Natur wieder ein Stück Land zurück. Wir wollen ein Gegenkonzept zur industrialisierten, monokulturellen Landwirtschaft schaffen und einen wichtigen Beitrag zur Verbesserung der regionalen Klimaverhältnisse leisten. Waldgärten zeichnen sich durch eine hohe Artenvielfalt aus, die es ermöglicht, ökologisch wertvolle Flächen durch die Integration von ess- und nutzbaren Pflanzen auch wirtschaftlich erfolgreich zu führen. Mit unseren Waldgärten zeigen wir, dass eine kleinstrukturierte Landbewirtschaftung ohne Einsatz großer Technologien und ohne hohe Investitionskosten möglich und erfolgreich ist.

Selbstversorgung
In den Sommermonaten produzieren wir in unseren Waldgärten so viel Obst, Gemüse und Kräuter, dass wir nicht nur unseren eigenen Bedarf decken, sondern auch entferntere Familienangehörige und Freunde versorgen können. Von April bis Anfang Juni und von Anfang Oktober bis Ende November reduziert sich dieser Anteil auf etwa 60 %.

Reinhard Engelhardt, Wetzmannsthal

Kellerfeld

Produktverkauf
Einen Teil unserer Waldgartenprodukte verkaufen wir über unseren Hofladen, an regionale Bioläden und an die regionale Gastronomie.
Marillen: frische Marillen, Marillenmarmelade, Marillenschnaps
Holunder: Holundersaft, Holunderlikör
Sanddorn: Sanddornbeeren, Sanddornnektar, Sanddornursaft, Sanddornmus, Sanddornlikör
Walnüsse: eingelegte Walnüsse, Walnüsse in der Schale, ausgelöste Walnüsse.

Weitere Informationen zu unseren Produkten sowie unserem Biohof gibt es auf unserer Webseite unter www.gruener-engel.at

Prioritäten in unseren Waldgärten
In unseren Waldgärten legen wir besonderen Wert auf Artenvielfalt. Nachdem wir die verschiedenen Pflanzenschichten nach Wuchshöhe angelegt haben, fördern wir dieses Ziel durch eine jährliche Verdichtung der Bepflanzung.
Die ökologische Stabilität unserer Waldgärten hat für uns einen besonders hohen Stellenwert. Da wir keine Nutztiere halten, ist es uns ein wichtiges Anliegen, Wildtiere, soweit sie das System nicht gefährden, in unser Konzept einzubinden.
Durch eine durchdachte Gestaltung und gezielte Wegführung möchten wir den Arbeitsaufwand möglichst geringhalten. Die Orientierung unserer Waldgärten am Konzept der syntropischen Landwirtschaft erweist sich dabei als äußerst vorteilhaft.
Zuletzt aber ebenso wichtig ist uns die Erholungsfunktion in unseren Waldgärten. Wir trachten danach, Gestaltungselemente zu integrieren, die ein Verweilen, ein stilles Beobachten, aber auch ein geselliges Zusammensein ermöglichen.

Katrin Herrmann, Hof „Zur bunten Kuh", Baden-Württemberg

Katrin Herrmann, Jahrgang 1980 , Biobäuerin seit 1997, 3 Kinder, Permakulturdesignerin seit 2025

Wo befindet sich dein Waldgarten?
In 74532 Ilshofen-Steinbächle.

Wie groß ist dein Waldgarten?
Unser Hof ist gute 12 Hektar groß: eine Streuobstwiese 0,34 ha alt, neu 1,2 ha Streuobst inkl. Walnussbäume, plus um die 2,2 ha Viehweide, Obstbäume drumherum, über 39 davon mit angelegten Baumscheiben, 3,4 ha Acker mit momentan 4 integrierten Baumreihen mit Birken, Eichen, Rosskastanien, Esskastanien, Walnüssen, Baumhasel, Schwarznuss, Bienennährbäumen u. v. m., Bienen und Obstbäume im Hühnergarten ca 2000 m², großes Feuchtbiotop mit Wildobsthecke, kleines Paradies mit vielen Beeren, Kräutern und Blumen u. v. m.

Katrin Herrmann

Oben: Baumscheibe mit Teepflanzen und Wildgemüse
Unten: Heilpflanzen für die Hausapotheke in der Baumscheibe; sie bietet Vorteile für Baum und Mensch. Damit die Wiese nicht in die Pflanzung wächst, ist der Rand dick abgemulcht.

Wie alt ist dein Waldgarten?
Die alte Streuobstwiese ist über 70Jahre alt; der Großteil des Waldgartens wurde von März 2019 bis heute angelegt.

Welche Motivation steckt dahinter?
Ich will die Welt verbessern, viele Hofkunden haben Obstbäume bei uns, den Menschen Muttererde wieder näher bringen, jedes Jahr ernten und nicht immer wieder neu pflanzen, Selbstversorgung mit Obst betreiben, mit Nüssen, Beeren und Kräutern, Kastanien zum Waschen u. v. m.

Wieviel Prozent schätzungsweise liefert dir dein Waldgarten an Nahrung und bereichert dir die Hausapotheke?
20 %, Apotheke 90 %, ist ja noch am Wachsen, mit dem Gemüse und Kartoffelacker und den Tieren um die 70–80 %.

Verkaufst du auch Produkte daraus?
Ja.

Was ist dir besonders wichtig in deinem Waldgarten?
Schöne Baumscheiben, da erfreue ich mich jeden Tag daran, große Vielfalt, damit alles da ist, was man zum Leben braucht. Deshalb schätze ich in unserem einzigen weniger kalkhaltigen Acker auch die Esskastanien.

Bernhard Gruber, nahe Wels, Oberösterreich

Der Waldgarten am Häusl auf der Heide – Bernhard Gruber, Österreichisches Waldgarten-Institut
Ende der 1980er Jahre legte mein Vater, Hans-Hermann Gruber, am Stadtrand von Wels (Oberösterreich) nach dem Vorbild des Engländers Robert Hart einen der ersten essbaren Waldgärten in Europa an. Zu dieser Zeit war natürlich die Herausforderung, gutes Pflanzmaterial zu bekommen, da der Ökolandbau noch in den Kinderschuhen steckte und für viele das Wort

Links: Bernhard Gruber vor Lehm-Flaschenwand des Gartenhauses; rechts: Chinesischer Gemüsebaum

Biodiversität ein Fremdwort war und gerade auch in den Jahrzehnten zuvor die Streuobstwiesen und Hecken der industriellen Landwirtschaft zum Opfer gefallen sind. So tauschte sich mein Vater mit Nachbarn aus und bestellte über Anzeigen in Gartenzeitschriften. Vieles in unserem 4300 m² großen Waldgarten wurde selbst gezogen, vermehrt oder auch veredelt.

Anfangs legte Hans-Hermann den Waldgarten in drei Hauptreihen parellel zu Grundstücksgrenze an, welche leicht süd-östlich verläuft. Später orientierte er sich mit den Zwischenpflanzungen nicht mehr an der Grundstücksgrenze, sondern, wie in Agroforstsystemen in der nördlichen Hemisphäre üblich, an der Nord-Südachse. Er schuf in seinem Waldgarten sogenannte „Sonnengassen", wo in einigen Bereichen über den Tagesverlauf die Sonne durchdringen kann. Über die vielen Jahre hinweg ist der Waldgarten erheblich zugewachsen und viele Pflanzen stehen komplett im Schatten. Die meisten von ihnen kommen damit gut zurecht, da sie ursprünglich auch aus dem Wald stammen, durch den jahreszeitlichen Blattabwurf zu Licht kommen oder weil wir durch Rückschnitt wieder etwas Licht in den Waldgarten bringen.

Die Japanische Weinbeere (Rubus phoenicolasius) und auch die Schwarze Himbeere (Rubus occidentalis) kommen mit Schatten sehr gut zurecht. Die Schisandra (Schisandra chinensis) freute sich über den Rückschnitt der Maulbeere, an welcher sie hochranken sollte, und erkannte, wie es scheint, dass sie doch die Möglichkeit hat, das Sonnenlicht zu erreichen. Auch Taglilien (Hemerocallis) gedeihen noch im Schatten, wenngleich sie keine Blütenknospen mehr austreiben, doch bei der Taglilie sind im zeitigen Frühjahr, schon ab Mitte Februar, die frischen Triebspitzen viel bekömmlicher als die Blütenknospen im Juni.

Wir leben hier am Waldgarten in vier Generationen, acht Erwachsene und fünf Kinder. Zeitweise haben wir bis zu fünf Praktikanten und auch zahlreiche Seminarbesucher, wo natürlich auch der Waldgarten mit seinen Perma-Veggies (mehrjähriges, sich selbstaussäendes oder wildes Gemüse), Beeren und verschiedensten Obstsorten einen großen Beitrag zur Lebensmittelversorgung leistet, doch haben wir auch weitere Flächen im Nahbereich der Wohnhäuser, wo einjähriges Gemüse, Salate und Küchenkräuter zu finden sind.

Aus unserem Waldgarten könnten wir noch viel mehr Menschen versorgen, doch es ist immer die Frage, wie

man sich ernähren will, da es hier Produkte gibt, die man nicht aus dem Supermarkt kennt. Für viele stellt ja schon die Brennnessel (Urtica) ein Problem dar, bei uns ist sie überall zu finden, wird jedoch einmal im Jahr vollflächig abgeerntet. Wir verwenden sie grün als Brennnesselsuppe, und die getrockneten Blätter vermahlen wir zu Blattmehl, mit welchem wir vom Brotteig über Pizzateig bis hin zu Palatschinkenteig das zugekaufte Biomehl strecken.

Das Abernten der Brennnessel im Mai ist wichtig für das Gesamtsystem unseres Waldgartens und erhöht natürlich den Ertrag, einerseits durch das Blattmehl, andererseits durch das Licht, das jetzt wieder zu den darunterliegenden Beerensträuchern vordringen kann, wo dann die Ernte mit Ende Juni beginnt. Es werden nicht nur Brennnessel ausgelichtet, wir halten es auch mit dem Obstbaumschnitt als Pflegeschnitt und sehen, wie es sich positiv auf den Ertrag auswirkt. Selbst Bäume, die keinen Pflegeschnitt brauchen würden, werden bei uns immer wieder einmal etwas zurückgenommen, das schafft Licht im System, hält die Pflanze jung und die anfallende Biomasse wird als Futter für die Mykorrhiza-Pilze (Bodenpilze, welche das Netzwerk unter den Pflanzen herstellen) ausgebracht oder zu Terra Preta verarbeitet. Gezielt wurde bei uns im Waldgarten auch der Luftstickstoffsammler, die Schwarzerle (Alnus glutinosa) gepflanzt, mit gut sieben Jahren erreicht sie ein schönes Stammholz und wird auf den Stock gesetzt, die Jahre zuvor wird sie immer schon etwas nach oben getrimmt. Auf metrigen Holzstämmen der Schwarzerle werden bei uns hochwertige Speisepilze wie Shiitake und Austernseitling gezogen. Bei der Schwarzerle werden die zahlreichen Stockausschläge auf einen Trieb reduziert und es darf wieder ein Baum heranwachsen.

Die Ernte und die Erträge eines Waldgartens sind unermesslich neben dem Beitrag für ein Leben in Harmonie mit der Natur. Alles, was uns begrenzt, ist die Vorstellungskraft und der Mangel an Visionen! Seit vielen Jahren geben wir hier unser Wissen und unsere Visionen an unsere Seminarbesucher, Praktikanten, aber auch Tagesgäste weiter und halten es in Büchern fest. Meine Vision ist es, dass sich mannigfaltige Agroforstsysteme wie Waldgärten viel mehr etablieren und einen wichtigen Beitrag zur lokalen Versorgung mit Lebensmitteln darstellen; dazu berate ich auch gerne Menschen, halte Impulsvorträge und Seminare.

Kraterbeet schräg von oben

Hermann Ketterl, Stephansposching, Niederbayern

Meine Name ist Hermann Ketterl. Ich bewirtschafte einen 8-ha-Biobetrieb in Fehmbach, Niederbayern, im Nebenerwerb. 2024 habe ich auf dem Hausacker meines Bauernhofs einen Waldgarten mit einem halben Hektar angelegt. Mein Ziel ist, wertvolle Lebensmittel zu erzeugen. Wertvolle Lebensmittel entspringen immer aus einer biodiversen Umgebung. Durch die Verknüpfung von Ackerbau, Mutterkuhhaltung und biointensivem Gemüsebau entsteht eine Symbiose, die das ermöglicht. Der Waldgarten erlaubt es, den Gemüsebedarf unserer Familie zu 80 % zu decken. Es gibt einige Familien, die zusätzlich für ihren Bedarf ernten. Der Waldgarten ist zum einen ein Ort, der dem Obst und Gemüse, das ich anbaue, einen Rahmen gibt, zum andern auch ein Lebensraum zum Wohlfühlen, nicht nur für mich, auch für Flora und Fauna.

Im schmalen Bereich des Waldgartens wurde eine Reihenstruktur angelegt. In der Mitte sieht man einen Weg. Links davon ist eine Heckenreihe, die sich noch nicht vom Gras abhebt und den Waldgarten zur Straße abschottet. Rechts vom Weg sind zwei Beetreihen (Gemüse & Blumen) und dahinter ist eine Spalierobstreihe, die den Waldgarten zum Feld (3 Jahre Rinderweide, 3 Jahre Getreide) abgrenzt.

Kartoffel- und Kürbisernte im Marketgardenbereich; im Vordergrund ein Beet mit Chinakohl, dahinter verunkrautete gelbe Rüben und Kohl; im Hintergrund sind Obstbäume (Hochstamm) wieder erkennbar.

Hans Söhl, Obertaufkirchen, Oberbayern

Natur mit System – die Syntropie im Waldgarten

Ich bin Handwerker aus Leidenschaft und betreibe in Obertaufkirchen eine kleine Metall- und Maschinenbaufirma. Aufgewachsen bin ich in einer alten Handwerkerfamilie, die über viele Generationen hinweg selbstständig im Wagnerhandwerk tätig war. Ursprünglich wurden dort alle Geräte aus Holz gefertigt, die man in der Landwirtschaft brauchte: Rechen, Krautfässer, Wagen, Schlitten, Kutschen u. v. m. Wie es in unserer Gegend üblich war, gehörte auch eine kleine Landwirtschaft zu jedem Handwerksbetrieb dazu. Vier Kühe, einige Schweine und Hühner sicherten bei uns den Eigenbedarf für die Großfamilie – wir waren weitestgehende Selbstversorger. Diese Verbindung von Handwerk und Landwirtschaft zur Selbstversorgung fasziniert mich bis heute.

Eine starke Verbindung zum Boden und zur Natur hat mich schon seit meiner frühesten Jugend geprägt. Heute ist mein Schwerpunkt die Herstellung und Weiterentwicklung der Wurmkomposttechnik als naturidentisches System, für den Balkongärtner bis zu großen landwirtschaftlichen Betrieben.

Hans Söhl, Obertaufkirchen, Oberbayern

Als ich gezwungen war, meinen Betrieb von Amtswegen zu verlegen, und ein Neubau notwendig wurde, war für mich klar: Auch hier, am neuen Standort, soll ein Garten entstehen, der uns mit Lebensmitteln versorgt, die im Einklang mit der Natur wachsen können.

Die Fläche, auf der mein Betrieb heute steht, war früher eine Wiese. Mit dem Bau wurde ein Teil davon versiegelt. Damit ging ein Stück der Photosyntheseleistung dieser Fläche verloren. Für das Ziel, diesen Verlust auszugleichen, war meine erste Handlung nach dem Bau der Werkstatt das Pflanzen von Bäumen. Heute, denke ich, ist dieses Ziel erreicht.

Zum einen wollte ich – wie meine Vorfahren – wieder ein Stück mehr Unabhängigkeit zurückbekommen. Zum anderen wurde mir schon ganz früh bewusst, dass unsere Lebensmittel in der modernen Landwirtschaft zunehmend an Nährstoffdichte verlieren. Dagegen gehe ich ganz gezielt vor. Das wirkungsvollste Werkzeug, das dafür zur Verfügung steht, ist die Selbstversorgung aus dem Waldgarten mit Gemüseanbau.

Vom Agroforstsystem zum Waldgarten

Zuerst legte ich direkt neben der Werkstatt ein Agroforstsystem an. Aber das fühlte sich jedoch nicht fertig an. Im Jahr 2010 begann ich deshalb, ganz gezielt einen Gemüsegarten mit einem Agroforstsystem zu verbinden. So entwickelte sich der Garten im Laufe der Zeit immer weiter.

Aus dem Agroforst wurde ein Waldgarten, aus dem Waldgarten entstand ein syntropisches Waldgartensystem mit dem Schwerpunkt Gemüseanbau. Jetzt wachsen dort zahlreiche fruchttragende Bäume und Sträucher, die sich mit Gemüsebeeten und Kräuterflächen zu einem lebendigen, vielfältigen System verbunden haben, das ständig an Fruchtbarkeit zunimmt.

*Obst und Beeren, verschiedenste Gemüse, Kräuter und sogar etwas Brennmaterial können im Jahresverlauf geerntet werden. Wir decken damit schätzungsweise rund **75 % unseres Lebensmittelbedarfs.** Alles, was dort wächst, dient ausschließlich der Eigenversorgung – es wird nichts verkauft.*

Was mir besonders wichtig ist: ***zeitsparende, einfache, aber hoch effektive Arbeitsweisen.***
Um stabile Erträge zu erzielen, möchte ich nur jene Arbeitsschritte ausführen, die wirklich notwendig sind. Der Garten soll nicht zur Last werden, sondern ein Partner sein, der mit mir wächst.
Zur Erhaltung und Verbesserung der Bodenfruchtbarkeit wird ausschließlich organisches Material, das im Garten selbst anfällt, verwendet. Es gibt ***keinen Zukauf*** *von Dünger, Gesteinsmehl, Präparaten oder Erden.*
Auch die meisten Pflanzen ziehe ich aus ***eigenem Saatgut*** *heran – ein geschlossener Kreislauf in vielerlei Hinsicht.*
Für den Gemüseanbau nutze ich einige ***Hochbeete.*** *Diese Beetform, als Mischkultur in Reihenform genutzt, hat sich als besonders leistungsfähig erwiesen.*

Die Baumscheibe

Eine Baumscheibe ist für mich die kleinstmögliche Form eines syntropischen Waldgartens. Sie zeigt auf ganz kleinem Raum, was auch im Großen funktioniert: Bäume als Zentrum, begleitet von Nutzpflanzen und Spontanbewuchs, die sich gegenseitig stärken.
Selbst im kleinsten Vorgarten kann dieses syntropische System entstehen – schön anzusehen, pflegeleicht und ökologisch wertvoll.
Eine bepflanzte Baumscheibe ist nicht nur ein ästhetischer Blickfang, sondern auch ein Beitrag zur Biodiversität und zur Regeneration unserer Böden – und ein kleines Stück Unabhängigkeit, das jeder verwirklichen kann.
Wenn sich die Bäume und Sträucher der Baumscheiben miteinander verbinden, ist es fertig, das Dschungelfeeling.
Mein Waldgarten ist für mich mehr als ein Ort der Lebensmittelproduktion – er ist ein lebendiger Ausdruck von Lebensqualität und Zukunftsdenken.
Die Natur zeigt uns täglich, wie Fülle entsteht: nicht durch Kontrolle und Differenzierung, sondern durch Harmonie und Zusammenarbeit.
Diese Erkenntnis ist es, die mich antreibt – im Garten, im Beruf und im Leben.

Der Waldgarten von Hans Söhl ist nach dem syntropischen System bepflanzt mit Reihenkulturen und bietet genug Raum für Gemüse.

Mein Waldgarten

- **Ort:** Betriebsgelände in Obertaufkirchen (Landkreis Mühldorf)
- **Gartengröße:** ca. 980 m²
- **Start Agroforst:** 2010 → Weiterentwicklung zum syntropischen Waldgarten
- **Ziel:** Unabhängigkeit, Nährstoffdichte der Nahrung verbessern, Ausgleich der versiegelten Bodenfläche durch die Photosyntheseleistung der Bäume
- **Nutzung:** rein Eigenversorgung (kein Verkauf)
- **Geschätzter Waldgarten – Eigenversorgungsanteil:** ~75 %
- **Düngung:** nur organische Materialien aus dem Garten
- **Pflanzenanzucht:** Großteil aus eigenem Saatgut

Arbeitsweise

- **Prinzip:** syntropische Bewirtschaftung – Bäume als zentrale Elemente, Schichtung, Vielfalt, natürliche Sukzession.
- **Effizienz:** nur notwendige Arbeitsschritte; hohe Wirkung bei geringem Aufwand.
- **Bodenpflege:** nur vor Ort anfallende organische Materialien (Schnittgut, Laub, Pflanzenreste); keine externen Präparate, kein Gesteinsmehl, keine Aussaaterde
- **Saatgut:** hauptsächlich eigenes Saatgut – geschlossener, robuster Kreislauf
- **Strukturen:** Kombination aus Hochbeeten (leistungsfähig für Gemüse) und Baumscheiben (Kombination Baum + Gemüse)

Ein Hinweis auf den Shop *www.soehlmetall-shop.de* als Bezugsquelle oder zur Seite *www.humusoptimus.de*

Lisa Müller, Roßbach, Niederbayern

Hallo, ich bin Lisa, ich habe 2016 den PDC im Mienbacher Waldgarten absolviert.

Wo befindet sich dein Waldgarten?
Im niederbayerischen Landkreis Rottal-Inn.

Wie groß ist dein Waldgarten?
Ca. 1500 qm.

Wie alt ist dein Waldgarten?
Die ersten Bäume und Sträucher haben wir 2016 gepflanzt – vor 9 Jahren!

Welche Motivation steckt dahinter?
Wir wollten einen Garten, der möglichst viele Lebensmittel für uns abwirft mit einem möglichst geringen Zeitaufwand. Gleichzeitig sollte ein möglichst naturnaher, wilder Garten entstehen, der als Rückzugsort für allerlei wildes Getier und auch für uns als Familie dient :)

Wieviel Prozent schätzungsweise liefert dir dein Waldgarten an Nahrung und bereichert dir die Hausapotheke?
Mittlerweile tragen die Obstbäume schon gut, also können wir vielleicht 25 % unseres Obstbedarfs übers Jahr daraus decken. Beim mehrjährigen Gemüse/Grünzeug ist das schwierig zu sagen, denn eigentlich bereichert fast jeden Tag irgendetwas aus dem Garten unsere Mahlzeiten – und wenn es nur ein paar Stängel Giersch oder Schnittknoblauch sind. Natürlich variiert der Anteil stark übers Jahr gesehen. Wir bauen auch einjähriges Gemüse an, welches in guten Jahren über die Sommer- und Herbstmonate hinweg bestimmt auch 30 % unseres Bedarfs deckt. Mit Kräutern für Tees und für die Hausapotheke kann ich fast den gesamten Bedarf aus dem eigenen Garten decken.

Verkaufst du auch Produkte daraus?
Nein. Ich verschenke und tausche in Zeiten des Überschusses aber gerne!

Was ist dir besonders wichtig in deinem Waldgarten?
Heute sind mir darin andere Dinge wichtiger als zu der Zeit, als wir unseren Waldgarten geplant und gepflanzt haben – was, denk ich, normal ist :)
Damals war mir eine größtmögliche Vielfalt an Pflanzen wichtig und ich habe viel Geld und Zeit in diese Richtung investiert. Heute würde ich versuchen, viel effizienter zu planen, denn: Auch wilde Waldgartenbereiche brauchen Pflege! Wir haben schon etliche Pflanzen an sich ausbreitende Brennnesseln oder wilde Brombeeren verloren, einfach weil wir „zu" wild gepflanzt hatten und keinen guten Zugang mehr für regelmäßige Pflegearbeiten mit der (Motor-)Sense o. Ä. mehr hatten.

Rechts: Baumscheibenbepflanzung mit Steinmäuerchen für Nützlinge
Unten: Hausgarten von Lisa Müller im Stockwerkaufbau

DIE PFLANZEN IN EINEM WALDGARTEN

GANZ EINFACH EINE ESSBARE LANDSCHAFT IN DEN GARTEN ZAUBERN

Kornelkirsche, s. Seite 60

Urnahrung: Beeren, Wildobst, Wurzeln

Nicht zu allen Zeiten war unsere Ernährungsversorgung so üppig gesichert wie heute. Und dennoch war das Essen vergangener Zeit oft wesentlich gesünder als unsere heutige Ernährung. In einem Waldgarten wächst jedenfalls das Powerfood schlechthin. Voller sekundärer Pflanzenstoffe. Unsere Beeren, unser Wildobst, meist züchterisch unverändert, wie zu Urzeiten. Auch die wilden Wurzeln sind gesammelt ein kulinarischer Hochgenuss und sehr kräftigend von den Inhaltsstoffen her. Unsere Ahnen vergessener Zeiten ernährten sich hauptsächlich von Beeren und Wurzeln neben der Jagd. Jedenfalls in unseren Klimabereichen der gemäßigten Zone und nordwärts gesehen.

Auch heute noch können uns Beeren und Wurzeln kräftigen, gesund erhalten oder aber wieder gesund machen. Frisch vom Strauch oder wenig verarbeitet dienen sie am meisten. Aber natürlich wer Masse hat, kocht auch Marmelade und Fruchtmuse ein für den winterlichen Genuss.

Wilde Wurzeln graben wir am besten aus, sobald der Frost aus dem Boden ist, im Frühling, im Februar oder März. Da haben wir den meisten Nutzen. Ein Einlagern ist hier nicht notwendig. Ab April beginnt die Pflanze jedoch bereits an ihre Blüten und damit an die Weitervermehrung zu denken. Die Wurzel wird dann holzig. Was unabdingbar ist, ist die Erkennung der meist einjährigen Pflanzenrosette ohne Blüte, um die Wurzel graben zu können. Besonders die Doldenblütler wie Pastinake oder wilde Möhre sollten sicher erkannt werden, denn hier gibt es auch giftige Vertreter in der Pflanzenfamilie. Sein Gelände sollte man das Jahr über beobachten und sehen, welche Pflanzen wachsen, so können wir auch leichter unterscheiden, ob es ein Pflänzchen des wilden Kerbels, der wilden Möhre oder evtl. doch der giftige Schierling sein könnte. Genauso wie der Geschmack trainiert werden sollte auf die unterschiedlichen Wurzeln, denn jede schmeckt anders und die Nase oder der Zungentest sagt uns auch schon oft sehr viel, welche Wurzel wir denn da gerade erwischt haben.

Tipp: Je vertrauter uns die ursprüngliche Ernährung aus der Natur wird, desto selbstverständlicher und genussvoller wählen wir aus und essen wir. Und die Natur kann uns dadurch auch wieder regulieren, sprich gesunden lassen an Körper, Geist und Seele.

Für Kinder gibt es nichts Schöneres, als durch den Garten zu streifen und zu naschen. Gesünder können sie sich auch nicht vollstopfen. Meine Beobachtung ist leider, dass Kinder sich oft nur noch trauen, Beeren aus Plastikschälchen zu essen. Die Angst der Eltern, giftige Beeren zu erwischen, ist mittlerweile sehr hoch, so dass lieber mit Giftstoffen belastete Beeren von weit her den Kindern angeboten werden, als sie draußen naturgemäß naschen zu lassen. Dabei sind giftige Beeren an Sträuchern eigentlich immer bitter und nur für Vögel schmackhaft. Im eigenen Garten sollten Kinder freien Zugang zu allen gesunden Beeren haben und außerhalb des Gartens können sie lernen, bei unbekannten Beeren zu fragen, ob man diese essen kann. **Dies ist auch generell meine Empfehlung: Lasst euch von den Kindern Gesammeltes aus Wald und Wiese immer zeigen, bevor es in den Mund gesteckt wird! Von klein auf!**

Ein weiterer Tipp: Vögel lieben Beeren, und gerade im Siedlungsbereich werden gerne unsere heißgeliebten Johannisbeeren oder Aronia bei Reife in Windeseile abgeleert. Bietet den Vögeln genug Vogelnährgehölze, sofern der Platz dafür da ist. Dann lassen sie die Kulturbeeren eher in Ruhe.

Eine Vorstellung der großen Beerenvielfalt, des Platzbedarfs, und was wir beachten sollten, inkl. viele Ideen zur Verarbeitung:

Akebie
Akebia quinata

Akebia trifoliata, auch **Blaugurkenrebe, Blaugurkenwein** oder **Klettergurke** genannt
Sie braucht ein Rankgerüst, da es sich hier um eine Schlingpflanze handelt. Sie kann sehr üppig werden und in milderen Klimabereichen kann sie auch invasiv werden, weshalb ich von einer Bepflanzung an den Bäumen abrate. Dennoch ist sie eine leckere Bereicherung, auch die Blüten überzeugen in Aussehen und Duft. Die Balgfrüchte platzen bei Reife auf und dann kann das Fruchtfleisch herausgelöffelt werden. Dies passiert im September/Oktober. Um Früchte zu bekommen, ist es sinnvoll, zwei verschiedene Sorten zu pflanzen.

Allackerbeere
Rubus arcticus

Hauptsächlich im nördlichen Europa zuhause, könnte ihr bei uns der Beikrautdruck zu hoch werden. Sie wird ca. 10 bis 25 cm hoch und kann im Abstand von 15 cm gepflanzt werden, ähnlich wie unsere Erdbeeren. Die Ernte kann im Juni bis Juli erfolgen
Ideen für die Verarbeitung: Frischverzehr, Saft, Likör, Marmelade, Gelee etc.

Akebiafrüchte können je nach Sorte weiß, rosa-zartlila sein. Das Fruchtfleisch schmeckt sehr exotisch – lecker.

Aronia, Apfelbeere
Aronia melanocarpa

oder **rote Apfelbeere** *Aronia arbutifolia*
Bekannt wurde diese Beere, die aus Polen zu uns kam, durch ihren hohen Polyphenolgehalt als Antioxidanz. Da sie jedoch sehr viele zusammenziehende Inhaltsstoffe enthält, ist die Verarbeitung mit süßerem Obst zu empfehlen, insbesondere Apfel. Die Beere wird 1,5 bis 3 m hoch und kann im Abstand von 1,5 bis 2 m gepflanzt werden. Geerntet wird im August/September. Auch die Vögel lieben diese gesunde Beere; es empfiehlt sich, diese nicht allzu lange hängen zu lassen.
Ideen für die Verarbeitung: Direktsaft, Marmelade (in Kombination), Mus etc.

Apfeldorn
Crataegus lavallei

Azeroldorn *Crateagus azarolus,* **Sommer-Weißdorn** *Crataegus aestivalis*
Aus der großen Weißdornfamilie, siehe weiter hinten auch *Scharlachdorn*. Es gibt die Weißdorne in unterschiedlichen Farben und Fruchtformen. Sie sind absolut trockenverträglich, für unsere kommenden Sommer also ideal. Mit einer Höhe von 9 bis 10 m passen sie allerdings nicht in jeden Hausgarten. Sie

Die Aronia oder Apfelbeere ist eine wohlbekannte Superfrucht mit vielen Antioxidantien.

werden allerdings zu Hinguckern, passen aber auch in jede Wildobsthecke. Die Beeren reifen im August bis September, und wenn wir nicht ernten, ernten die Vögel im Winter.
Ideen für die Verarbeitung: in Zucker oder Honig eingelegt, Saft, Obstwein, Marmelade, Kompott, Likör, Oxymel etc.

Berberitze, Sauerdorn
Berberis vulgaris

Größere Früchte macht die **Koreanische Berberitze** *Berberis koreana* oder die *Berberis thunbergii* oder *aggregata* (knäuelfrüchtige).
Die Sträucher sind sehr gut winterhart und anspruchslos. Sie werden 1 bis 3 m hoch und können mit einem Abstand von 2 m gepflanzt werden. Sie enthalten enorm viel Vitamin C! Ab Mitte August können die Beeren reif werden.
Ideen für die Verarbeitung: Saft, Gelee, Mus, getrocknet für Tee oder als Gewürz. Der Bast des Holzes der Berberitze ist zum Gelbfärben geeignet.

Bitterorange
Dreiblättrige Zitrone (Poncirus trifoliata)

Eine Zitronenart, die bei uns ohne Probleme winterhart ist. Leider braucht man Geduld, denn sie blüht meist erst nach 15 Jahren das erste Mal. Ab Oktober können die Früchte dann geerntet und nach ca. 2 Wochen Lagerzeit verarbeitet werden.
Ideen für die Verarbeitung: zur typischen Marmelade, wie wir sie aus England kennen, oder kandiert für Weihnachtsbackwerk, Saft und/oder die Schale getrocknet als Backaroma

Brombeeren
Rubus spec.

und all ihre Variationen mit oder ohne Dornen

Boysenbeere
Dorman red

Hildaberry, Summerberry, Loganbeere, Taybeere, Lachsbeere, Hain-Brombeere, Ichang-Beere, Kalifornische Brombeere, Tummelbeere u. etliche mehr. Auch die Sortenvielfalt der Brombeere ist mittlerweile sehr umfangreich.
Ihre Höhe bestimmen wir oder das Rankgerüst, je nachdem wie wir die Ranken ziehen, die aber schon 3 bis 4 m erreichen können. Sie trägt an der 2-jährigen Ranke, weshalb es sinnvoll ist, sie gut zu erziehen. Lässt man sie einfach wachsen, ist ein Erreichen der Beere oft nicht mehr möglich. An gutem Standplatz ist sie wohl die reichtragendste aller Beeren, die über

Berberitze/Sauerdorn ist im Frühling eine geniale Bienenweide, im Herbst eine wunderbare Vitamin-C-Quelle.

Die Taybeere ist eine Kreuzung von Him- und Brombeere mit wirklich herrlichem Geschmack.

Die Tummelbeere sieht aus wie eine Brombeere, reift aber schon im Juni/Juli.

einen Zeitraum von ca. 4 Wochen beerntet werden kann. Die besonders großfruchtigen Sorten sind erst süß, wenn sie ganz leicht vom Strauch gehen, also fast schon in die Hand fallen. Sämlinge von unbedornten sind zu 99 % bedornt, und es ist ein Glücksfall, ob sie große leckere Beeren haben oder nur Scheinfrüchte. Eine Bienenweide sind Brombeeren immer! Geerntet wird ab Juni/Juli bis in den August hinein, je nach Sorte.
Ideen für die Verarbeitung: Frischverzehr, Marmelade, Sirup, Gelee, aromatisierter Essig, Obstwein, Likör, Mus, Eis etc.

Chinesischer Blauschotenstrauch
Desaisnea gargesii

Der Blauschotenstrauch sollte die ersten 2 bis 3 Jahre zum Schutz vor Frost gut eingepackt werden. Ältere Sträucher sind gut winterhart. Sie können bis 4 m hoch werden und brauchen zueinander einen ebensolchen Abstand. Geerntet wird Ende September bis Oktober. Die Schoten eignen sich wie bei der Akebie nur zum Frischverzehr.

Chinesischer Blumenhartriegel
Berglitschi (Cornus kousa)

Ein wunderschöner „Zierstrauch" mit essbaren Früchten. Um Früchte zu bekommen, sollten 2 Pflanzen gesetzt werden, ruhig unterschiedliche Sorten bzw. Blütenfarben. Sie können bis zu 10 m hoch werden, können aber runtergeschnitten werden. Ein Abstand von 4 bis 6 m würde sich empfehlen. Im September sind die Früchte erntbar.
Ideen für die Verarbeitung: Frischverzehr wie Litschi; die Früchte können jedoch auch eingelegt werden.

Chinesiches Spaltkörbchen
Vitalbeere, WuWeiZi (Schisandra chinensis)

Die bekannte Fünf-Geschmäcker-Beere, wieder eine Gesundheitsbeere. Bei den Geschmäckern dominieren sauer und bitter. Sie braucht ein Rankspalier und einen halbschattigen satten Standort. Reif werden die Beeren im September/Oktober
Ideen für die Verarbeitung: Frischverzehr oder getrocknet, Marmelade, Mus, Gelee, Sirup; die Blätter als Tee und gedünstet als Gemüse

Cocktailkiwi
Kiwibeere (Actinidia arguta), Sibirische Kiwi (Actinidia kolomikta), Rote Kiwi (Actinidia melanandra)

Diese Minikiwis sind total lecker. Sie sind alle Schlinger und sollten nicht in Bäume gepflanzt werden; ein Spalier ist ratsam oder man lässt sie über eine Gartenhütte wuchern. Im Erwerbsanbau werden sie stark geschnitten und an einem Drahtspalier gezogen. Die Sibirische Kiwi reift im August und fällt dann ab. Eine Unterlage unter dem Strauch ist ratsam. Die

Oben: Chinesischer Blumenhartriegel, auch als Berglitschi bekannt, ist eine leckere Naschfrucht und geschmacklich der Litschi wirklich sehr ähnlich.
Unten: Cocktailkiwi, wie hier die Bayernkiwi „Weiki", kann komplett mit Schale verspeist werden. Ihre reichlichen Früchte werden vor dem Frost geerntet, sie reifen dann nach und nach im Lager.

Cocktailkiwi reift ungefähr im Oktober. Kommt früher Frost, ernten und nachreifen lassen!
Ideen für die Verarbeitung: Frischverzehr, Marmelade (kann mit Schale verarbeitet werden), Saft, Sirup, Gelee, Likör etc.

Oben: Elsbeerenfrüchte sind oft schwer erreichbar, aber die Mühe absolut wert!
Mitte: Erdbeeren sind die wohl beliebtesten Beeren und dabei so leicht zu kultivieren und vermehren.
Unten: Walderdbeeren sind die Urerdbeeren, als Monatserdbeeren in Rot und Weiß für den Garten erhältlich in den unterschiedlichsten Sorten.

Elsbeere

Sorbus torminalis

Ein schöner großer Solitärbaum. Es sind allerdings 2 Bäume notwendig, um Früchte zu bekommen. Sein Holz ist wertvolles Instrumentenholz. Die Elsbeere kann bis zu 20 m hoch werden und braucht einen Abstand von 10 m. Ca. September/Oktober können die braunen Beeren, die in Büscheln am Baum hängen, geerntet werden.
Ideen für die Verarbeitung: Saft, Sirup, Gelee, Brand, auch zusammen mit Mehlbeeren, auch für Trockenobst und Tee.

Erbsenstrauch

Caragana arborescens

Ein stickstoffsammelnder Strauch mit tollen Blüten und auffälligen Schoten. Er kann 4 bis 6 m hoch werden. Besonders in Hühnergehegen leistet er wertvolle Dienste, denn seine Erbsen sind begehrtes Futter. Die Erbsen sind im September bis Oktober reif. Gekocht sind sie auch für uns Erbsenersatz.
Ideen für die Verarbeitung: trocken lagern, für Suppen oder Erbsenbrei vorher einweichen und weichkochen

Erdbeeren

Fragaria spec.

in allen Varianten: Kulturerdbeere, Walderdbeere, Monatserdbeere, Ananaserdbeere, Moschuserdbeere, Aprikosenerdbeere usw.
Ab Ende Mai bis teilweise Oktober können je nach Sorte die leckeren Bodendecker Beeren tragen. Besonders im Waldgarten leisten sie wertvolle Dienste und breiten sich sehr gut aus, was immer willkommen ist. Sie können ca. 20 cm Höhe erreichen und durch ihre sich bildenden Ausläufer findet stets, sofern der Platz da ist, eine Verjüngung statt.
Idee für die Verarbeitung: Frischverzehr, Marmelade, Fruchtleder, Limes, Obstwein, Mus, Eis etc., Blätter für Teemischungen

Erdbeerhimbeere
Rubus illecebrosus

Ein Hingucker, der 30 bis 60 cm hoch wird und gut für die Baumscheibe geeignet ist. Ende Juli werden diese knallroten Früchte reif. Allerdings ist die Erwartung höher, als es dann der Geschmack wirklich ist. Somit leisten sie bei der Verbeitung mit Mischfrüchten gute Dienste.
Ideen für die Verarbeitung: Marmelade, Mus etc., am besten mit anderen Früchten

Essbare Ölweide
Eleagnus spec.

Es gibt die vielblütige, die doldige und die wintergrüne Ölweide. Sie bekommen rote, rostrote oder gelbe Beeren, die meist im Juli reifen, es gibt jedoch auch eine Ölweide, die im April/Mai reif wird. Die Sträucher werden meist um die 3 m hoch und sie brauchen einen Abstand von ca. 2 m. Mind. 2 Pflanzen sind für guten Fruchtertrag erforderlich. Die Blüten verströmen einen herrlichen Vanilleduft im Frühling und die Sträucher sind Stickstofffixierer, also vorteilhaft im Waldgarten.
Ideen für die Verarbeitung: Frischverzehr, Marmelade, Saft, Gelee, Saucen, Likör, Obstwein etc.

Feige
Ficus carica

Mittlerweile etablieren sich Feigen immer mehr bei uns. Ein geschützter Platz ist dennoch von Vorteil. Sie können eine Höhe von 3 bis 10 m erreichen; wer nicht so viel Platz hat, sollte auf eine Zwergfeige achten. Sie kann im Topf gehalten werden, aber auch ausgepflanzt. Es gibt Sorten, die ab Juni/Juli reifen bis in den November hinein, und es gibt reine Herbstsorten. Reife Feigen platzen auf.
Ideen für die Verarbeitung: Frischverzehr, Trockenobst, Marmelade, Saucen (Grillsaucen), Senf etc.

Felsenbirne
Amelanchier spec.

Auch als **Korinthenbaum** oder **Kanadische Blaubeere** bezeichnet. Es gibt unterschiedlichste Arten, wobei die beliebteste in Hausgärten wohl die **Kupfer-Felsenbirne** sein wird. Herrliche Blüte und tolle Herbstfärbung kann sie ihr Eigen nennen. Seit einigen Jahren gibt es davon tolle Auslesezuchtsorten, die größer sind und tollen Geschmack mitbringen. Eine geniale Alternative zur Heidelbeere, denn Felsenbirnen sind total pflegeleicht. Ernten wir nicht schnell genug, dann tun das auch die Vögel sehr gerne. Bereits im Juni können

Essbare Ölweide wird immer bekannter und beliebter – absolutes Pioniergehölz mit säuerlichen Beeren.

Feigen profitieren vom immer wärmeren Klima und wir von immer besser angepassten, reich tragenden Sorten.

Die Felsenbirne ist ein wunderbarer Heidelbeerersatz ohne Ansprüche an den Boden mit wesentlich größerer Ernte.

wir ernten, und dabei passt die Felsenbirne mit ihrem schmalen Wuchs in jeden Hausgarten. Es gibt kleinwüchsige Sorten mit 3 bis 4 m Höhe und es gibt große Sorten mit bis zu 6 m Höhe.
Ideen für die Verarbeitung: Frischverzehr, Mus, eingekocht, Marmelade, Likör, Eis, etc.

Heidelbeere, Preiselbeere und/oder Cranberry
Vaccinium spec.

Hier zusammengefasst die beliebten **Moorbeetbeeren**. Im Hausgarten am besten im Topf zu halten und stetig mit Fichtennadeln und Kaffeesatz versorgen, damit der pH-Wert unten bleibt. Ausgepflanzt müsste mit entsprechender sauerer Erde großzügig aufgefüllt werden. Wenn hier nicht ständig mit saurem Dünger nachgeholfen wird, dann werden diese Beeren bald zu mickern beginnen. Man muss ihnen ihren Lebensraum erst schaffen. Dies ist oft gegen die Prinzipien der Permakultur, weshalb hier gerne Alternativen gewählt werden, wie Maibeeren oder Felsenbirne. Der Erntezeitraum wäre hier Juli bis Ende August.
Ideen für die Verarbeitung: Frischverzehr, einkochen, Marmelade, Obstwein, Likör, Gelee etc.

Himbeeren
Rubus spec.

Eine unheimlich breite Palette an Sorten und Farben steht uns hier zur Verfügung! Rote, gelbe, schwarze, lilafarbene Früchte. Je nach Sommer- oder Herbsthimbeere erstreckt sich der Erntezeitraum von Juni bis November. „Normale" Himbeeren werden bis zu 2 m hoch, es gibt jedoch auch hier rankende Vertreter, die in der Pflege wie die Brombeeren handzuhaben sind. Hier wird ein Spalier benötigt, um die 4 bis 5 m langen Ranken zu ziehen.
Ideen für die Verarbeitung: Frischverzehr, Saft, Sirup, Gelee, Marmelade, Eis, aromatisierter Essig, Fruchtleder, etc., die Blätter für Teemischungen

Holunder
Sambucus nigra

Der heilige Baum/Strauch der Kelten/Germanen, der Göttin Hel (Frau Holle) gewidmet. Die Faulen werden bestraft; also wer die rohen Beeren isst, wird sich mit Vergiftungserscheinungen abfinden müssen, die Fleißigen dagegen, die einkochen, werden mit ihrer Heilkraft belohnt. Sowohl die Blüte als auch die Früchte sind zu verarbeiten. Der Strauch kann üppige 6 m hoch werden und genauso breit, aber nur in gut gedüngtem Boden. Die Blüten sind im Mai/Juni zu ernten und die Beeren im August/September.
Ideen für die Verarbeitung: Blüten trocknen für Tees und Verarbeitung zu Sirup oder Likör, die Früchte zu Kochsaft, Mus, Marmelade, Gelee, Likör

Japanische Weinbeere
Rubus phoenicolasius

Eine ganz eigene Beere und doch der Himbeere sehr ähnlich. In der Pflege wie die Brombeere, bildet also lange Ranken und kann in Bäumen bis zu 3 m Höhe erreichen. Ihre Reben sind rot bestachelt und die Früchte leicht durchscheinend. Warum sie Weinbeere heißt, lässt sich leicht herausfinden. Die Früchte können nicht gelagert werden, denn nach 1 Nacht im Kühlschrank beginnen sie trotzdem sofort mit dem

Der rotlaubige Schwarze Holunder erfreut mit rosa Blüten, die genauso wie die weißen zu Sirup verarbeitet werden können.

Gärprozess. Also gleich nach der Ernte verarbeiten, sofern man keinen Fruchtwein haben möchte!
Ideen für die Verarbeitung: Direktverzehr, Saft, Sirup, Marmelade, Gelee, Likör, Fruchtwein etc.

Johannisbeeren und Stachelbeeren
Ribes spec.

Sie gehören zu den Basics in jedem Garten: zuverlässige Erträge, pflegeleicht und anspruchslos. Johannisbeeren gibt es rote und weiße, ebenso in Schwarz, frühe und späte Sorten und sie können bis zu 2,5 m hoch wachsen. Stachelbeeren in Grün, Gelb und Rot halten sogar schattigere Bereiche aus. Variationen in Schwarz wären dann noch die Worcesterbeere und die Russische Riesenbeere mit ihren leckeren Beeren, und besonders reich tragend ist die Kreuzung aus Johannis- und Stachelbeere, die sogenannte Jostabeere.
Auf diese Beeren ist Verlass im Ertrag, und ihre vielen guten Inhaltsstoffe, ihre Winterhärte und Robustheit machen sie so beliebt. Der Klimawandel könnte einigen Sorten zum Verhängnis werden, denn um gut zu fruchten, benötigen viele entsprechende Frosttage, die jedoch immer weniger werden. Je nach Gegend sollte man bei der Sortenwahl auf den Bedarf an Frosttagen achten. Der Erntezeitraum erstreckt sich von Juni bis August, je nach früher oder später Sorte, Sonnen- oder Schattenlage.
Ideen für die Verarbeitung: Frischverzehr, Saft, Gelee, Marmelade, Obstwein, aromatisierter Essig, Likör etc. Die Blätter der Schwarzen Johannisbeere brauchen wir für Teemischungen oder die Knospen für die Gemmotherapie.

Karamellstrauch
Leycesteria formosa

Eine dekorative Beere, die entfernt nach Karamell schmeckt bei Vollreife. Sie braucht einen geschützten Platz mit gutem Boden und Wühlmausschutz. Die Ernte der Beeren kann ab September erfolgen. Gefällt es ihr, kann sie bis zu 5 m hoch wachsen.
Ideen für die Verarbeitung: Frischverzehr oder einkochen

Kiwi
Actinidia deliciosa

oder **chinesische Kiwi, Goldkiwi** *Actinidia chinensis*
Die großfruchtigen Arten der Kiwi. Auch sie schlingt und braucht einen geschützten Platz, wo sie sich anlehnen kann, denn sie kann schon tolle Ausmaße annehmen. Um sie beerntbar zu halten, sollte sie regelmäßig heruntergeschnitten werden. Die Ernte selbst sollte noch vor dem Frost erfolgen, sie reift dann nach. Allerdings können die Kiwis natürlich auch

Hier von links: Johannisbeere, Worcesterbeere und Russische Riesenbeeren als Variation der Stachelbeere zählen zu den pflegeleichtesten, robustesten Beeren für den Hausgarten.

gefroren geerntet werden, was das Schälen bei der Verarbeitung erleichtert. Wichtig dabei ist, dass die meisten Sorten ein Männlein pro 5 bis 6 Weiblein benötigen. Die Sorte „Jenny" mit ihren mittelgroßen Früchten macht hier eine Ausnahme.
Ideen für die Verarbeitung: Frischverzehr, Marmelade, Obstwein, Likör, Eis, Mus etc.

Kornelkirsche
Cornus mas

In Österreich „Dirndl" genannt, sind sie mit ihrem hohen Vitamin-C-Gehalt eine tolle Wildfrucht. Die reife Frucht fällt zu Boden, weshalb eine Bodenabdeckung zu empfehlen ist zur Reifezeit im August/September. Die kleinen wilden Kornelkirschen reifen etwas früher aus als die Edelsorten, die meist doppelt bis dreifach so groß sind. Die Verarbeitung ist etwas schwierig, da der Kern herausgelöst werden muss, die Arbeit lohnt sich aber. Auch unreife Früchte finden Verarbeitung. Die schnittverträglichen Sträucher können wildwachsend bis zu 8 m Höhe erreichen. Sie sind einer der ersten Blüher im Frühling, was sie zu einem tollen Bienennährgehölz und Hingucker machen.
Ideen für die Verarbeitung: Frischverzehr, Obstwein, Saft, Sirup, Marmelade, Gelee, Likör, Olivenersatz etc.

Mahonie
Mahonia aquifolium

Ein immergrüner stacheliger Strauch mit herrlich gelben Blütenwolken im Frühling und dunkelblauen Beeren im Herbst. Er kann 2 m Höhe erreichen und ebenso in der Breite. Sowohl Bienen als auch Vögel schätzen diesen Strauch. Aber auch wir profitieren nicht nur vom Aussehen!
Ideen für die Verarbeitung: Saft, Gelee, Sirup etc.

Maibeere
Lonicera kamtschatica

Auch **Honigbeere** oder **Kamtschatkabeere** genannt, wird dieser Heidelbeerenersatz bis zu 2,5 m hoch. Manche Sorten wachsen eher in die Breite. Sie kommt mit allen Böden zurecht und gilt als die frühestreifende Beerenart. Die ersten Sorten waren noch recht sauer, die neuesten Züchtungen sind lecker und süß! Die Ernte erstreckt sich je nach Sorte von Ende Mai bis Ende Juni. Mit 2 verschiedenen Sorten erzielt man beste Ernten.
Ideen für die Verarbeitung: Frischverzehr, Marmelade, Sirup, Gelee, eingekocht, Eis, Obstwein etc.

Die Kiwi „Jenny" *(Actinidia deliciosa)* ist eine der wenigen selbstfruchtbaren größerfruchtigen Kiwisorten.

Die Mahonie, eine relativ unbekannte Wildbeere, immergrün, mit hohem ökologischen Wert

Die Maibeere ist ein optimaler Heidelbeerersatz und dabei eine der frühesten Beeren.

Maulbeere

Morus nigra, Morus alba

Maulbeeren sind unsere zukünftigen Klimabäume. Für kleine Gärten gibt es Zwergmaulbeeren, die nicht höher als 2,5 bis 3 m werden. Maulbeerbäume können jedoch auch zu Giganten heranwachsen. Je nach Sorte, auf die man bewusst achten sollte, gibt es ganz kleine bis fast 5 cm lange Früchte. Und alle zuckersüß. Die Früchte färben stark, sollten also nicht mit heller Kleidung gepflückt werden. Weiße Sorten sind oft so süß, dass nichts mehr an Geschmack bleibt. Allerdings sind diese Früchte toller Zuckerersatz. Die Ernte beginnt im Juni und kann sich bei mehrmals tragenden Sorten, wie der „Illinois Everbearing", bis in den Herbst hinziehen.
Ideen für die Verarbeitung: Frischverzehr, Marmelade, Obstwein, Eis, getrocknet als Dörrobst oder Zuckerersatz

Mehlbeere

Sorbus spec.

Es gibt auch sie in unterschiedlichen Arten und regionalen Varietäten. Meist wird sie ein Baum bis ca. 12 m Höhe. Es gibt jedoch auch Zwergsorten, die nur 2 m hoch werden sollen. Erntezeitraum ist September bis Oktober.
Ideen für die Verarbeitung: Mus, Marmelade, Obstwein, getrocknet für Früchtebrote, aber auch als Mehlersatz (Streckmehl)

Mispel

Mespilus germanica

Eine wunderbare Urfrucht, die jedoch erst nach Frosteinwirkung von Oktober bis November zu ernten ist. Ohne Frost sollte man sie lagern bis zur Fruchtweiche. Allein die Churpfalzmispel braucht keine Frosteinwirkung. Die Mispel kann eine Höhe von 6 m erreichen, in der Breite aber ebenso und noch mehr.
Ideen für die Verarbeitung: Saft, Gelee, Likör, Mus, Fruchtleder etc.

Moltebeere

Rubus Chamaemorus

Eine typische nordeuropäische Beere für Moorbeetböden. Sie wird um die 30 cm hoch und sieht wie eine gelb-orange Himbeere aus. Ihr Erntezeitraum liegt im Juni und Juli und ihre Verarbeitung ist wie die der Himbeere.
Ideen für die Verarbeitung: Frischverzehr, Marmelade, Gelee, Saft, Likör, aromatisierter Essig etc.

Oben: Die Maulbeere, ein wertvoller Klimabaum, mit essbaren, sehr süßen Beerenfrüchten und essbaren Blättern
Unten: Die Mispel, eine Urfrucht, kommt aktuell wieder „in Mode" und ist eine der spätestgeernteten Früchte.

Oben: Die Palmlilie, Yucca, ist hauptsächlich als dekorative robuste Gartenblume für karge trockene Plätze bekannt, aber ihre Blüten sind tatsächlich essbar!
Mitte: Die Persische Rose ist eine duftende, einfach und öfter blühende Kulturrose mit essbaren Blüten und Hagebutten.
Unten: Die Damaszenerrosen, hier die bekannteste, die „Rose de Resht", ist wohl die am stärksten duftende Rose für Tees, Hydrolate, Likör, Gelee und Co.

Palmlilie, Yucca

Yucca folamentosa

Auf den ersten Blick nicht als Beere erkennbar! Tatsächlich bedarf es bei uns etwas Nachhilfe der Handbestäubung, um die Beeren ernten zu können. Jedoch ist sie nicht nur ein Hingucker, sondern Blütenstiel, Blüte und Beere – alles ist essbar. Sie wird ca. 1,2 m hoch und ist im Juli/August zu beernten.
Ideen für die Verarbeitung: Blütenstiel wie Spargel, Blüten zu Salat, Beeren zum Frischverzehr oder getrocknet

Rosen

Rosa ssp.

Die wilden Rosen mit ihren herrlichen Hagebutten, z. B. Kartoffelrose, Apfelrose, Essigrose, Hechtrose, Bibernellrose, Hundsrose, Mandarinrose, Apothekerrose, Vitaminrose etc., oder die Duftrosen wie Damaszener oder Bulgarische Ölrose, die Moosrose oder historische englische Rosen – ob Blütenblatt oder Hagebutte, beides ist sehr wertvoll für uns. Rosen können 3 m und mehr erreichen, je nach Sorte und Rankenbildung. Edelrosen übrigens sind nur reine Deko. Hauptblütezeit ist Mai/Juni, die Hagebutten ernten wir je nach Sorte ab Juli (Kartoffelrose) oder Oktober (Hundsrose).
Ideen für die Verarbeitung: die Blütenblätter für Hydrolate, Liköre, Gelee, Sirup etc. und die Hagebutten für Mus, Marmelade oder getrocknet für Tee oder Fruchtpulver

Sanddorn

Hippophae rhamnoides

Dieser stachelige Geselle braucht meist 1 Männchen auf bis zu 5 Weibchen. Die Beeren sind ab Ende August reif und die Großsträucher können bis zu 6 m erreichen. Er leistet uns gute Dienste im Halten von Böden, egal welcher Art.
Ideen für die Verarbeitung: Saft, Gelee, Fruchtaufstriche, Öl aus den Beeren

Scharlachdorn

Crateagus pedicellata oder coccinea

Eine wahre Bereicherung im Obstgarten. Sehr trockenresistent, aber langsam wachsend, Fruchtertrag eher spät einsetzend, dann aber kontinuierlich. Geerntet wird gegen September/Oktober.
Der Großstrauch kann bis zu 7 m Höhe erreichen, er ist aber schnittverträglich.
Ideen für die Verarbeitung: Frischverzehr, gekühlt bis ca. 2 Monate lagerbar, für Marmelade, Kompott, Likör, Schnaps, Früchtetee, Trockenobst; Blüten und getrocknete Früchte auch für Tee verwendbar

Zierquitte

Chaenomeles spec.

Auch **Scheinquitte** oder **Nordische Zitrone** genannt, ist dieser kleine Strauch, der 1 bis 2 m Höhe erreicht, ideal für kleinere Gärten. Die wunderschönen Blüten erscheinen bereits im März, was ihn zu einer genialen Bienenweide macht. Die kleinen gelben Früchte sind idealer Zitronenersatz: fruchtig und sauer.
Ideen für die Verarbeitung: Saft, Gelee, Mus, Likör, Obstwein, aromatisierter Zucker, Presssaft etc.

Schlehe

Prunus domestica subspecies

Generell ist die Pflaumenfamilie riesig, dementsprechend sind es auch die regionalen Varietäten der Schlehe. Diese wilde Art ist nur die kleinste, größer wird es dann mit Haferschlehe, Zibarte, Spilling, Löhrpflaume etc. Die wilden Arten sind immer bedornt. Sogar manche Kirschpflaumen sind noch bedornt! Dies hielt das Riesenelefantenmammutnashorn aus der Urzeit wohl davon ab, alles aufzufuttern. Mit einer Höhe von 3 bis 4 m ist sie ideale Heckenpflanze und Vogelbrutplatz. Die richtige Schlehe bedarf Frosteinwirkung, um die Gerbstoffe abzubauen und schön süß zu werden.
Ideen für die Verarbeitung: Saft, Sirup, Gelee, Likör, Obstwein, Olivenersatz, Fermente etc.

Schneeball *in versch. Arten*

Viburnum spec.

Ob Gemeiner Schneeball, Cranberrystrauch (Amerikanischer Schneeball), Wolliger Schneeball, Pflaumenblättriger Schneeball etc. – sie alle sind in erster Linie Vogelnährgehölze mit tollen Blüten als Insektenweide. Jedoch ist bei uns der Schneeball oft als giftig verpöhnt, wo er andernorts als Nationalgericht oder Delikatesse gehandelt wird. Geerntet wird ab August,

Oben: Zierquitten sind in sehr vielen Gärten als herrliche Frühblüher zu finden; die Früchte verdienen unbedingt Aufmerksamkeit, denn sie sind einfach herrlich als Ersatz für importierte Zitronen.
Unten: Die Schlehe beendet die Ernte des Jahres im Garten oder draußen in der Hecke. Frost macht sie erst verzehrbar.

und hier ist es von Vorteil, mind. 2 Pflanzen zu haben, tendenziell von 2 verschiedenen Sorten.
Ideen für die Verarbeitung: Beeren zum Einkochen, für Sirup, Saft, Gelee etc.

Büffelbeere
Sheperdia argentea

Auch als **Silberbüffelbeere** bekannt, ist es bis heute schwer, die richtigen Geschlechter zu bekommen, um Fruchterträge einzufahren. 1 Männlein kann bis zu 6 Weibchen befruchten. Geerntet wird dann ab August. Ähnlich im Aussehen wie die Beeren der Ölweide.
Ideen für die Verarbeitung: Frischverzehr, für Marmelade, Gelee, Saft, getrocknet etc.

Speierling
Sorbus domestica

Wie kleine Zieräpfel hängen die Früchte am Baum, der bis zu 15 m Höhe erreichen kann, und man benötigt immer mind. 2, am besten in verschiedenen Sorten. Die Blüte und damit der Fruchtbehang setzen beim Speierling recht spät ein, ähnlich wie bei der Elsbeere. Früher wichtiger Bestandteil in Most, da die Gerbstoffe im Speierling den Saft/Wein klar machen. Ab September kann geerntet werden. Für den Direktverzehr muss die Frucht bereits weich sein.
Ideen für die Verarbeitung: Mus, Saft, Obstwein, süß-sauer eingelegt, oft als Zugabe zu Most oder Saft, um zu klären, etc.

Steinweichsel
Cerasus mahaleb

und weitere Variationen
Wie Traubensteppenkirsche *Prunus x eminens*, Zwergweichsel, Steppenkirsche, Präriekirsche *Prunus cerasus x fruticosa* oder Weichsel *Cerasus vulgaris* – sie alle sind den Kirschen ähnlich, nur kleiner und meist säuerlicher. Begeistert hat mich die Präriekirsche mit ihren leckeren Früchten zwischen Sauer- und Süßkirsche und der Endhöhe von nur 2 m. Die Steinweichsel als reine Wildform wird allerdings bis zu 10 m hoch. Diese Wildformen sind robust und verlässlich, was die Fruchtbildung anbelangt.
Ideen für die Verarbeitung: Frischverzehr, Saft, Obstwein, Brand, Likör, einkochen etc. Die Blätter können für Tee getrocknet werden und die Samen zu Speiseöl weiterverarbeitet werden. Das Harz ist Kaugummiersatz. Die Ernte erfolgt von Juni bis August, je nach Sorte.

Der Gemeine oder Amerikanische Schneeball wird bei uns oft als giftig bezeichnet, doch das stimmt nicht: Er ist nur roh ungenießbar, verarbeitet und gekocht jedoch lecker und bekömmlich.

Die Präriekirsche wird nur ca. 2 m hoch und macht den Anbau von Kirschen auch in kleinem Garten möglich.

Szechuanpfeffer
Zanthoxylum simulans

Ein toller bedornter, dekorativer Strauch mit bis zu 3 m Endhöhe. Die Samenschalen dienen als Gewürz. Absolut lohnenswert im Anbau. Die Beeren werden geerntet, sobald die ersten Fruchthüllen aufspringen, meist im August/September.
Ideen für die Verarbeitung: die Samenhüllen getrocknet und vermahlen als Gewürz, die Blätter als magenstärkender Tee

Traubenheckenkirsche
Prunus padus

In Bayern auch als **Wilder Flieder** bekannt, deutet dies bereits auf seine Blütenpracht im Frühling hin. Er kann bis zu 15 m hoch werden und ist damit zu groß für normale Hausgärten. Geerntet werden die kleinen Kirschen im Juli bis August
Ideen für die Verarbeitung: Saft, Likör, Essig, Marmelade, Pickles, getrocknet und als Mehlersatz, die Blätter jung als Gemüse, die Blüten in Salate, die Rinde für Tee, die Wurzel zum Färben

Vogelbeere, Eberesche
Sorbus aucuparia

Die wilde Form ist stark bitter, daher wird bei uns die **Mährische Eberesche** für die Vearbeitung empfohlen. Es gibt jedoch eine Menge Varietäten und Hybriden, die teils sogar roh essbar sind. Die Farbe zieht sich bei der Wildform von Dunkelorange über Hellorange bei der Mährischen bis hin zu Gelb, Lila und Rosa bei den Hybridformen. Auch eine schwarzfrüchtige Straucheberesche gibt es. Traditionell ist der 15. August, Mariä Himmelfahrt, der Tag der Ernte der Vogelbeeren.
Ideen für die Verarbeitung: Saft, Gelee, Marmelade (gerne gemischt mit anderen Früchten), Likör, Brand, getrocknet etc.

Vogelkirsche, Wildkirsche
Prunus avium

Meist wird dieser tolle Baum von den Vögeln „gepflanzt". Im Waldgarten ist er ein willkommener Windschutz mit seinen bis ca. 10 m. Sind genug Wildkirschen im Waldgartensystem, gibt es mit den Vögeln in Sachen Beerenklau kaum Probleme. Diese Kirschen sind zwar sehr lecker, jedoch so klein, dass eine Ernte und Verarbeitung sehr mühsam ist. Wir naschen nur die unteren und überlassen den Rest der Früchte den Vögeln. Ernte je nach Art Juni bis Juli.
Ideen für die Verarbeitung: Frischverzehr, Saft, Likör, Kuchen etc.

Oben: Der Szechuanpfeffer, ein winterhartes Gewürz aus China. Es sind die Samenhülsen, die hier hocharomatisch sind.
Unten: Die Eberesche, im Volksmund auch Vogelbeere genannt, gibt es in vielen Variationen und Auslesesorten, die einen geschmackvollen Gesundheitswert liefern.

Wein

Vitis spec.

Weinbeeren sind immer toll. Im Waldgarten nehmen sie den vertikalen Raum ein, meist an Birnen, aber auch an Renekloden und auch bei Kirsche. So kann der Flächenertrag verdoppelt werden. Es kommt jedoch immer auf das regionale Klima an, ob dieser Wein dann auch süß genug wird, um ihn weiterzuverarbeiten. In manchen Höhenlagen ist immer noch die Haus- oder Stadelwand die beste Stelle für Wein. Die Sorte sollte auch gut gewählt werden, am besten pilzresistent, um in regenreicheren Jahren auch noch eine sichere Ernte zu haben. Je nach Sorte kann dann von Ende August bis in den Oktober hinein geerntet werden.
Ideen für die Verarbeitung: Frischverzehr, Saft, Obstwein, getrocknet, eingemacht, Essig, Weinbrand etc.; Blätter fermentiert, frisch zum Einwickeln von Speisen, Samen getrocknet zu Traubenkernmehl, geröstet als Kaffeeersatz, Kerne gepresst zu Öl (Traubenkernöl)

Weißdorn

Crataegus monogyna oder laevigata

Weißdorn gibt es eingriffelig oder zweigriffelig oder auch rotblühend, dann wird er **Rotdorn** genannt. Es ist jedoch nur eine farbliche Varietät. Weißdorn ist bekannt wegen seiner herzstärkenden Eigenschaften in allen Pflanzenteilen. Der Baum kann bis zu 6 m hoch werden und ist ein Bienenmagnet. Die Beeren werden von Oktober bis November geerntet.
Ideen für die Verarbeitung: Blüten und Blätter, auch Früchte, getrocknet für Tee, Oxymel, Marmelade, besonders mit anderen Früchten zusammen

Wildapfel, Wildbirne

Malus sylvestris / Pyrus communis

Wertvolle Wildarten, besonders für unsere Wildtiere, für Hecken, aber auch als Einzelbestand für das Wild. Sie werden meist 5 bis 6 m hoch, Wildbirnen werden vereinzelt höher. Die Früchte sind jedoch zur Weiterverarbeitung auch für uns sehr wertvoll!
Ideen für die Verarbeitung: Saft, Obstwein, getrocknetes Fruchtpulver zum Süßen (Zuckerersatz), Birnen getrocknet als Kletzen für Früchtebrot etc.

Wein, ob großfruchtig, kernlos oder als Sorten die eher zur Vergärung geeignet ist – für jeden Bedarf und Geschmack gibt es die richtigen Sorten.

Beim Weißdorn ist es nicht der Geschmack, sondern die Wirkung, die diese Beeren, Blüten und Blätter so wertvoll macht.

Wolfsbeere, Gojibeere

Lycium barbarum

Als Superfood bekannt geworden, ist die Gojibeere als rote oder gelbfrüchtige in unsere Gärten gezogen. Doch nur wenn sie jährlich auf 1 m zurückgeschnitten wird, beginnt sie zu blühen und fruchten. Die Beeren sind dann von August bis Oktober reif und sind roh nicht wirklich gut.

Ideen für die Verarbeitung: Grundsätzlich werden die Beeren getrocknet, um sie dann in Gebäck und Müsli zu verwerten.

Wollapfel, Zierapfel

Malus spp.

Auch hier gibt es wieder unterschiedlichste Arten wie Mandschurischer Beerenapfel, Kirschapfel, Jap. Zierapfel etc. Gemeint sind immer die kleinen Äpfelchen von Gelb bis Dunkelrot, fast lila schimmernd, die über den halben Winter am Baum hängen. Wenn sie allerdings von den Amseln entdeckt werden, sind sie über Nacht abgeerntet. So klein diese Äpfel sind und als Zierde daherkommen, sie sind echt lecker, wenn man sie verarbeiten mag!

Ideen für die Verarbeitung: Saft, Gelee, Mus, Destillat, Likör etc.

Wollmispel, Loquat

Eriobotrya japonica

Bisher bei uns hauptsächlich als Kübelpflanze gehandhabt, spielt hier der Klimawandel eine große Rolle, denn an geschützten Standorten ist sie bei uns auch schon winterhart. Ausgepflanzt kann die Wollmispel ein bis zu 7 bis 10 m hoher Baum werden, mit wirklich sehr leckeren orangefarbenen, birnenförmigen Früchten. Reif sind diese im April/Mai, wenn sie weich werden.

Ideen für die Verarbeitung: Frischverzehr, Marmelade, Saft, Gelee, Mus, Obstwein etc.

Wurzeln zu graben, ist etwas ganz Elementares, besonders wenn es auch noch in der Wiese oder im Waldgarten ist und nicht im Gemüsebeet. Mit Schaufel und Korb ausgerüstet ziehen wir im Februar bis März hinaus und suchen den Boden ab nach Kennzeichen von Pflanzen wie Pastinake, Topinambur, Möhre, Nachtkerze, Klette und Co. Bei Topinambur ist es einfach: Da stehen wahrscheinlich noch die Stiele vom Vorjahr. Auch ist es eine leichte Ernte, denn mit 2 Pflanzen ist meist der Korb gefüllt und die Mahlzeit gesichert. Doch bei Einzelwurzeln sieht die Sache schon anders aus. Das kann mühsam werden. Doch der Geschmack alleine belohnt, versprochen!

Oben: Die Wolfsbeere oder Goji mutierte gesellschaftlich von der Giftbeere zum Superfood mit steiler Karriere. Ihre Früchte sind in Rot, aber auch in Gelb bekannt.
Unten: Der Wollapfel ist eine Urform unserer Kulturäpfel. Die sehr kleinen säuerlichen Früchte sind ebenso zu verarbeiten.

Landschaftsbäume – Wertvolles von Linde, Weide, Erle, Fichte und Co.

Oft ist im eigenen Garten kein Platz für so große Bäume, jedoch hält das öffentliche Grün viele dieser Landschaftsbäume bereit. Auch diese können beerntet werden und dadurch wertvollen Beitrag zu unserer Ernährung und Hausapotheke leisten. Hier möchte ich euch einige vorstellen und was und wie sie verarbeitet werden können. Für Euren Waldgarten außerhalb des Gartens. Generell sollte jede Gemeinde ermutigt werden, mehr Bäume zu pflanzen, zum Schutz vor Klimaeinflüssen, also für mehr Schatten, besseren Wasserhaushalt und Windschutz für Siedlungen. Und die Menschen in den Siedlungen sollten froh um jeden Baum sein und sich weniger beschweren, wenn im Herbst das Laub fliegt. Jedes Blatt ist wertvoller Humuserhalt im Kleinen. Wir brauchen dringendst mehr Bäume, ob im Siedlungsraum als auch auf den Äckern, um der Erosion entgegenzusteuern. Wird das Pflanzen dieser übersehen, werden wir in 20 Jahren ein Hitzeproblem wie in einer Wüstenregion haben. Also, pflanzt Bäume, was ihr könnt, und nutzt diese in vollem Umfang!

Alte Lindenbäume säumen einen Weg durch Raps- und Getreidefelder im Frühling.

Die Linde, unser Salatbaum

Ein genialer Schutz-, Gebrauchs- und Nahrungsbaum. Über den Winter liefert die Linde uns ihre Knospen, die sehr viele Schleimstoffe enthalten und unserem Hals sehr guttun. In der Knospenmedizin werden die dicken Knospen im Vorfrühling als Mazerat angesetzt für alles, was unseren Schlaf anbelangt, gegen Magen-Darm-Krämpfe, gegen Anspannung und dem damit verbundenen beschleunigten Herzschlag, generell aber auch gegen Depressionen und als Beruhigungsmittel. Es nimmt Angst, Appetitlosigkeit, Konzentrationsschwäche und Unruhe.
Ihre jungen Blätter können bis Juni als Salatersatz gegessen werden und ab der Sonnenwende bis Juli, wenn sie bereits fester sind, als Sauerkrautersatz fermentiert werden.
Ihre Blätter sind im August bis September, falls das Gras aufgrund von Trockenheit nicht mehr nachwächst, auch geniales Tierfutter für alle Pflanzenfresser.
Ihre Blüten sind bekannt als Hilfe bei Fieber, Husten und Erkältung, jedoch sind auch Kaltansätze der Blüten bei Hitzewallungen in den Wechseljahren von Vorteil. Der kalte Tee unterstützt bei körperlichen Anstrengungen an heißen Tagen.

Ideen zur Verarbeitung der Blüten: Blüten frisch oder getrocknet für Würzzucker, Essig, Sirup, Gelee, Likör, Tee, Desserts (mit dem Würzzucker)
Ideen zur Verarbeitung der Blätter: frisch für Salate, als Gemüse, für Füllungen, zum Ausbacken in Bierteig, für vegetarische Rouladen oder zum Rollen von Sushi, getrocknet als Mehlersatz, zum Fermentieren, Herbstblätter für würzende Sude, zum Garen von Fisch, Fleisch und Gemüse
Ideen zur Verarbeitung der Früchte: jung und noch grün als Kapernersatz, reif als Kaffeeersatz oder Schokoladenersatz

Fichte und Tanne

Hierbei spielt es keine Rolle, ob Blaufichte oder Rotfichte, Weißtanne oder Nordmanntanne. Egal welche Art, sie liefern alle wertvolle Nadeln mit viel Geschmack. Doch jede Art schmeckt anders!
Besonders zart sind im Frühjahr die Maiwipferl, die frischen Triebe, die wir gerne für Tee trocknen, zu Sirup ansetzen oder Gelee daraus herstellen. Doch auch zum Würzen eignen sie sich hervorragend!
Ideen zur Verarbeitung der jungen Triebe: frisch vom Baum essen, Sirup, Likör, Gelee, Eis, schokoliert,

Lindenblüten, wertvoll als Tee, aber auch für Likör und Sirup, sind zusätzlich eine wichtige Bienenweide im Sommer.

Die Lindenblätter sind von der Knospe weg bis ca. Ende Juni als leckere Salatbeigabe essbar, später können sie dann noch wie Sauerkraut fermentiert werden.

für Butter, Pesto, zum Einlegen oder zur Senfherstellung
Ideen zur Verarbeitung der junge Zapfen: Likör, Essig, Hautcreme
Ideen zur Verarbeitung der älteren Nadeln im Winter: frisch oder getrocknet als Gewürz, für Würzsalz, zum Aromatisieren von Zucker, als Würzöl, für Marinaden oder getrocknet vermahlen zu Mehl zum Strecken des Getreidemehls für Brote
Das Harz im Winter gesammelt ist ideal zum Räuchern und ein guter Ersatz für Weihrauch.

Erle

Ob Schwarz- oder Weißerlen, sie wachsen wild eher in Feuchtbiotopen. In unseren neu zu bepflanzenden Waldgärten sind sie Vorbereiter für den Boden. Als Tiefwurzler arbeiten sie sich weit hinunter und können Wasser hochholen und dieses den anderen Pflanzen und Bäumen in der Bodenvernetzung zur Verfügung stellen. Sie sind fähig, den Stickstoff aus der Luft im Boden zu fixieren, wachsen schnell und bilden somit schnell Windschutz und Schatten. Ihre Blätter bereichern das Bodenleben und helfen beim Humusaufbau. Werden sie zu groß in unseren Waldgärten, können sie als Opferbäume auch wieder entfernt werden. Ihr Holz kann dann einen wertvollen Beitrag für das ökologische Leben im Waldgarten bieten: für Totholzhaufen, als Pilzhölzer, die Zweige gehäckselt zu Mulchmaterial oder das Holz verkohlt zu Pflanzenkohle zur Herstellung von Terra Preta. Alles ist möglich. Doch auch für unsere Ernährung liefert die Erle einen kleinen Beitrag.
Ideen zur Verwendung der Knospen und Blütenkätzchen: als Gewürz
Ideen zur Verwendung der jungen Blätter: in geringen Mengen zu Gemüse, für Füllungen, als Kräutersalz und zum Strecken von Mehl
Ideen zur Verwendung der noch grünen Früchte: als Gewürz für Öl, zum Aromatisieren von Essig, für Wein und Likör

Fichtenspitzen, oder auch Maiwipferl genannt, sind voller wertvoller Inhaltsstoffe und vielfältigst verarbeitbar.

Buche

Hier ist hauptsächlich die Rotbuche gemeint als mächtiger Baum mit ihren Bucheckern. Sie ist unser heimischer Waldbaum und sie ist als Herzwurzler auch für den Klimawandel gerüstet. Sie ist ein herrlicher Schattenbaum und oft bleiben ihre Blätter trocken bis zum Frühjahr am Baum.
Ideen für die Verwendung der jungen Blätter: gut zum Rohverzehr, für Smoothies, Salate, zu Gemüse, in Eierspeisen, gekocht in Suppen, als Würzpaste oder Pesto, für Liköre oder getrocknet zum Strecken von Mehl
Ideen für die Verwendung der Samen (Bucheckern): zum Backen (Nussersatz), zur Ölgewinnung, geröstet als Knabberei, für Salate, zu Gemüse, ins Pesto, geröstet als Kaffeeersatz. Das Schälen der Bucheckern ist etwas zeitaufwendig, aber sie sind sooo lecker.
Übrigens sind die jungen Buchensämlinge eine absolute Delikatesse. Oft kommen sie in Massen daher und eignen sich für leckere Frühlingssalate.

Birke

Von manchen geliebt, von manchen verteufelt aufgrund der mittlerweile häufigen allergischen Reaktionen auf ihre Pollen. Doch ist sie ein Baum, der viele Geschichten und Sagen mit sich bringt. Ihre Blätter eignen sich zur Haarpflege, ihr Saft für Frühlingskuren und ihre Rinde für Brot- und Vorratskörbe. Auch sehr funktionale Besen werden aus ihr hergestellt. Ein sehr vielseitiger Baum auf allen Ebenen.

Ideen zur Verwendung der Knospen: frisch und getrocknet als Gewürz oder als Knospenmazerat, das eingesetzt wird zur Hilfe nach Antibiotikabehandlungen, bei Verdauungsbeschwerden, bei Gelenkentzündungen und -schmerzen, bei Osteoporose, Parodontose, prämenstruellen Beschwerden, Schwellungen und Prostatabeschwerden

Ideen zur Verwendung der jungen Blätter: für Salate, Gemüse, Sirup und als Streckmehl

Ideen zur Verwendung der Blütenkätzchen und jungen Samen: zum Einlegen, als Teigbeigabe, kandiert, geröstet, für Chutney

Ideen zur Verwendung von Baumwasser: als Frühjahrskur, für Sirup, als Sorbet

Birkenrindenbad bei Hautproblemen

Wer unter Neurodermitis, Furunkulose oder Schuppenflechte leidet, dem könnte ein Birkenrindenbad guttun. Dafür ca. 200 g Birkenrinde (von abgebrochenen Zweigen oder einem bereits gefällten Baum) oder eine Mischung aus Blättern, Knospen und Rinde zerkleinern, mit 2 Liter Wasser kalt ansetzen, über Nacht ziehen lassen, dann aufkochen und 20 Min. ziehen lassen. Danach abseihen und zum Badewasser gießen.

Birkenblätterhaarspülung

Birkenblätter wirken aufhellend, sind also hauptsächlich für blondes Haar zu verwenden. Ca. 20 g Blätter als Kaltansatz über Nacht ziehen lassen, am nächsten Tag erhitzen, sobald er kocht, von der Kochplatte nehmen und mit den Blättern auskühlen lassen, bis er körperwarm ist. Abseihen und die Haare damit waschen.

Rotbuchenblätter sind nur sehr jung zu verzehren, jedoch ist ihr Laub im Garten sehr nützlich!

Die Birke ist als Heil- und Pflegepflanze wichtig und bereichert bis zum Kehrbesen aus ihren Zweigen unser Leben.

Ahorn

Viele Arten gibt es von diesem schnell wachsenden großen Baum, der sehr viel und schnell Nachwuchs erzeugt! Jedes Kind kennt die Propellersamen, die man sich auf die Nase kleben kann, oder sollte sie kennen! Ob Spitzahorn, Bergahorn, Feldahorn, Eschenahorn, Silberahorn oder Schneeballblättriger Ahorn – für die Bienen ist er, genau wie die Linde, ein wunderbarer Nahrungsbaum, allerdings schon als Frühblüher.

Ideen zur Verwendung der Knospen und Keimlinge: als Frischverzehr oder für Salate

Ideen zur Verwendung der jungen Blätter: frisch verspeisen, für Salate, für Rouladen, zum Frittieren, zum Einlegen

Ideen zur Verwendung der jungen Blüten: für Salate, Pesto, als Würzpaste, zum Ausbacken in Bierteig, für Dessert, Sirup, Liköre

Ideen zur Verwendung der jungen Samen: frisch oder geröstet, als Gewürz für Salate, Reis- und Pfannengerichte

Ideen für Baumwasser: für Frischgenuss, zum Süßen (Ahornsirup), für Wein

Tee aus Ahornblättern werden in der Volksheilkunde bei Fieber und bei Magen-Darm-Beschwerden, wie Durchfall, eingesetzt. Dazu eine kleine Handvoll zerkleinerter Blätter mit 250 ml heißem Wasser übergießen und 5 Min. ziehen lassen. Dreimal am Tag eine Tasse davon trinken. Hierzu kann auch Ahornrinde verwendet werden.

Pappel

Oft findet man an Gräben oder Bächen entlang Pappeln, auch im Siedlungsraum. Ihre Knospen sind von einer klebrigen, balsamischen Schicht überzogen, die die Bienen zu Propolis weiterverarbeiten, womit sie ihren Stock abdichten und Krankheitserreger bekämpfen. Genau wie die Weide hat die Pappel das grüne Aspirin in ihrer Rinde, die Salicylsäure. Die unterschiedlichen Pappelarten kreuzen sich oft wild untereinander, was eine Bestimmung nicht immer eindeutig macht.

Ideen zur Verwendung der Knospen: getrocknet als Gewürz (Zimtersatz), insbesondere von der Balsampappel

Ideen zur Verwendung der Blätter: frisch für Salate, zu Mischgemüse, zum Backen und Fermentieren, getrocknet als Gewürzpulver (Salzersatz), zum Strecken von Mehl

Ideen zur Verwendung von Baumwasser: für Sirup und Wein

Wund- und Heilsalbe

Insbesondere von den Knospen der Balsampappel wird eine sehr heilende Salbe hergestellt. Dazu im Frühjahr die gesammelten Knospen der Pappel in Olivenöl ansetzen und ca. 3 Wochen durchziehen lassen. Danach abseihen und 1 Teil Bienenwachs mit ca. 7 Teilen Ölansatz so lange erwärmen, bis das Bienenwachs geschmolzen ist, gut durchrühren und in Tiegelchen abfüllen. Erst verschließen, wenn die Salbe erkaltet ist.

Balsampappelknospen sind dermaßen aromatisch und liefern uns ein herrliches Gewürz und viel Hautpflege.

Weide

Mit ihren über 200 Arten ist die Weide wohl als idealer Pionierbaum bei uns bekannt. Für die Bienen ist es die Salweide, die mit ihren Kätzchen schon sehr früh Nahrung bringt, doch auch die Korbweiden sind Kulturgut, wurden sie doch über Jahrhunderte gepflegt, und ihre Köpfe (Kopfweiden) sind unheimlich wertvoller Lebensraum für sehr viele Käfer- und Insektenarten. Einen handgeflochtenen Korb kann nichts ersetzen. Besonders angetan hat es uns aber die imposante Silberweide, deren Rinde als sanftes Mittel gegen Kopfschmerzen eingesetzt wird. Dazu einfach im Frühling junge Zweige schneiden, die Rinde abziehen und trocknen. Ein wenig kleinschneiden und mit kochendem Wasser übergießen. Fertig ist das Aspirin.

Ideen zur Verwendung der jungen Blätter:
in geringen Mengen als Gewürz für Suppen, Eintöpfe, Gemüsegerichte und Getränke

Ideen zur Verwendung von den Blättern:
als Schwarzteeersatz

Ideen zur Verwendung der Rinde: die feine Rinde der jungen Äste als Aspirinersatz (Tee), die junge und etwas dickere Rinde vermahlen als Streckmehl für Brote

Weidenrindenbad

1 Handvoll zerkleinerter Rinde mit 2 Liter kochendem Wasser übergießen und bis auf Badetemperatur abkühlen lassen. Abseihen und ins Badewasser geben. Wirkt gegen Entzündungen, bei Fieber, Erkältungskrankheiten, Schmerzen, bei Rheuma, Arthritis und Gicht.

Die Silberweide und ihre bis zu 200 Kollegen bieten eine große Artenvielfalt. Als Schmerzmittel leistet sie sehr wertvolle Dienste.

Oben: Die echte Walnuss liefert wertvolle Fette und ist köstliche Winterversorgung für Mensch und Tier.
Mitte: Die Mandschurische Walnuss ist bei uns noch weitgehend unbekannt, aber auf dem Vormarsch.
Unten: Die Schuppenrinden-Hickory stammt aus Nordamerika und ist ein absolut interessanter Baum mit leckeren Nüssen.

Nussbäume und Sträucher

Sofern der Garten groß genug ist, und das heißt ab ca. 1000 m^2 Fläche, kann an einen Nussbaum gedacht werden. Sollte aber in der Nachbarschaft kein weiterer Nussbaum stehen, dann braucht es Platz für einen weiteren Baum. Grundsätzlich sind Nüsse zwar selbstfruchtbar, dennoch steigert es den Fruchtertrag enorm, wenn ein zweiter Baum der gleichen Art in direkter Nähe steht. Nüsse liefern wertvolle Kohlenhydrate und Fette, was in einem Selbstversorgersystem ein wichtiger Faktor ist. Ein Nuss- bzw. Esskastanienbaum kann dauerhaft das 10–100-Fache an Kalorien liefern als ein Getreidefeld auf gleicher Fläche; dafür braucht man beim Baum jedoch nichts tun, während das Getreidefeld bearbeitet und eingesät werden muss. Nüsse sind also ein großer Faktor und eine Bereicherung in der Essensvielfalt. Noch dazu enthalten sie jede Menge gesunderhaltender Inhaltsstoffe. In unserer gemäßigten Zone können jedoch wesentlich mehr Nüsse angebaut werden als größtenteils gedacht. Hier eine kleine Aufzählung:

Echte Walnuss
Juglans regia

Bei uns wohlbekannt, ist sie eine der beliebtesten regionalen Nüsse. Sie wird ca. 15 bis 25 m hoch, was ja doch einiges an Platz erfordert. Sie mag es auch wirklich, frei zu stehen. Ein sehr markanter Landschaftsbaum. Die Walnuss bildet ein Pfahl-Herzwurzel-System, was sie zu einem wertvollen Klimabaum macht, der auch in älteren Jahren längere Trockenzeiten aushalten kann. Ein Nuss-Sämlingsbaum fruchtet gewöhnlich nach ca. 10 Jahren, deshalb werden gerne Veredelungen gepflanzt, diese können bereits nach 3 bis 4 Jahren fruchten.
Die Blätter der Nuss sind im Hausgarten oft ein Problem, wirken sie doch wachstumshemmend auf andere Pflanzen. Die Höhe der Gerbstoffe macht sie auch als Mulchblätter unbrauchbar. Allerdings ist es von Vorteil, die stark duftenden Blätter reichlich in Erdmieten zu packen, das vertreibt Mäuse.

Ideen für die Verarbeitung der Blätter: getrocknet als Pfefferersatz, frisch oder fermentiert für Tee oder als Tinktur
Ideen für die Verarbeitung der Nüsse: die jungen Nüsse um die Sommersonnwende für Liköre oder zum Einlegen bzw. Fermentieren zu schwarzen Nüssen, reife Früchte zum Direktverzehr, für Salate, Suppen, zu Pesto, zum Backen, als Müslibeigabe, zum Pressen von Öl oder als Nussmilch (Kuhmilchersatz)

Mandschurische Walnuss
Juglans mandshurica

Mit der echten Walnuss verwandt, wird auch sie ein stattlicher Baum von 25 m Höhe. Die Nüsse erscheinen jedoch wesentlicher länglicher am Baum. Sie stammt aus Südostasien, ist aber auch bei uns winterhart. Die Nüsse fallen ab August bis Oktober. Bei uns kommt sie noch nicht so häufig vor, aber in der Verarbeitung dürfte diese Nuss genauso sein wie unsere Walnuss. Erfahrungswerte gibt es bei uns bis dato keine, zu jung noch sind die gepflanzten Bäume.

Schuppenrinden-Hickory
Carya ovata

Ein aus Nordamerika stammender Baum, der eine weitreichende Pfahlwurzel in die Tiefe treibt. Das macht ihn zudem besonders sturmfest, aber natürlich auch für das kommende Klima ideal. Wenn er auch zart und langsam heranwächst die ersten Jahre, kann er doch ein stattlicher, bis zu 40 m hoher Baum werden. Die Früchte werden ähnlich wie Pekannüsse im Geschmack beschrieben. Bereits größere Bäume gibt es in Norddeutschland, doch ich denke, Anpflanzungen auch bei uns wären es absolut wert. Pekannüsse schmecken ähnlich wie Walnüsse und können pro Nuss 5 bis 10 g Gewicht erreichen.

Königsnuss
Carya laciniosa

Eine Unterart der Hickory, die auch bis zu 25 m hoch wird. Allerdings wächst sie sehr langsam. Fruchtsorten wären „Henry", „Fayette" oder „Lindaur".

Herznuss
Juglans ailantifolia var. Cordiformis

Die beste der unbekannten Nüsse, wie Martin Crawford in seinem Buch „Einen Waldgarten erschaffen" sie beschreibt. Sie stammt aus Japan. Herznüsse wachsen schnell, werden aber nicht so groß wie Walnüsse, also „nur" bis zu 15 m hoch, dafür eher breit. Die Nüsse wachsen büschelig bzw. in längeren Rispen mit bis zu 10 bis 25 Nüssen. Die Bäume fruchten bereits nach 4 bis 5 Jahren. Herznüsse können in der Schale 1 bis 2 Jahre gelagert werden.
Ideen für die Verarbeitung: Direktverzehr, für Salate, Suppen, zu Pesto, zum Backen, als Müslibeigabe, zum Pressen von Öl oder als Nussmilch (Kuhmilchersatz)

Königsnüsse gehören zu den Hickorys aus Nordamerika und liefern die größten Hickorynüsse, deshalb auch „Königsnuss".

Herznüsse stammen aus Japan und sind sehr robuste und schnell wachsende Nussbäume.

Oben: Die Pekannuss ist bei uns zuverlässig winterhart und wird bereits in Wäldern als Klimabaum gepflanzt. Die Nüsse sind eine Bereicherung.
Mitte: Die Schwarznuss ist leider sehr schwer zu knacken. Sie ist robuster als die echte Walnuss, jedoch nicht so schön für die Vermarktung.
Unten: Die Türkische Baumhasel ist stammbildend. Das erleichert das Ernten der Nüsse (Aufsammeln vom Boden).

Pekannuss

Carya illinoiensis

Wie man von ihrem lateinischen Namen bereits ableiten kann, stammt auch diese Nuss aus Nordamerika und ist mit der Hickory verwandt. Ihre Pfahlwurzel kann bis zu 10 m in die Tiefe reichen und die Bäume selbst können 30 bis 50 m hoch werden. Pflanzt man eine Pekannuss, denkt man wirklich für sehr viele Generationen voraus: Ihr Alter kann nämlich bis zu 1000 Jahre erreichen. Pekannüsse brauchen immer mindestens 2 Bäume, um gute Erträge zu erzielen.

Schwarznuss

Juglans nigra

Eine Unterart der Walnuss. Sie wächst etwas schneller als unsere echte Walnuss und wird wohl deshalb auch gerne als Veredelungsunterlage für größere Walnusssorten verwendet. Doch auch ihre ursprünglichen Früchte sind essbar. Sie wird 20 bis 35 m hoch. Die Schalen der Schwarznuss sind sehr dick, allerdings auch sehr dekorativ, und wer eine gute Säge besitzt, der kann wunderschöne Knöpfe daraus herstellen.

Türkische Baumhasel

Corylus colurna

Die Baumhasel kann Höhen bis zu 20 m erreichen. Ihre Trockentoleranz macht sie genauso wie die Hasel zu einem wertvollen Baum in der Zeit der Klimaveränderung. Ihr wertvolles Holz macht es vielleicht auch interessant, diesen Baum für die Agroforstwirtschaft als Wertholz anzubauen. Natürlich hat auch die Baumhasel leckere verwertbare Haselnüsse, meist wird sie aber im Haselnusserwerbsanbau als Veredelungsunterlage für Haselnusssorten verwendet, um eine leichtere Ernte mit Maschinen durch den Stammaufbau der Baumhasel zu gewährleisten.
Ideen für die Verarbeitung: Direktverzehr, zum Backen, für Müsli, als Nussmus oder Nussmilch

Haselnuss

Corylus avellana

Die Haselnuss ist ein Strauch mit ca. 6 m Höhe und 4 m Breite. Eine regelmäßige Verjüngung mind. alle 10 Jahre fördert die Fruchtbildung, da die Hasel am einjährigen Holz fruchtet. Das Holz eignet sich hervorragend für Bohnenstangen und Rankgerüste o. Ä.: Wilde Haselnüsse werden reichlich von Eichhörnchen „gepflanzt". Jedoch tragen Edelsorten viel früher. Eine jährliche Kompostdüngung ist hier von Vorteil. Großfrüchtige Sorten sind z. B. Hallesche Riesen, Webbs Preisnuss, Nottingham, Rotblättrige Zellernuss.
Ideen für die Verarbeitung: Direktverzehr, zum Backen, für Müsli, als Nussmus oder Nussmilch

Esskastanie – Marone

Castanea sativa

Esskastanien sind wertvolle Nahrungsbäume, allerdings auch etwas anspruchsvollerer Art. Sie bevorzugen saure Böden. Kalkhaltige Böden sind zu meiden, da sich sonst Chlorose entwickeln kann und die Bäume schwachwüchsiger bleiben. Sie brauchen tiefgründige, humusreiche und gut durchlüftete Böden ohne Staunässe, sonst faulen die Wurzeln. An optimalen Standorten können sie bis zu 15 m hoch werden, es gibt jedoch auch niedrigere Hausgartensorten. Auch veredelte Sorten werden nur bis zu 8 m hoch. Die Edelkastanie wird gut von Bienen besucht und ist eine wertvolle Bienenweide, jedoch wird sie hauptsächlich vom Wind bestäubt. Es ist daher wichtig, die Bäume nahe beieinander zu pflanzen. Einzelbäume fruchten zwar, sind aber innen hohl. Es gibt auch einige Unterarten der Marone, wie die amerikanische, die chinesische, die japanische oder die Zwergedelkastanie.
Ideen für die Verarbeitung: geröstete Maronen, Maronensuppe, Maronenmehl oder gekochte Maronen in der Gemüsepfanne

Mandel

Amygdalus communis

Eine Nuss, die langsam auch bei uns Einzug findet, da durch die Klimaveränderung an geschützten Plätzen die Mandel sogar bei uns fruchtet. Aber nur, wenn der Spätfrost die Blüte verschont. Sie kann bis zu 6 m hoch werden und je nach Sorte 4 bis 6 m breit. Alleine schon der Zierwert ihrer Blüten ist es wert, sie zu pflanzen. Bekannte Sorten, die auch bei uns gut fruchten, wären: Dürkheimer Krachmandel, Königsmandel, Robijn, Ferragnes oder Ferraduel.
Ideen zur Verarbeitung: Direktverzehr, zum Backen, Marzipan, Mandelmilch, Mandelmus

Oben: Maronen sind auf Weihnachtsmärkten sehr beliebt, könnten aber einen Aufschwung als Grundnahrungsmittel erleben.
Unten: Nussmischung: Nüsse enthalten sehr wertvolle Fette und dürfen in unserer Ernährung nicht fehlen.

Oben und Mitte: Die Pimpernuss ist eher ein Strauch, einheimisch und dekorativ. Verwendung findet hauptsächlich das Aroma im kleinen Nüsschen.
Unten: Eichen sind Notnahrung, könnten aber in der veganen Ernährung zukünftig eine zentrale Rolle spielen.

Pimpernuss

Staphylea pinnata

Diese wunderschöne und außergewöhnliche Nuss kann bis zu 4,5 m hoch werden und ebenso breit. Eigentlich wächst sie eher strauchig. Die wunderschönen Blüten erscheinen im Mai, danach bilden sich kleine Lampions, in denen sich die Nüsse entwickeln. Sind diese reif, pimpert es im Lampion.
Ideen für die Verwendung: Die Blüten können als Pickles eingelegt werden, die jungen Nüsse in Milchreife roh direkt verspeist werden. Die gerösteten Nüsse können zur Likörherstellung dienen oder zu Süßspeisen vermahlen werden.

Eichen

Quercus spec.

Eicheln eignen sich gut zum Schweine mästen. Das weiß jeder. Doch Eicheln waren in den Kriegsjahren Notnahrung, die besonders sättigend ist. Allerdings müssen diese erst geschält und entbittert werden. Dazu müssen die geschälten Eicheln mind. 2 Tage in Wasser eingelegt werden, das regelmäßig erneuert werden muss. Danach dürfen sie trocknen und werden zu Mehl vermahlen. In der Mischung halb Weizen oder Dinkel und halb Eichelmehl ergibt dies hochsättigendes Backwerk. Leider tragen Eichen nicht jedes Jahr, aber wenn sie tragen, dann sehr reichlich. Eichen können 30 bis sogar 50 m hoch werden und bilden herrliche Kronen aus. Hinweis: Aus Amerika kommen Süßeichen, deren Früchte nicht entbittert werden brauchen.
Ideen für die Verwendung: Eichelmehl aus den entbitterten Eicheln, daraus Brot und Kekse; Fleischersatz mit durch den Wolf gedrehten entbitterten Eicheln für Sauce Bolognese

Obst – die süßesten Früchte wachsen nur auf hohen Bäumen, oder?

Jetzt geht es um die Allerallerwichtigsten: die Obstbäume im Waldgarten. Denn ohne diese Bäume ist es kein Waldgarten, keine essbare Landschaft. Es dreht sich in diesem Kapitel alles um das Hauptstockwerk des Waldgartens. Es geht um die Apfelbäume, die Birnbäume, die Quitten, die Zwetschgen, Pflaumen, Mirabellen, die Kaki, die Aprikosen, die Pfirsiche, die Kirschen. Je nach Baumunterlage bzw. Baumart können wir ab dem 3. Jahr Ernten einfahren, ab 5 bis 10 Jahren so richtig. In der Permakultur spielt vor allen Dingen auch die Gesundheit der Sorte eine große Rolle, und da ist aber auch wieder das regionale Klima ausschlaggebend. Es kann jedoch nicht pauschal gesagt werden, ob alte Sorten oder neue Sorten gesünder sind, es kommt immer auf die klimatischen Bedingungen der jeweiligen Region an. Fakt ist, durch die Warmzeit, in die wir hineinschlittern, können wir bereits wesentlich mehr Arten bei uns erfolgreich kultivieren als noch vor 20 Jahren. Das schafft sehr leckere Möglichkeiten. Doch hier zu den Obstarten, die wir uns in den Hausgarten bzw. in den Waldgarten holen können. Beginnend mit der wichtigsten aller Obstsorten, dem Apfel.

Der Apfel

Kaum eine Frucht ist so lange lagerfähig und hat eine so lange Geschichte und vielfältige Verwendungsmöglichkeit wie der Apfel. Die Syrer brachten angeblich den Apfel zu den Ägyptern, welche bereits Sortenauswahl und gezielten Anbau betrieben. Von dort kam der Apfelanbau zu den Römern, welche ihn weiter

Der Apfel ist eine Frucht, die in fast allen Kulturen eine tragende Rolle spielt. Von Adam und Eva zu den griechischen Hesperiden und der germanischen Idun, vom Reichsapfel als Zepter der Macht bis zum Märchen („Schneewittchen") und Legenden wie „Wilhelm Tell" – der Apfel spielt seit jeher eine große Rolle.

ausbauten und bereits veredelten. Der gezielte Anbau und die Zucht in Mitteleuropa geht zurück auf die ersten Klöster, beginnend 550 mit den Benediktinern und später von den Zisterziensern ab 1100 n. Chr. Die ersten Sortennamen tauchten in der Landgüter-Verordnung von Karl dem Großen aus dem Jahr 812 auf. Es handelte sich hier um Namen wie „Geroldinger", „Graue Renette" oder „Borsdorfer". Ob es sich aber um die gleichen Sorten handelt, die heute diesen Namen tragen, kann man nicht sicher sagen.

Weltweit sind ca. 30000 Sorten bekannt. Ungefähr 2000 verschiedene Sorten werden davon in Deutschland angebaut. Und wenn ich meine Kindergruppen im Waldgarten frage, wieviele Sorten Äpfel sie in den Märkten vorfinden, dann kommt meistens die Zahl 5 hervor. 5 Apfelsorten, die meist sogar das ganze Jahr über im Sortiment der Märkte sind. Und was ist mit den anderen 1995 Sorten? Wie werden die wohl schmecken? Eines kann ich definitiv sagen: die einen saftig, die anderen säuerlich, wieder andere süßlich, beerig, weinig, spritzig, ananasig, würzig und noch viel mehr verschiedene Geschmacksrichtungen. Es gibt frühe Äpfel, die sofort verarbeitet werden müssen, sonst werden sie mehlig, es gibt Sommeräpfel, Jakobiäpfel, Herbstäpfel, Nikolausäpfel und es gibt Winterlageräpfel, die bei optimalen Bedingungen bis über ein Jahr hinaus lagerfähig sind. Unter nicht so optimalen Lagerbedingungen vielleicht bis April. Äpfel gehören zu den Hauptnahrungsmitteln, genauso wie Kartoffeln, Getreide oder Rüben. Sie passen in jedes Gericht, in jede Soße, in jede Pfanne, in jeden Kuchen etc. Äpfel sind Allrounder und jede Sorte ist eine Spezialität im Gericht. Wie z. B. der „Boskoop", der für leckeren Apfelstrudel bekannt ist, der „Klarapfel" oder „Jakob Fischer" für die Entstehung von leckerem Mus oder der „Rote Eiserapfel" für herrlichen Most. Wir sollten auf jeden Fall wieder mehr auf unsere Sortenvielfalt achten, es ist ein erworbenes Kulturgut über zwei Jahrtausende hinweg. Wir dürfen dies nicht verlieren.

Beispiele für Frühäpfel/Sommeräpfel: Klarapfel, pfirsichfarbener Sommerapfel, Roter Astrachan, Mantet, Discovery, Schöner von Bath, James Grieve, Jakob Fischer …

Beispiele für Herbstäpfel: Gravensteiner, Alkmene, Horneburger Pfannkuchenapfel, Goldparmäne, McIntosh Rogers, Cox Orange, Ingrid Marie, Arlet, Holsteiner Cox, Berlepsch, Elstar, Kaiser Wilhelm, Croncels, Signe Tillisch, Biesterfelder Renette, Roter Herbstkalvill, Grahams Jubiläumsapfel, Danziger Kantapfel, Geflammter Kardinal …

Beispiele für Winterlageräpfel: Jonagold, Boskoop, Jonathan, Rubinette, Rubinola, Melrose, Florina, Finkenwerder Herbstprinz, Idared, Gloster, Glockenapfel, Landsberger Renette, Gewürzluiken, Brettacher, Zabergäu Renette, Champagner Renette, Ontario,

Es gibt weltweit ca. 30 000 Apfelsorten, ca. 2000 in Deutschland und wieviel Sorten können wir im Supermarkt käuflich erwerben? Es ist eine Schande Äpfel zu importieren, wo doch der mitteleuropäische Raum Apfelland ist. Die Apfelurwälder befinden sich allerdings in Kasachstan, aber der Bestand ist auf 1 % des ursprünglichen Ausmaßes geschrumpft.

Berner Rosenapfel, Korbiniansapfel, Rheinischer Winterrambur, Kardinal Bea, Prinz Albrecht von Preußen, Krügers Dickstiel, Brettacher, Maschanszker, Schöner aus Nordhausen, Schweizer Orangenapfel, Malerapfel, Baumanns Renette, Gelber Edelapfel, Prinzenapfel …

Beispiele für Most- oder Küchenäpfel: Roter Eiserapfel, Mutterapfel, Jakob Lebel, Gewürzluiken, Oberländer Himbeerapfel, Welschisner, Börtlinger Weinapfel, Trierer Weinapfel, Bittenfelder, Rheinischer Bohnapfel, Maunzen, Wiltshire, Lohrer Rambur …

Wie im Kapitel *Höhenkontrolle* sollte man immer darauf achten, wie viel Platz zur Verfügung steht, und somit darauf achten, auf welcher Unterlage die Sorte veredelt ist. Meistens sind es gerade die alten Sorten oder Mostsorten, die sich nicht für kleine Unterlagen eignen. Dafür gibt es jedoch neuere Züchtungen, die optimal für kleinbleibendes Obst sind.

Hier nochmal die Abstandsmaße der jeweiligen Unterlagen:

Hochstamm, Halbstamm auf Sämling	8–12 m
Halbstamm auf Typenunterlage	6–8 m
Buschbaum	3–4 m
Spindelbusch	1–3 m
Säule	1–2 m

Ideen für die Verwendung: Direktverzehr, Kuchen, Mus, Strudel, Saft, Most, Destillat, Dörrobst, Fruchtleder …

„An apple a day keeps the doctor away", aber nur, wenn der Apfel unbehandelt ist, sprich aus dem Haus- oder Waldgarten oder der Streuobstwiese stammt! Es kommt natürlich vor, dass gerade beim Hausgarten- bzw. Waldgartenanbau auch mal ein Tierchen davon profitiert, nämlich der Apfelwickler, der uns manchmal nach Anbeißen des Apfels zuwinkt. Oder Vögel, die sich besonders an den leckersten, süßesten Früchten vergreifen und diese schon mal vorkosten. Oder Pilzarten, wie der Schorf, der rostige Flecken auf der Schale hinterlässt. Viele von diesen Einwirkungen sind komplett ungefährlich. Im Notfall kann ausgeschnitten werden. Leider darf heutzutage am Obst keinerlei Beeinträchtigung sein, die Menschen sind gewohnt, dass alles immer die gleiche Größe hat und die gleiche Färbung. Doch naturgegeben kann es oft vorkommen, dass es Jahre gibt, an denen die Früchte stärker gefärbt sind als in anderen Jahren. Das ist klimatisch bedingt. Hängt viel Obst am Baum, bleiben die einzelnen Früchte kleiner, hängt wenig daran, werden die einzelnen Früchte größer. Die Wertigkeit des Apfels bleibt jedoch immer gleich! Bei uns am Nordhang kommt es des Öfteren vor, dass manche Sorten sogar bemoosen oder wie rußig aussehen. Nach dem Waschen sind diese Äpfel jedoch ohne Einwand zu genießen. Lassen wir wieder mehr Natur an uns, wir profitieren durch mehr Geschmack.

Hinweis: Muss sich eine Frucht selbst gegen Schädlinge oder Krankheiten wehren, dann kann diese Frucht Stoffe ausbilden, die uns gesund erhalten können. Stoffe, die sogar krebshemmend wirken können. Früchte, die vor allem geschützt werden durch chemische Kampfstoffe, sind zwar schön anzusehen, für unsere Körper jedoch weitestgehend wertlos.

Im Herbst finden stets regionale Obstausstellungen statt, so dass man sich über die vielfältigen Sorten der Region informieren kann.

Die Birne

Die Königsfrucht. Über Jahrhunderte hinweg gab es mehr Birnen- als Apfelsorten. Die großen Birnenkulturen lagen in Frankreich und Belgien. Von den beschriebenen 1000 Sorten sind heute nur mehr 160 sicher in Mitteleuropa vorhanden. Der Großteil der Birnensorten ging verloren. Das liegt wahrscheinlich auch daran, dass vergessen wurde, wie die kleineren, eher wilden Mostsorten zu verwerten sind, welche doch auch manchmal sehr viele Gerbstoffe enthalten und somit einen sofortigen Verzehr fast unmöglich machen. Eine Birne muss buttrig süß, weich und saftig sein, so die heutige Vorstellung. Frühe Birnen reifen ab Juli/August. Es gibt jedoch auch Winter-Lagersorten. Diese brauchen aber milderes Klima, da sie sonst kaum ausreifen. Diese Lagerbirnen, z. B. an der Hauswand im geschützten Innenhof gereift, sind bei optimalem Lager bis März haltbar, auf Wurmfarn gelegt vielleicht noch länger.

Hier einige Beispielsorten:

Frühe Birnen: Bunte Julibirne, Blutbirne, Grüne Sommermagdalene, Nagowitzbirnchen, Clapps Liebling, Madame Favre, Frühe von Trevoux, Gute Graue …

Herbstbirnen ab September bis Oktober: Williams Christbirne, Doppelte Phillipsbirne, Gute Luise, Conference, Gellerts Butterbirne, Esperens Herrenbirne, Kaiser Alexander, Birne von Tongern, Clairgeaus Butterbirne …

Herbstbirnen ab Oktober bis Dezember: Conference, Köstliche aus Charneux, Kolberreutbirne, Poiteau, Diels Butterbirne, Clairgeau, Vereinsdechantsbirne, Alexander Lucas, Boscs Flaschenbirne …

Lagerbirnen ab Dezember genussreif: Gräfin von Paris, Großer Katzenkopf, Kieffers Sämling, Pastorenbirne, Madame Verté, Josephine von Mecheln, Nordhäuser Forellenbirne, Winterdechantsbirne …

Mostbirnen: Oberösterreichische Mostbirne, Bayerische Weinbirne, Champagner Bratbirne, Egnacher Mostbirne, Gräfin von Paris, Karcherbirne, Kirchensaller Mostbirne, Metzer Bratbirne, Palmischbirne, Schweizer Wasserbirne, Stuttgarter Gaishirtle, Wilde Eierbirne, Rotpichlbirne, Münchner Wasserbirne, Gelbmöstler, Großer Katzenkopf …

Platzbedarf je Unterlage:

Hochstamm, Halbstamm auf Sämling	8–10 m
Halbstamm auf Typenunterlage	4–7 m
Busch	3–4 m
Spindelbusch	2–3 m

Ideen für die Verarbeitung: Direktverzehr, Dörrobst, Birnenpulver als Zuckerersatz in Backwerk, Kuchen, Saft, Most, Schnaps, Mus …

Die Birne spielte früher eine wesentlich größere Rolle und wir haben bereits viele Sorten unwiederbringlich verloren. Dabei würde sie uns sogar Zuckerersatz liefern. Birnensaft und Birnenmost (Wein) waren im Mittelalter verbreiteter als Apfelwein.

Die Quitte

Sie ist eine Frucht mit tollem Zierwert. Ihre rosafarbenen großen Blüten erscheinen erst im Mai und sind daher so gut wie frostsicher. Quitten gibt es deswegen fast immer, außer die Blüte fällt in mehrtägiges Regenwetter. Man unterscheidet zwischen apfel- und birnförmigen Quitten, wobei die Apfelquitte aufgrund von Aroma und Inhaltsstoffen oft bevorzugt wird. Jedoch können Birnquitten eine enorme Größe erreichen, und es sind tatsächlich sehr beeindruckende Früchte, die aber sehr empfindlich auf Druck reagieren. Deshalb sollte immer sehr vorsichtig geerntet und transportiert werden, sonst wird das Fruchtfleisch braun. Dies stellt jedoch keinerlei Geschmacksbeeinträchtigung dar, es ist eine rein optische Sache. Quitten wachsen gewöhnlich als Strauch, der je nach Sorte eine Höhe von 2 bis 8 m erreichen kann. In der Breite kann so ein ausgewachsener Strauch locker 6 m und mehr erreichen. Quitten wachsen sehr knorrig und grundsätzlich müssen sie nicht geschnitten werden. Wir haben unsere Quittensträucher nach fast 20 Jahren einmal licht geschnitten. Das tat ihnen sehr gut, da sie mittlerweile sehr dicht verwachsen waren, und nun passt auch die Fruchtgröße wieder. Ich würde Schnittmaßnahmen ca. alle 5 Jahre empfehlen. Quittenbäume werden durch aufwendige Erziehungsmaßnahmen geschaffen und bedürfen etwas mehr der Pflege, da die reichtragende Quitte auch sehr viel Gewicht aushalten muss. Sie sollte ab Juli regelmäßig kontrolliert und bei Bedarf gestützt werden, insbesondere bei jungen Pflanzen. Quitten sind in der Regel nicht sehr krankheitsanfällig, gefährlich werden kann ihnen aber der Feuerbrand, insbesondere wenn die Quitte auf einer Weißdornunterlage veredelt wurde. Quitten sind roh zu hart für den Direktverzehr. Deshalb ist ihre Beliebtheit bei uns nicht so hoch gestellt, da es einer Verarbeitung bedarf, die bei den harten Früchten sehr kraftaufwendig ist. Jedoch führt dies zu tollen Geschmackserlebnissen und ich möchte die Quitte nie missen.

Als am wertvollsten von ihren Inhaltsstoffen her betrachtet wird die „Konstantinopler Apfelquitte" bezeichnet. Die Eigenschaften aller Quitten gelten als entzündungshemmend, zusammenziehend und blutstillend. Eine sehr wertvolle Frucht also. Ihre Samen sind stark gelierend, so dass sogar Haargel daraus hergestellt werden kann.

Sortenbeispiele:

Sortennamen von Apfelquitten: Konstantinopler, Riesenquitte von Leskovac, De Mosna, Cydopom, Turuncuskaja, Ingenheimer Bombenquitte, Bourgeault, Danuviana, Hemus, Izobilnaja …

Sortennamen von Birnquitten: Bereczki, Champion, Portugieser, Vranja, Rondo, Adamsova, Bamberger Quitte, Cukurgöbek , Cydora, Hruskovita, Honigquitte …

Aus der Türkei kommen einige Sorten, die roh verzehrt werden können. Sie werden als Türkische Süßquitten oder Shirin-Quitten bezeichnet und kommen mit Sortennamen wie „Ayva", „Lemon Ayvasi" oder „Eshme" daher. Sie sind auch bei uns winterhart und bieten weitere Geschmackserlebnisse.

Ideen für die Verarbeitung: Saft, Gelee, Quittenbrot, Quittenleder, Wein, Schnaps, Likör, Secco, Chutney, Senf, Mus …

Die Quitte ist eine Spezialitätenfrucht. Ihr Aroma ist einzigartig und ihr Ertrag zuverlässig.

Die Aprikosen

Mittlerweile gibt es so tolle Sorten, sie wachsen bei uns schon fast so gut wie die Marillen in Österreich. Und ja, Marillen heißen bei uns Aprikosen. Das nur so nebenbei, weil es immer mal wieder Diskussionen darüber gibt. Aprikosen sind die Wüstenpflanzen unter dem Obst, so jedenfalls wurde mir dies in der Baumwart-Ausbildung erklärt. Und tatsächlich wollen sie im Winter lieber einen trockeneren Platz. Pilzbefall ist für Aprikosen bei längeren Regenphasen auch tatsächlich ein Thema. Von Kräuselkrankheit, über Schrotschuss oder eben allen Pilzen, die auch Pflaumen, Zwetschgen und Co. gefährlich werden können, ist die Rede. Wildsorten der Aprikosen sind teils sogar dürreresistent. Stehen diese dann zu nass oder ist der Boden nicht passend, werden diese krank, bringen fast keine Früchte oder diese faulen kurz vor der Reife oder der ganze Baum verabschiedet sich alsbald. Beide Wildsorten, die ich in den Waldgarten gesetzt hatte, musste ich nach 5 Jahren wieder entfernen. Die neuen Sorten jedoch sind wirklich klasse, und so einen Baum im Garten zu haben, ist eine wahre Bereicherung, denn vollausgereift vom Baum sind die Aprikosen geschmacklich ein absoluter Traum.

Dank wärmerem Klima wachsen und fruchten auch Aprikosen bei uns. Trotzdem ist der richtige Standort entscheidend, wenn man regelmäßig Früchte haben möchte.

Ein kleines Problem, das eine jährliche reiche Ernte oft verringert oder verhindert, ist die frühe Blüte der Aprikose. Nahe am Haus gepflanzt, können entsprechende Schutzmaßnahmen vor dem Frost ergriffen werden. Das Problem an geschützter Stelle ist jedoch eine noch frühere Blüte. Stehen die Bäume frei, kann es sein, dass die Blüte später erfolgt und dadurch der Frost schon durch ist. Grundsätzlich ist es aber jedes Jahr ein Bangen um die Blüten und die Bestäuber, denn diese sollen natürlich auch fliegen können.

Ein großer Vorteil ist, dass Aprikosen von Haus aus kleiner bleiben, auf ca. 4 m Höhe, durch Schnitt kann man sie noch niedriger halten, also für den Waldgarten am Haus optimal.

Hier ein paar Sortenbeispiele: Goldrich, Orangered (mein Favorit), Hargrand, Compacta, Harlayne, Kioto, Kuresia (Scharka-Resistenz), Ambrosia, Bergeron, Golden Sun, Harogem, Hilde, Iziagat, Luizet, Mombacher, Nancy, Temporao de Villa Franca, Ungarische Beste …

Zwergaprikosen: Little Lena, Rosina

Ideen für die Verarbeitung: Direktverzehr, einlegen (einwecken), Marmelade, Likör, Schnaps …

Pflaumen, Zwetschgen, Mirabellen, Renekloden

Klein, süß, bunt, als Klein- oder als Großbaum, immer wertvoll, immer wichtig – die große Familie der Pflaumen, **Prunus domestica**. 15 Arten und über 2000 verschiedene Sorten ergeben eine unglaubliche Vielfalt auf dem Teller. Wo ist denn nun der Unterschied zwischen Zwetschge und Pflaume? Naja, meist sind die Übergänge fließend, doch die Pflaumen erscheinen meist rundlicher und reifen vor den etwas spitz zulaufenden Zwetschgen. Die meisten Sorten wurden in Deutschland gezüchtet oder eher gefunden, da die Züchtung früher meist in zufälligen Funden von Gartenkreuzungen bestand. Dies zeigt aber auch die Wichtigkeit dieser Früchte für unsere Gegend an. Heute wird gezielter gezüchtet, hauptsächlich auf regelmäßigere Erträge, Fruchtqualität und Frucht- bzw.

Baumgesundheit hin, denn die Scharka-Krankheit, eine Pilzerkrankung, kann erhebliche Schäden verursachen. Mittlerweile gibt es einige Scharka-resistente Sorten oder eben auch bessere Veredelungsunterlagen. Denn auch Pflaumen, Zwetschgen, Mirabellen und Co. können sowohl als Kleinbäume als auch als Großbäume gezogen werden.

Das Tolle dabei? Ihre Reifezeit zieht sich, durch Anbau unterschiedlicher Sorten, von Anfang Juli bis Mitte Oktober hin. Am besten, es werden immer verschiedene Sorten in den Waldgarten gepflanzt, dann ist mit der Befruchtung untereinander der Fruchtertrag immer gegeben. Leider kommt es im Frühjahr oft vor, dass Regenphasen genau in die Zeit der Blüte der Zwetschgen, Pflaumen und Co. fallen. So kann es zu Ernteausfällen kommen. Doch durch unterschiedliche Blühzeiten der Arten untereinander gibt es eigentlich immer etwas zu ernten. Die Pflanzung von verschiedenen Sorten gibt also immer Sicherheit. Ein großer Pflaumenbaum kann aber schon eine Ernte von 70 bis 140 kg abwerfen! Die Praxis zeigt, dass es gut ist, wenn in erntereichen Jahren viel davon eingekocht und gedörrt wird, da es locker sein kann, dass es das Jahr darauf zu einer Erntepause kommt.

Sortenbeispiele:

Bewährte alte Pflaumensorten: Kricke (Urpflaume), Königin Viktoria, Ontariopflaume, Russische Pflaume, The Czar, Frühe Fruchtbare, Bühlers Frühzwetschge, Dattelzwetschge, Hauszwetschge, Zimmers Frühzwetschge, Wangenheimer Frühzwetschge, Aromazwetschge, Emma Lepperman, Anna Späth, Schönberger Zwetschge, Feys gelbe Hauszwetschge, Pogauner, Sanctus Hubertus, Alte Eierpflaume, Fellenberg, Kirkespflaume, Löhrpflaume, Ortenauer, Ruth Gerstetter …

Tolle neuere Pflaumensorten: Formosapflaume, Jojo, Hanita, Juna, Haganta, Haroma, Tophit, Cacacs Fruchtbare, Cacacs Schöne, Valor …

Reneklоden: Große grüne Reneklode, Oullins Reneklode, Graf Althans Reneklode …

Mirabellen: Mirabelle von Metz, Mirabelle von Nancy, Rote Moritzenmirabelle, Bellamira, Aprimira, Miragrande, Aprisali, Miroma, Show Late …

Säulenpflaumensorten: Liane, Ruby, Black Amber, Mirastolz, Anja, Saphir, Imperial …

Platzbedarf je Unterlage:

Hochstamm, Halbstamm auf Sämling	8–10 m
Busch	3–4 m

Ideen zur Verarbeitung: Direktverzehr, dörren, Schnaps, Likör, Mus, einkochen (einwecken), Grillsoße, Chutney, Marmelade, Saft, Gelee …

Oben: Die „Mirabelle de Nancy" ist sehr süß, kernlösend und ertragreich.
Mitte: Getrocknet ist sie leckerer Bonbonersatz und im gut verschlossenen Glas ewig haltbar.
Unten: Die Russische Pflaume „Kometa" ist früh, zuverlässig ertragreich und erinnert geschmacklich an Aprikosen – ein guter Ersatz in für Aprikosen ungünstigen Lagen.

Pfirsich und Nektarine

Dies sind sehr wärmeliebende Paradiesfrüchte, die ursprünglich aus China stammen. Dort wird der Pfirsich, der auch mit der Mandel verwandt ist, seit 4000 Jahren angebaut. Außer einem geschützten Platz stellt der Pfirsich auch hohe Ansprüche an den Boden. Ist der Boden zu lehmig, zu fest, kann es zu Gummifluss kommen. Das heißt, der eigene Saft (Harz) verklebt die eigenen Leitungen und der Baum stirbt ab. Ist der Boden jedoch zu locker, erschöpft sich der Baum rasch. Zudem sind Blüte und Holz stark frostempfindlich. Sichere Erträge gibt es hauptsächlich im Weinbauklima oder an südlichen Hauswänden. Wenn im Garten schon ein gutes Mikroklima eingewachsen ist, können auch dort leicht Pfirsiche und Nektarinen gedeihen. Sehr oft gibt es beim Pfirsich oder der Nektarine das Problem der Kräuselkrankheit, einer Pilzkrankheit, bei der sich die Blätter kräuseln und die Früchte nicht gut entwickeln. In der Permakultur geben wir den Bäumen die richtigen Partner, die sie gesund erhalten. Dies ist hier wieder der Meerrettich, der mit seinen antibiotischen Kräften den Blattkräuselpilz vernichtet. Einfach 1 bis 2 Meerrettich in die Baumscheibe zur Pfirsich pflanzen – und schon bleibt der Baum gesund.

Eigene Pfirsiche zu kultivieren, zählt für mich schon zur Luxusklasse. Natürlich können diese herrlichen Früchte jederzeit im Supermarkt erworben werden, in der Dose sind sie auch jederzeit zu haben. Doch ersetzt dies keine Eigenernte von vollreifen, herrlich süßen und saftigen Früchten. Der Geschmack und das Gefühl, das dabei entsteht, sind unersetzlich.
Pfirsichbäume wachsen meist wie Aprikosen, sie werden höchstens bis um die 4 m hoch. Je nach Größe der Früchte und Fruchtbehang sollte der Baum nach Bedarf abgestützt werden können. Die Zeit der Reife beginnt bei manchen Sorten Anfang Juli und zieht sich bis Mitte/Ende August hin. Pfirsichbäume wachsen oft aus den Kernen, selten sind sie kernecht, so dass die gleiche Sortenqualität wächst. Oft sind es „Überraschungseier", doch häufig ist Glück dabei und man bekommt sehr leckere Früchte zum Nulltarif.
Beim Pflegeschnitt bildet die Pfirsich eine Ausnahme zu allen anderen Obstbäumen. Am optimalsten wird hier nämlich in der Vollblüte geschnitten.
Pfirsichfrüchte werden unterschieden in weißfleischige, gelbfleischige und rotfleischige. Manche sind schön fest (wie die bekannten Dosenpfirsiche), diese eignen sich hervorragend für Kuchen und Co. Andere wiederum werden gerne etwas trockener und mehlig, diese eignen sich dann besser für Mus, das zum

Auch in unseren Gärten können Pfirsiche wie aus dem Süden wachsen. Die Sorte ist entscheidend.

Nektarinen sind im Hausgarten eine absolute Bereicherung. Mit Meerrettich als Partner gegen die Kräuselkrankheit wird es keine Probleme geben.

Verfeinern von Joghurt und Müsli oder für Kuchenfüllungen Verwendung findet.

Sortenbeispiele:

Pfirsich: Dixired, Redhaven, Fruteria, Kernechter vom Vorgebirge, Roter Ingelheimer, South Haven, Royal Glory, Onyx, Rome Star, Fidelia, Sweet Cap, Sanguine, Revita, Grazia …

Nektarine: Nectared, Fantasia, Snow Queen, Flavortop, Early Sungrand, Bellarina …

Ideen für die Verwendung: Frischverzehr, Schnaps, Likör, Mus, Marmelade, Saft, einkochen (einwecken) …

Kirsche

Hier unterscheiden wir zwischen Süßkirschen (*Prunus avium*) und Sauerkirschen (*Prunus cerasus*). Die Sauerkirsche wuchs schon in neolithischen Zeiten bei uns, die Süßkirsche in ihrer Kulturform ist wohl im Schwarzmeerraum entstanden und kam, wie das meiste Kulturobst, mit den Römern zu uns. Im 2. Jh. n. Chr. gab es schon Kulturformen am Rhein. Ein großes Problem gibt es bei Süßkirschen, sie werden nämlich unheimlich groß. Für Hausgärten zu groß, zumindest frühere Bäume. Mittlerweile gibt es auch wunderbare kleinbleibende Unterlagen, und wer jetzt auch mit kleinem Garten Lust auf Kirschen hat, der kann sie sich trotzdem gönnen. Auch im Obstzaun ist die Kirsche als Säule wunderbar aufgehoben. Wer keine Mitesser in den Früchten haben möchte, sollte auf frühe Sorten setzen, diese sind meist madenfrei. Für Kinder sind Kirschen wohl die verführerischsten Früchte überhaupt, und der Drang, sie zu pflücken, führt oft zu Bauchschmerzen. Doch was lernen sie (oder auch wir als Kinder) daraus? Nichts natürlich, denn Kirschen sind einfach zu lecker.

Beachtung braucht die Sauerkirsche etwas mehr als die Süßkirsche, sie trägt nämlich am einjährigen Holz, weshalb eine regelmäßige Verjüngung wichtig ist für regelmäßige Erträge. Jährlicher Pflegeschnitt nach der Ernte ist deshalb immer wichtig. Doch auch die Süßkirsche profitiert vom jährlichen Pflegeschnitt nach der Ernte. Das Besondere bei Kirschen? Ihr könnt während der Ernte den Pflegeschnitt erhalten, dann wird das Ernten einfacher, da die fruchtbehangenen Zweige meist am Boden liegen.

Bei Süßkirschen ist unbedingt auf die passenden Befruchtersorten zu achten, die in der Nähe sein sollten. Sauerkirschen können zwar oft Süßkirschen befruchten, aber nicht immer. Im Zweifelsfall sollte eine Selbstbefruchtersorte gewählt werden. Bitte unbedingt vor dem Kauf genau informieren! Es ist nicht schön, wenn man jahrelang dem Baum beim Wachsen zusehen darf und keine Früchte erntet.

Platzbedarf nach Unterlage:

Hochstamm oder Halbstamm auf Sämling	10–12 m
Halbstamm auf Typenunterlage	6–8 m
Busch	3–4 m

Gelbe Kirschen, wie hier „Dönnisens gelbe Knorpel", werden von den Staren weitestgehend verschont.

Kinder und Kirschen, das ist etwas, das zusammengehört und die herrlichsten Erinnerungen liefert.

Sortenbeispiele:
Süßkirsche: Burlat, Büttners rote Knorpelkirsche, Dönissens gelbe Knorpelkirsche, Frühe Maikirsche, Frühe rote Meckenheimer, Geisepitter, Große Prinzessin, Große schwarze Knorpelkirsche, Hedelfinger Riesenkirsche, Kassins Frühe, Kordia, Regina, Lapins, Rote Späternte, Schneiders späte Knorpelkirsche, Schwarze Adlerkirsche, Valeska, Adlerkirsche von Bärtschi, Alma, Annabella, Kassins Frühe, Mödinger, Spitze Braune, Star, Starking Hardy Giant, Teickners schwarze Herzkirsche …
Sauerkirschen: Beutelspacer Rexelle, Königin Hortense, Morina, Köröser Weichsel, Ludwigs Frühe, Schattenmorelle, Schwäbische Weinweichsel, Maraschka, Ostheimer Weichsel, Tschernokorka, Diemitzer Amarelle, Heimanns Rubin, Ludwigs Frühe, Morellenfeuer, Rote Maikirsche, Schöne von Chatenay …
Ideen zur Verarbeitung: Direktverzehr, Likör, Schnaps (es gibt extra Brennsorten), einkochen (einwecken), einfrieren, Marmelade, Saft, Gelee …

Die Kaki ist auch bei uns auf dem Vormarsch. Absolut berechtigt. Doch nur überreif liefert sie ihre herrlichen Aromen.

Kaki

Eine Frucht, die bisher bei uns noch keine Rolle gespielt hat, denn sie ist wärmeliebend und war bei uns früher nicht frosthart genug. Die neuen Sorten jedoch, eine Kreuzung aus asiatischen und amerikanischen Kaki, halten unseren Wintern wunderbar stand und gehören zu den letzten Früchten, die an den Bäumen hängen, obwohl die Blätter schon gefallen sind. Die noch nicht ganz reifen Früchte sind arg zusammenziehend, wie wir das von den Schlehen her kennen. Nur vollreife Früchte sind lecker und süß, weshalb sie am besten in der Mitte durchgeschnitten werden, um die beiden Hälften auszulöffeln. Im Supermarkt werden Kaki oft aus Israel importiert, steinhart natürlich, denn weich wären sie nicht mehr transportabel. Auch bei uns müssen die Früchte nachreifen. Zu der Kaki-Familie (*Diospyros spec.*) gehören auch die Persimonen und die Lotuspflaumen. Eigentlich gleiche Frucht, nur unterschiedlich groß. Die Bäume können 12 m hoch werden und 7 m breit. Die Blüte des Baumes erscheint erst im Juni, was auch der Grund dafür ist, warum diese Bäume immer voller Früchte hängen.
Lotuspflaumen sind, wie der Name schon sagt, kleine, eher mirabellengroße Früchte. Sie sind bis –28 Grad frosthart, werden bis 9 m hoch und 6 m breit. Sie brauchen volle Sonne und dürfen keine Staunässe haben, ansonsten stellen sie keine Ansprüche. Überlegt euch gut, wo ihr sie hinpflanzt, denn die Lotuspflaume soll bzw. kann durch ihre lange Pfahlwurzel nicht umgepflanzt werden. Lotuspflaumen brauchen eine männliche Sorte und eine weibliche Sorte, um Früchte zu bringen. Es wird also Platz für 2 größere Bäume benötigt, um überhaupt Früchte zu bekommen.
Sortenbeispiele:
Kaki: Nikitas Gift, Russian Beauty, Russian Red, Nikshoo, Rosseyanka, Dunaj, Hiro-tanenashi, Budapest, Neustadt Weinstraße, Steiermark Kaki, Kostata, Sharon …
Lotuspflaume: Albert weiblich, Browny männlich, Maalte weiblich, Guillaume weiblich

Ideen für die Verarbeitung: Direktverzehr, Lagerfrüchte, Marmelade, in Scheiben als Dörrobst, Schale als Süßungsmittel getrocknet und gemahlen, Samen als Kaffeeersatz

Indianerbanane, Pawpaw

Auch eine Frucht, die wir hier noch nicht so lange kennen. Sie sieht wie eine Mango aus und ihr Fruchtfleisch schmeckt wie eine Mischung aus Mango, Papaya und Banane. Die in der Reife weiche Frucht wird in der Mitte durchgeschnitten und das Fruchtfleisch ausgelöffelt. Es ist ein absoluter Genuss. Die *Asimina triloba* stammt aus Nordamerika und ist bis -28 Grad winterhart. Die Bäume werden bis ca. 5 m hoch und 4 m breit. Die Blüten erscheinen vor den Blättern in seltener Purpurfarbe und die Blätter sind im Herbst ein Hingucker. Die Indianerbanane mag keine Konkurrenz, weshalb sie eine der wenigen ist, bei denen keine Baumscheibe angelegt wird, sondern lieber mit reifem Kompost und einer Schicht Grasschnitt die Fläche um den Baum abgedeckt werden soll. Die jungen Bäume leiden stark unter Trockenheit, sollten also die ersten Jahre regelmäßig gegossen werden. Die meisten Sorten sind selbstunfruchtbar, weshalb meist ein zweiter Baum bzw. eine weitere Sorte benötigt wird. Es gibt allerdings selbstfruchtbare Sorten – die „Sunflower" ist bedingt selbstfruchtbar und die „Prima1216" und „PA-Golden 1" zuverlässig selbstfruchtbar –, welche auch in kleinen Gärten den Genuss dieser Früchte möglich machen.
Sortenbeispiele: Maria's Joy, Mango, Mary Foos Jones, NC1, Prolific, Rebeccas Gold, Wilson, Overlees, Taylor, Taytoo …
Ideen für die Verwendung: Frischverzehr, Eis, Marmelade, Sorbet, Shakes, Likör …

Nashi, Japanbirne

Wie der Name bereits sagt, stammen diese tollen Früchte aus Japan. Sie stehen mit bis zu 1000 Sorten hoch im Kurs. Es handelt sich hier nicht um eine Kreuzung von Apfel und Birne, wie oft vermutet wird, sondern um eine eigene Art (*Pyrus pyrifolia*). Die Wildform kann bis zu 10 m hoch werden, unsere veredelten Bäume jedoch wachsen nur mittelstark, werden 2,5 bis 3 m hoch und brauchen einen Pflanzabstand von 2,5 m von Baum zu Baum. Sie haben ähnlich Ansprüche wie unsere europäischen Birnen: Ein gut durchlässiger und feuchter Boden wird bevorzugt. Um leckere Früchte auszubilden, braucht der Baum natürlich einen Sonnenplatz. Die Nashi setzt oft viel zu viele Früchte an, weshalb ein Ausdünnen erforderlich ist, da es sonst zu Astbrüchen kommen kann. Je Büschel soll nur eine Frucht bleiben. Diese kann dann größer werden und volles Aroma ausbilden. Nashi gibt es birnförmig, doch meist auch eher apfelförmig. Sie sind sehr saftig, ihr Fruchtfleisch hat jedoch wenig Substanz. Sie reifen Ende Oktober, Anfang November und können sehr lange am Baum hängen bleiben, je nach Temperatur bis Weihnachten, jedoch auch gut gelagert werden.
Sortenbeispiele: Nijisseiki, Hosui, Kosui, Chojuro, Kumoi, Tsu Li, Kiiro Osoi, Erdi Korai, Nakai …
Ideen für die Verwendung: Direktverzehr, dörren in Scheiben, einlegen …

Die Indianerbanane, besser „Pawpaw" genannt, liefert die Aromen der Südfrüchte und ist dabei voll winterhart.

Wieviel benötigt ein Vierpersonenhaushalt für die Selbstversorgung ungefähr?

Diese Frage bekomme ich oft gestellt, es kommt aber natürlich immer auf die Art und Weise der Ernährung an und kann konkret nicht pauschalisiert dargelegt werden. Diese Liste hier stammt aus dem Handbuch „Bio-Obst" vom Löwenzahn-Verlag. Ich werde sie als Anhaltspunkt hier nochmal leicht verändert aufführen, da sie der Realität sehr nahe kommt und ich dies auch so weiterempfehlen würde.

Obstart	**Anzahl Bäume**	**Bemerkung**
Apfel	6-9	davon 1 Sommerapfel, 2 Herbstäpfel für Saft, der Rest Lageräpfel
Birne	2-4	Sommerbirnen in warmen Lagen eher meiden, Winterbirnen nur in warmen Lagen oder als Spalier an der Hauswand
Quitte	1-2	für Verarbeitung
Aprikose	1-2	je nach Standort
Pfirsich	2-3	unterschiedliche Reifezeiten
Zwetschge, Pflaume, Reneklode, Mirabelle	3-4	vielseitig verwertbar
Süßkirsche	1	auf Befruchtung achten, Kirschen im Nachbargarten oder selbstfruchtbare Sorte
Sauerkirsche	1-2	vielseitig verwertbar
Walnuss	1	nur, wenn genügend Platz vorhanden ist
Tafeltraube	1-3	Frischobst, Verarbeitung
Erdbeere	8 m²	Frischobst, Verarbeitung
Johannisbeeren	5-6	Frischobst, Verarbeitung
Himbeere	10-15 lfm	Frischobst, Verarbeitung
Brombeere	2-3	Frischobst, Verarbeitung
Wildobst	so viel wie möglich	überall, wo Platz ist, als Hecke, Windschutz …

Meine Hausgartenernte an einem Julivormittag: Aroniabeeren, Pfirsiche, Tomaten, Früchte der Säulenpflaume, Eier von den Hühnern, Gurke und Zucchini aus dem Gemüsebeet und eine reife Sonnenblume, die als Vogelfutter für den Winter getrocknet wird.

Oben: Die ausdauernde Kresse liefert von März bis November extrem kressescharfe Blätter.
Mitte: Die Bärlauchzeit sollte genutzt werden, denn Bärlauch gehört zu den extrem stärkenden Pflanzen.
Unten: Die Brennnessel ist das absolute Superfood und die wichtigste Pflanze im Hausgarten für Mensch, Tier und Boden.

Dauer- und Wildgemüse

Einmal pflanzen – immer ernten. Das wäre super, oder? Keine Anzuchtarbeiten jedes Jahr und trotzdem einfach rausgehen und ernten. Frisch und knackig!
Da gibt es tatsächlich einiges, was sich so nach Initialzündungen im Garten etabliert und/oder einfach weitervermehrt. Vieles sind auch Wildkräuter, die meist von ganz alleine in den Garten kommen. Früher hat man sie entfernt, jetzt essen wir sie auf.
Das Schöne dabei? Sie machen nicht nur weniger Arbeit, sie sind meist sogar immens reich an wertvollen Inhaltsstoffen. Stoffe, die bei unserem Kulturgemüse meist schon herausgezüchtet wurden. Es ist so viel essbar, und es ist allemal wert, seine Gewohnheiten zu ändern, zum einen sparen wir Zeit und zum anderen sparen wir Geld. Allein schon an zusätzlichen Nahrungsergänzungsmitteln, denn alles wächst bei uns quasi vor der Haustür bzw. im Waldgarten, zwischen den Bäumen.
Hier stellen wir euch einige unserer liebsten Wildgemüse vor, die wir nicht mehr missen möchten:

Ausdauernde Kresse

Lepidium latifolium

Ein scharfer Freund, der uns von März bis Dezember im Garten begleitet und mit seinem Meerrettichgeschmack in Kräuterbutter oder kleingeschnitten über Suppen so richtig Pepp gibt. Zudem schenkt er uns freien Atem und viele Antioxidantien. Seine weißen Blütenwolken sehen wir im Juni/Juli und er vermehrt sich über Ausläufer und die Samen. Perfekt für die sonnige Baumscheibe.

Ausdauernder Buchweizen, Baumspinat

Fagopyrum cymosum

Er sieht aus wie unser bekannter einjähriger Buchweizen, wird jedoch höher und seine Blüten bilden kaum Samen. Er ist standorttreu und zwischen Bäumen an sonniger Stelle gefällt es ihm hervorragend. Seine Blätter und die oberen Triebe sind ein leckerer geschmackvoller Spinat. Er ist bei uns winterhart, treibt aber erst relativ spät aus, so ab Mitte Mai.

Bärlauch

Jeder kennt ihn und er ist wirklich sehr beliebt. Da es nicht unendlich viele wild wachsende Flecken Bärlauch in freier Natur gibt, lohnt es sich wirklich, ihn im Garten zu etablieren. Es ist auch ratsam, die ersten Jahre keine Blüten zu ernten, denn die Ameisen kümmern sich um das Vertragen der Samenkugeln und bauen ihn somit flächig an. Es kann ein paar Jahre dauern, doch dann ist ein üppiges Ernten möglich.

Brennnessel
Urtica urens und Urtica dioica

Die große und die kleine Brennnessel, eine Powerpflanze. Hätten wir nur noch die Brennnessel zu essen, wir würden uns trotzdem stets gesund ernähren, denn diese Pflanze enthält alles, was wir brauchen. Besonders viele Mineralien, die uns sonst in dem Ausmaß keine andere Pflanze schenken kann. Ab März bis zum Frost kann hier geerntet werden. Überalterte Bestände können einfach gemäht werden, dann treibt die Nessel wieder jung nach. Die Spitzen mit den oberen 4 bis 6 Blättern sind am zartesten und wir können sie in Bierteig ausbacken, auf die Pizza legen, Spinat kochen, Suppenvariationen auf den Tisch bringen, in die Gemüsepfanne schmeißen usw. Die gesammelten Samen im August können separat getrocknet und gelagert werden. Sie sind das Superfood, unsere Nahrungsergänzung für Müsli, im Knödelteig, im Pfannkuchenteig, im Spätzleteig usw. das ganze Jahr über.

Etagenzwiebel, Luftzwiebel
Allium x proliferum

Eine wirklich tolle Pflanze, die immer mehr Zwiebeln produziert, und zwar oben auf ihren Stielen. Je fetter diese Pflanze steht, umso größer werden die Zwiebeln obenauf. Ernten wir sie nicht, kippen sie irgendwann zu Boden und wurzeln neu. So entstehen ständig neue Pflanzen. Wir können die Zwiebelröhren genauso ernten und für Salate und Suppengerichte verwenden.

Ewiger Kohl, Irischer Blätterkohl
Brassica oleracea

Eine Kohlart, die hauptsächlich vegetativ, das heißt durch Stecklinge, vermehrt wird. Ein reiner Blattkohl, der flächig wächst, und seine Blätter sind das ganze Jahr über zu ernten. Hilfreich für ihn ist, wenn er über den Winter mit einem Gestell abgedeckt wird, so dass ihn keine Schneelast oder kein Eisregen niederdrücken können. Die Gefahr, dass er durch angeknackste Stiele in unseren feuchten Wintern verfault, ist groß. Die Kälte macht ihm dagegen nichts aus. Für Suppen, Gemüsepfannen, Eiergerichte etc. ist es super, nur ein paar Blätter ernten zu können. Ist genug vorhanden, kann aber auch Sauerkraut mit ihm fermentiert werden.

Der Ewige Kohl ist reiner Blattkohl und sollte in keinem Garten fehlen. Er ist das ganze Jahr über beerntbar.

Oben: Auch Funkien sind vom Blatt bis zur leckeren Blüte verwertbar.
Mitte: Gemüseampfer ist weitestgehend unbekannt und dabei so robust und treu.
Unten: Giersch ist sowohl Lebens- als auch Heilmittel. Also besser aufessen, statt ausreißen!

Funkie
Hosta sieboldiana

Eine sehr bekannte Staude für schattigere Bereiche, also ideal, um sie in die Baumscheiben zu pflanzen, da sie gut größere Bereiche abdecken kann. Das tolle dabei? Weichere Sorten der Funkie sind zu verwenden wie Mangold. Also Stiele und Blätter. Und die Blüten? Die sind so lecker wie Taglilien. Deko und Essen in einem. Was will man mehr?

Gemüseampfer
Rumex longifolius

Eine Ampferart, die wie eine Mischung aus Wiesenampfer und Sauerampfer daherkommt. Riesige Blätter, die zwar fest, aber sehr mild sind, zeichnen ihn aus. Das ganze Jahr über kann er beerntet werden und seine Blätter können kleingeschnitten in jede Gemüsepfanne wandern. Als Pfahlwurzler kann er seine Dienste in Baumscheiben wunderbar ausleben. Dort kann er sich breitmachen und wir haben jederzeit etwas zu ernten. Ein sehr verlässlicher Kandidat ist der Gemüseampfer, und ist er erst einmal etabliert, kann man ihn nicht mehr übersehen.

Giersch
Aegopodium podagraria

Meist ausgerissen und gemieden, ist er für uns eines der wichtigsten Gemüse im Waldgarten. Sogar im Schatten unter den Bäumen mag er noch wachsen. In allen Randbereichen deckt er zuverlässig den Boden ab. Die jungen Blätter sind natürlich am schmackhaftesten, doch auch die älteren geben ein wunderbares gedünstetes Gemüse ab. Die Blüten können in den Salat, und wenn er stetig beerntet wird, kommen immer wieder junge leckere Blätter nach. In der Suppe dient er geschmacklich auch mal als Aushilfe für die Karotte! Für unsere Gelenke ist er Gold wert! Man kann eigentlich nie zu viel Giersch im Garten haben, wenn man beschlossen hat, ihn in seinen Speiseplan mit aufzunehmen.

Große Klette, Kleine Klette

Arctium lappa oder Arctium minus

Gerne wird die Große Klette aufgrund ihrer Blätterähnlichkeit „Wilder Rhabarber" genannt. Und tatsächlich sind die Blattstiele gedünstet als Gemüse essbar. Die Wurzel der einjährigen Pflanze wäre im Winter ein wunderbares Gemüse, besonders für überbackene Aufläufe. Lasst aber bitte immer ein paar Pflanzen stehen, denn ihre Blüte zieht Insekten magisch an und sie soll sich ja auch wieder aussäen können. Die Japanische Klette wäre die Kulturgemüseform der Klette und noch zarter und größer.

Grüner Spargel

Asparagus officinalis

So lecker und so gesund. Es lohnt sich immer, sich im Garten ein Beet mit Grünspargel anzulegen. Er braucht nicht gehäufelt zu werden und ist von April bis traditionell zum 21. Juni beerntbar. Zieht man ihn aus Samen, braucht er 7 Jahre, bis er gute Ernte bringt, dann aber bis über 20 Jahre lang dauerhaft. Sonniger Platz und regelmäßige Nährstoffe durch Jauche oder Mulchmaterial – und schon ist er ein treuer Begleiter. Selbst mag ich ihn roh, direkt aus den Beeten, er eignet sich aber wunderbar für Aufläufe, Suppen oder als Pfannengericht.

Guter Heinrich

Chenopodium bonus-henricus

Wieder eine wilde Spinatpflanze, die schon eine sehr lange Tradition hat. In der Natur ist er tatsächlich kaum noch zu finden. Eine typische Waldrandpflanze wäre er und daher gut in unseren Waldgärten aufgehoben. Hier gilt es einfach, mit einer Pflanze eine Initialzündung zu setzen.

Haferwurz

Tragopodon porrifolius

Die weiße Schwester der Schwarzwurzel. Tatsächlich schmeckt sie sehr ähnlich und ja, auch die Hände werden orange beim Schälen. Ein Delikatessgemüse! Lässt man die Haferwurz das 2. Jahr blühen, erlebt man eine herrliche Blüte und eine dicke große Pusteblume als Samenstand, der sich im ganzen Garten verteilt. Allerdings richtig dicke Wurzeln, die beim Ernten Spaß machen, bekommt man bei Direktsaat ins Beet ab April. Dann sind die Wurzeln bis November richtig schön. Geerntet werden kann bis zum März des darauffolgenden Jahres, bevor die Pflanze in die Blüte treibt. Ich empfehle hier, zweigleisig zu fahren: Einmal die Haferwurz im kultivierten Beet und einmal im Waldgarten verteilen lassen als eiserne Reserve.

Große und Kleine Kletten: Sie sind Insektenweide, kosmetisch und als Lebensmittel wertvoll.

Grüner Spargel ist so lecker und gesund und der Anbau im Garten so einfach.

Spezialitätengemüse Haferwurz, die weiße Schwester der Schwarzwurzel

Hopfen
Humulus lupulus

Ein Frühlingsgemüse! Die jungen Triebe des Hopfens können wie Spargel verwertet werden. Die Blüten später für Tees zur guten Nacht.

Kaukasischer Rankspinat
Hablitzia tamnoides

Wieder ein Frühlingsspinatgemüse, das, erst einmal etabliert, über Jahre hinweg zu beernten ist. Ein kleines Rankgitter ist sinnvoll hier, denn er mag seine langen Blütentriebe ranken lassen. Die jungen Blätter nach Austrieb ergeben einen sehr zarten, leckeren Spinat. Oder einfach die Blätter leicht in Butter andünsten. Eine sehr leckere Beilage.

Lauchscheibenschötchen
Peltaria alliacea

Diese tolle Staude, die zu den Kreuzblütlern gehört, schmeckt tatsächlich nach Lauch. Sie stellt uns ihre Blätter im Herbst bis zum Frühsommer zur Verfügung. Nach der Blüte zieht sie ein und treibt dann im Herbst wieder aus. Sie vermehrt sich an Ort und Stelle und ist sehr dekorativ in der Blüte. Ihre Blätter sind für das Butterbrot oder für Brotaufstriche ideal geeignet.

Löwenzahn
Taraxacum officinale

Als lästiges Unkraut im Rasen verpöhnt, wird er in anderen Ländern sogar als Salatpflanze angebaut! Hier ist tatsächlich die ganze Pflanze verwertbar: die jungen zarten Blätter als Salat, die Knospen als Kapernersatz oder gedünstet, die Blüten zu Sirup oder Likör oder als Salatbeigabe. Die Wurzel im Herbst ergibt geröstet wunderbaren Kaffeeersatz oder Tee zur Unterstützung unserer Leber. Natürlich enthält Löwenzahn jede Menge gesunder Bitterstoffe, die unseren Stoffwechsel ankurbeln so mancher darf sich aber erst an den bitteren Geschmack gewöhnen. Der Löwenzahn zieht über den Sommer ein und erscheint verjüngt im Herbst wieder. Als Sommerlöwenzahn dient uns der Wiesenpippau mit seinen ähnlich gezackten Blättern und seinen herrlich gelben Blüten, die viel höher in der Wiese stehen, aber ebenso umschwirrt werden.

Malven in verschiedenen Arten
Malva spec. und *Lavatera thuringiaca*

Sowohl Blüten als auch Blätter sind nicht nur für Salate, sondern auch für Gemüsegerichte eine leckere Beigabe. Es gäbe natürlich auch eine richtige Gemüse-malve mit extra großen Blättern. Unsere dunkelviolette

Das Lauchscheibenschötchen liefert ihre lauchigen Blätter über den Winter und zieht nach der Blüte im Sommer ein.

Löwenzahn ist neben Brennnessel und Giersch das wichtigste Wildgemüse im Garten.

Malven sind nicht nur schön, sie sind auch richtig lecker, sowohl die Blüte als auch ihre Blätter als Gemüse.

Mauretanische Malve ist jedoch ebenso geeignet, oder unsere Rosenmalve in der Wildblumenwiese. Ihre Schleimstoffe sind gut für Hals und Stimme und wir kennen vielleicht aus der orientalischen Küche die Okraschoten, die ebenso von einer Malve kommen. Auch sie enthält diese Schleimstoffe. Malven säen sich gerne selbst aus, sind wahre Hingucker und Farbakzente im Garten und in der Küche ein willkommener Begleiter.

Meerkohl
Crambe maritima

Wieder ein ausdauernder Kohl, jedoch hier eher ein Treibgemüse. Stülpt man einen durchsichtigen Eimer im März über die Pflanze, treiben die Triebe verstärkt aus und wir ernten einen Spargelersatz, der besonders zart und lecker ist. Später treibt er seine Blätter und Blüten durch, die sehr dekorativ Insekten anlocken. Meerkohl mag es lieber kiesig-sandig als lehmig. Ein typisch norddeutsches Gewächs.

Meerrettich
Armoracia rusticana

Unser Immunsystemankurbler und wohlbekannter Soßenbegleiter für Rindfleisch, aber auch für Kartoffeln. Entweder man liebt ihn oder man hasst ihn mit seiner intensiven Schärfe, die von den Senfölen kommt. Die Waldgartenvariante des Apfelmeerrettich ist einer meiner Lieblingsbrotaufstriche. Süß und scharf zugleich. Übrigens ist er ein genialer Begleiter für Pfirsich- und Aprikosenbäume, als Pilzvorsorge, jedoch für alle Bäume gleich ein Wühlmausablenker. Ein Pfahlwurzler, der gleich mehrere Aufgaben gleichzeitig erfüllt. Wer ihn in die Küche mit einbezieht, der kann nie genug davon im Garten haben.

Melde
Atriplex spec.

Wird irgendwo der Boden zu tief gelockert, taucht dieser Bodenanzeiger auf, der wie Spinat zubereitet werden kann. Sät man sich einmal die Riesenmelde in den Garten, dann ist diese immer irgendwo vorhanden. Groß wie ein Baum, wird sie auch manchmal als Baumspinat bezeichnet. Menschen mit Nierenproblemen sollten jedoch nie zu viel von ihr essen. Auch Kultursorten gibt es von der Melde, in hellem Gelbgrün oder dunklem Rot bringt sie Farbe in die Beete. Sie kommt auch mit größeren Blättern daher! Lässt man diese Kulturarten ausblühen und Saatgut bilden, können sich auch diese Sorten im Garten etablieren und tauchen von ganz alleine wieder auf.

Nachtkerze
Oenothera biennis

Die wilde Schönheit, die es gerne karg mag. Ihre strahlend gelben leckeren Blüten öffnet sie abends und stellt sie somit den Nachtfaltern zur Verfügung. Wir können dann morgens mit ihr frühstücken. So gegen 10 Uhr schließt sie ihre Blüten wieder und sie vergehen. Doch abends beginnt das gleiche Schauspiel wieder von Neuem, und wer aufmerksam ist, dem zeigt sie ihr Öffnen. Im Vorfrühling, sobald der Frost aus dem Boden heraußen ist, können die einjährigen Wurzeln geerntet werden. „Schinkenwurz" wird sie auch genannt, weil sie farblich an Schinken erinnert. Ein Tipp: Lasst die Samenstände im Herbst stehen, so könnt ihr wunderbar Finken beobachten, die sich ihre Samen herauspicken!

Nachtkerzen sind einjährig ein Wurzelgemüse und zweijährig essbare Blüten. Dabei sind diese sehr wichtig als Nachtfalternahrung.

Oben: Die wilde Pastinake oder Hammelmöhre ist eine sehr wertvolle Insektenweide, vorher jedoch, einjährig, geschmackvolles Wurzelgemüse.
Mitte: Rhabarberbestände sind 3 Monate im Jahr beerntbar und sollten stets gut mit Kompost versorgt werden.
Unten: Kultursauerampfer liefert im Garten ohne lange Suche Massen an Blättern für Suppen und Salate.

Pastinake, Hammelmöhre

Pastinaca sativa

Die wilde Pastinake, eine tolle gelbe Doldenblüte. Im Frühling können wir ihre Wurzel ernten, bevor sie in die Blüte treibt. Die jungen Blätter sind zart und lecker als Salat, und später die Samen bilden ein tolles Gewürz. Wenn ich für meine Ziegen Grüngut mähe, dann lasse ich gerne Horste von Pastinaken stehen, damit sich auch immer genügend aussäen können. Die Blüten werden gut besucht, und es ist immer spannend, Insekten auf Doldenblüten zu beobachten.

Platterbse

Lathyrus spec.

Wieder ein Wiesenbewucherer, der neben der leckeren Blüte auch noch tolle verwertbare Samen bildet. Nun gut, das Sammeln ist etwas langwierig, doch wir haben Erbsen, ohne sie anbauen zu müssen. Übrigens sind auch die jungen Blätter der Platterbse im Frühling sehr zu empfehlen. Eine Eiweißpflanze durch und durch.

Rhabarber

Rheum spec.

Ihn kennt wohl jeder, allein schon wegen dem leckeren Kuchen. Doch auch Kompott oder Sirup sind nicht zu verachten. Er sticht jedem sofort ins Auge, denn seine Optik ist einfach majestätisch. Die meisten Sorten sollten jedoch nur bis zur Sommersonnenwende geerntet werden, denn Rhabarber enthält Oxalsäure und der Gehalt nimmt ab der Sommersonnenwende exponentiell zu. Treibt der Rhabarber seine riesigen Blüten, dann habt ihr zwei Möglichkeiten: ausbrechen, damit er seine Kräfte schonen kann, oder blühen lassen, damit wir leckeres Blütengemüse ernten können. Denn auch die weißen Blüten können leicht gedünstet in der Pfanne zur Leckerei werden.

Rotklee
Trifolium pratense

Wie bereits bei der Platterbse, so können wir auch vom Rotklee im Frühling die jungen Blätter ernten und leicht dünsten, gerne mit anderem Frühlingsgemüse. Besonders sind jedoch die Blüten, die uns Frauen mit ihren Phytoöstrogenen besonders in der Wechselzeit unterstützen können. Die Blüten können reichlich in Salate gemischt werden oder getrocknet und als Pulver überall untergemischt werden.

Sauerampfer
Rumex acetosa

Glücklich der, der Sauerampfer in der Wiese wachsen hat, denn der ist herrlich aromatisch. Allerdings gibt es auch eine Kultursorte, die mit wesentlich größeren Blättern aufwartet und den ganzen Sommer über beerntet werden kann. Als Salatbeigabe oder als Suppe, einfach genial. Besonders gefällt ihm auch das Wachsen in der Baumscheibe. Dort ist er gut aufgehoben und kann mit seiner Pfahlwurzel den Baum unterstützen, und vielleicht sät er sich sogar aus.

Schlangenknoblauch, Rockenbolle
Allium sativum var. Ophioscorodon

Ein typischer „Einmal im Garten, immer im Garten"-Kandidat. Er dreht seinen Blütenstiel so, dass er wie eine Brezel aussieht. Er schlängelt quasi, was ihm auch seinen Namen verliehen hat. Nach der Blüte, die sich unter einer Haut versteckt, kommen die kleinen Brutknöllchen zum Vorschein. Diese verteilen sich dann wieder rund um die Mutterpflanze und der Bestand an Knoblauch nimmt immer mehr zu. Der Geschmack ist wirklich wunderbar, allerdings ist es ein einfacher Knoblauch ohne Zehen. Lediglich eine große runde Knolle kommt zum Vorschein, wenn man ihn aus der Erde zieht. Brutknöllchen bilden nämlich keine Zehen aus. Doch auch diese eine Knolle kann wunderbar in der Küche verwendet werden, wie jeder andere Knoblauch auch. Und die Brutknöllchen? Die kümmern sich drum, dass auch das nächste Jahr wieder einfache Knollen zum Ernten da sind.
Der Duft von Knoblauch soll Wühlmäuse abhalten. Das kann funktionieren, muss aber nicht. Trotzdem stecke ich zu jedem frisch gepflanzten Baum Knoblauch zum Schutz.

Spornblume
Centranthus spec.

Eine ausdauernde Staude steht hier in der Kategorie Wildgemüse. Weil man oft mehr essen kann, als man meint. Der junge Austrieb dieser tollen Blumen kann wie Feldsalat geerntet werden. Die Blumen selbst locken viele Insekten an und sind in einer Baumscheibe sehr gut aufgehoben. Mancherorts fühlen sie sich so wohl, dass sie sich reichlich selbst aussäen. Ein Rückschnitt im Sommer fördert einen weiteren Blütenflor, verhindert jedoch das Aussamen.

Oben: Der Schlangenknoblauch ist im Garten Wühlmausabwehr und Dekoration zugleich. Er ist auch oberirdisch komplett essbar.
Unten: Auch die dekorative Spornblume aus dem Staudenbeet oder der Baumscheibe ist essbar.

Storchschnabel
Geranium spec.

Die Rede ist hier vom Wiesenstorchschnabel. Eine herrlich blaue Blüte, die sehr lecker schmeckt und überall als Deko mit verwendet werden kann. Auch die Blätter sind vielfach zu verwerten, die jungen im Salat und die älteren als Gemüse.

Süßdolde, Myrrhenkerbel
Myrrhis odorata

Sehr aromatisch kommt die Süßdolde daher, die jedoch einen gut humosen Boden braucht, um ordentlich da zu stehen. Ihre grünen Samen sind die Leckerei. Die jungen Blätter können ebenso vielfach eingesetzt werden. Der absolute Gaumenschmaus sind jedoch die Wurzeln, die gedünstet ein hervorragendes Gemüse abgeben.

Taglilien
Hemerocallis spec.

Mit vielen verschiedenen Sorten, Farben und Höhen kommt diese tolle Staude daher. Doch nicht alle Sorten wachsen so üppig. Das Gemüse bildet hier die Blüte, die absolut schmackhaft ist. Die einzelne Blüte blüht nur einen Tag, was der Blume auch ihren Namen gab. Ob frisch oder gedünstet, einfach so oder gefüllt – sie ist immer lecker. Die Rhizome von den üppigen Sorten, besonders von den Ursorten, können gedünstet als Gemüse gegessen werden. Nur finde ich es immer so schade, dadurch die Pflanzen zu dezimieren. Schließlich bekomme ich dann wieder weniger Blüten.

Taubnesseln und Goldnesseln
Lamium spec.

Im Frühling, aber auch wieder im Herbst, bieten sich die Taubnesseln an. Die langen Zungenblüten sind immer und überall lecker, die Spitzen der Pflanzen jedoch ergeben auch ein leckeres Gemüse. Es gibt Taubnesseln in Rosa, Weiß und Gelb. Natürlich gehört der Tee davon auch in die Hausapotheke für Frauen, doch sind sie noch zu soviel mehr zu verwenden.

Tompinambur
Helianthus tuberosus

Manchmal auch als „Süßkartoffeln" bezeichnet, ist es doch nicht direkt die Süßkartoffel. Der Geschmack trifft dies aber schon. Wie eine gezuckerte Kartoffel. Besonders gut für Diabetiker geeignet, übrigens wie alle wilden Wurzeln, denn sie enthalten Inulin, eine Stärke, die den Blutzuckerspiegel nicht erhöht. Eine sehr gesunde Knolle also, als Rohkost inkl. Schale oder

Taglilien sind wunderschön und dabei so lecker. Von wilden Sorten sind sogar die Rhizome essbar.

Taub- und Goldnesselblüten- und -spitzen sind sehr aromatisch, gebräuchlich für Tees und für Salate.

Die Vogelmiere liefert ihr Vitamin C auch im Winter. Ihr Geschmack nach jungem Mais macht sie so beliebt.

gekocht für Suppe, als Pfannengemüse oder getrocknet zu Chips. Alles sehr lecker, jedoch sollte sich der Darm erst daran gewöhnen können. Die Blähungen sind nicht zu unterschätzen.

Tripmadam
Sedum reflexum

Ein essbares Gewächs für Steinmauern. Dort, wo nichts anderes mehr wachsen kann, dort wächst die sehr erfrischende Tripmadam mit ihren verdickten Blättchen, die uns an heißen Sommertagen wunderbar erfrischen.

Vogelmiere

Ein herrliches Wildkraut, dass bevorzugt im Gemüsebeet auftaucht, aber auch gerne in Baumscheiben, besonders in der kühleren Jahreszeit. Roh in Salaten stärkt es uns ungemein. Eigentlich kann es im Herbst, Winter und Frühling mit seinem enormen Vitamin-C-Gehalt über jede Speise gegeben werden. Auf dem Bild ist noch ein weiterer „Einmal im Garten, immer im Garten"-Kollege: das Winterpostelein. Wenn es sich aussäen kann, taucht es jährlich im März zusammen mit der Vogelmiere in den Beeten auf und liefert Unmengen Grünes für Smoothies und Salate.

Waldgeißbart
Aruncus intybus

In den Staudengärtnereien bekommt man leider sehr oft die kleine Gartenform angeboten, die nicht höher wird als 50 cm. Wir wollen aber die Wildform, die auch für essbare Wälder genial geeignet ist. Der Waldgeißbart ist eine herrlich dekorative Staude. Und was ist daran nun Gemüse? Es sind die jungen Austriebe im Frühling, die man wie Spargel verwenden kann. Dies funktioniert natürlich nur, wenn die Pflanze schon sehr gut eingewachsen und etabliert ist. Im Sommer gibt sie im Halbschatten von Obstbäumen ein sehr dekoratives Bild ab und Insekten freuen sich wirklich sehr über ihre Blüten.

Wegwarte
Cichorium intybus

Eigentlich sind unsere beliebten Herbstsalate alle Kulturformen dieser wilden Wegwarte. Allerdings kommt sie mit noch bittereren Blättern daher. Interessant ist jedoch ihre Wurzel, die wir vom „Muckefuck"-Kaffee her kennen. Für Kinder absolut geeignet kann aus der gerösteten Wurzel ein Kaffee gekocht werden, der urgesund und lecker ist.

Wiesenbärenklau
Heracleum sphondylium

Mein absolutes Lieblingswildgemüse. Nicht zu verwechseln mit dem Riesenbärenklau, der ja phototoxisch ist, ist der Wiesenbärenklau komplett ungefährlich. Besonders lecker sind die jungen Austriebe im Frühling, doch auch übers Jahr hinweg eignen sich die Stiele des Bärenklaus noch wunderbar für Eintöpfe. Die Blätter brauchen wir hierbei nicht, die können wir Kaninchen, Ziegen, Schafen etc. anbieten. Sie werden sehr gerne angenommen, denn auch für die Tiere ist es eine Leibspeise. Lassen wir die herrlichen Doldenblüten ausblühen, können wir sehr würzige Samen ernten, die wir in der Gewürzmühle oder gemörsert als Brotgewürz nutzen können. Nicht vergessen: Immer Pflanzen stehen lassen zur weiteren Versamung!

Wichtig ist beim Wiesenbärenklau die exakte Unterscheidung zum Riesenbärenklau. Der eine ist wichtiges Wildgemüse, der andere phototoxisch.

Oben: Der Wiesenpippau ist im heißen Sommer unser Ersatz für Löwenzahn.
Mitte: Wenn sich wilder Rucola aussäen kann, etabliert er sich auch in unseren Gärten.
Unten: Sibirischer Kohl ist zweijährig und stets beerntbar. Es lohnt sich, ihn blühen und aussäen zu lassen, dann kommt er zuverlässig von selbst.

Wiesenpippau

Er vertritt den Löwenzahn im Sommer. Seine Blätter schmecken fast genauso, nur etwas rauer. Spezialität sind aber seine Knospen und Blüten, die in jedem Salat, aber auch gedünstet sehr lecker schmecken.

Wilder Rucola

Diplotaxis tenuifolia

Wir kennen ihn alle, den wilden Rucola, der, erst einmal angesiedelt, sehr gerne blüht und sich selbst versamt. In milden Wintern oder an geschützten Stellen ist er absolut winterhart und ist dann mehrjährig. Ständig liefert er uns seine köstlich scharfen Blätter für Salate, Pesto oder auf die Pizza.

Wildkohl, Helgoländer, Sibirischer Kohl und weitere Arten

Brassica …

Es handelt sich hier um Kohlarten, die robust und zweijährig sind. Die üppige Blüte erzeugt natürlich auch einen großen Samenstand. Lässt man diesen stehen, säen sich diese Kohlarten selbst aus und machen ihr eigenes Spiel, so dass es immer einzelne Kohlblätter zu ernten gibt. Am erfolgreichsten setzt dies der Sibirische Kohl bei mir um: Er taucht überall und von alleine auf und sorgt für seine eigene Fruchtfolgeverteilung. Er ist sehr mild und benötigt keinen Frost. Von Mai bis Dezember ist er ohne Probleme zu ernten.

Winterheckenzwiebel

Allium fistulosum

Wie ein Riesenschnittlauch macht die Winterhecke schöne dicke Horste und ihre schönen weißen Lauchblüten locken jede Menge Hummeln an. Die Winterheckenzwiebel wird zur Ernte geteilt. Das heißt, man gräbt den ganzen Horst aus, pflanzt eine Zwiebel wieder ein und verwendet den Rest bzw. teilt weiter in Einzelpflanzen. Schneidet man die Winterhecke wie einen Schnittlauch, kann sich Wasser in der abgeschnittenen Röhre sammeln und die ganze Pflanze faulen. Verwendung finden diese Riesenschnittlauchröhren in Salaten oder als Topping auf Suppen. Auch Brotaufstriche profitieren von dieser Zwiebelart.

Zackenschötchen

Bunias orientalis

In manchen Gegenden ist sie bereits invasiv unterwegs und wird bekämpft. Man sollte sie also im Garten im Auge behalten. Meine Pflanze steht seit fast 15 Jahren immer an Ort und Stelle und hat sich selbst noch nicht vermehrt. Die Blätter sind kressescharf, und besonders lecker zum Naschen sind die quietschgelben Blüten, die den Senfblüten ähneln.

Zackenschötchen sind mit ihren kressescharfen Blättern in manchen Gegenden invasiv. Wir sollten sie genau beobachten.

Zuckerwurzel

Sium sisarum

Ein dauerhafter Doldenblütler, der als alte Klostergemüsepflanze überlebt hat. Wild auspflanzen würde ich sie nicht, eher in einem Beet für dauerhafte Kulturpflanzen pflegen. Essbar sind die jungen Blätter, die Blüten und besonders die zuckersüßen, vom Geschmack an Karotten erinnernden Wurzeln. Das heißt, wir graben die Pflanze aus, entnehmen die dicken Wurzeln, teilen den Rest und pflanzen wieder ein. So ist Ernte und Vermehrung in einem Arbeitsgang erledigt. Die dicken weißen Wurzeln können roh genauso genossen werden wie gedünstet, in Essig eingelegt zu Mixed Pickles oder fermentiert.

Natürlich gibt es noch mehr essbare Pflanzen, die sich für Waldgärten eignen. Strigoli zum Beispiel. Das taubenkröpfige Leinkraut, wie es bei uns heißt, wird in Italien als Frühlingssalat angebaut und genossen. Die sich selbst aussäende Wildblume ist noch dazu eine geniale Insektenweide. Der Wiesenpippau oder Sommerlöwenzahn wächst kostenfrei in der Wiese, wie noch so vieles andere. Die Lindenblätter sind eigentlich auch Wildgemüse. Mir ist es wirklich schwer gefallen, eine Auswahl hier zu treffen, ich wollte euch aber nicht mit Pflanzen überrollen. Für den Anfang sind diese genannten Kandidaten wirklich ausreichend. Macht sie euch vertraut, kocht und verarbeitet sie und gewöhnt euch an das dauerhafte Ernten. Erlebt diese Fülle und ihr werdet euch für immer reich beschenkt fühlen.

Oben: Bunte Kartoffeln: Es gibt sie in Rosa, Rot, Weiß, Blau und Gelb. Innen wie außen. Es lebe die Vielfalt!
Mitte: Ebenso die Bohnen. Mit ihren gelisteten 1800 Sorten im Bohnenatlas ist die Erhaltungsarbeit sehr wichtig.
Unten: Die Erbse ist pflegeleichte Eiweißnahrung, besonders lecker ist die Zuckerschote als Naschgemüse.

Das einjährige pflegeleichte Intensivgemüse

Alte Sorten, die ich nur im eigenen Garten anbauen kann (und in keinem Supermarkt bekomme)

Kohlenhydrate

Was in jeden Selbstversorgergarten gehört, sind Sattmacher. Und wenn ich könnte, ich würde mir einen Nudelbaum pflanzen. Nur schade, dass Nudeln nicht auf Bäumen wachsen. Einfach anzubauen sind aber Kartoffeln, Bohnen und Erbsen. Einfach, ergiebig, leicht lagerfähig und sattmachend.

Kartoffeln in Blau, rotschalig, in Rosa und in Gelb. Warum immer nur mit brauner Schale? Also ich mag das ganze Spielchen gerne bunt. Ob in der Erde, im Mulchbeet oder im Kartoffelturm – es gibt viele Möglichkeiten. Auch im Waldgarten zwischen den Bäumen, vor Beerenreihen, einfach mittendrin, denn Kartoffeln brauchen kaum Pflege. Stecken, mulchen, ernten. So einfach ist das. Noch dazu wird der Mulch später wieder zu Erde, was einen schnelleren Erdaufbau bewirkt; und die Kartoffel ist zwar Starkzehrer, kultiviert aber doch den Boden. Wo früher lästiges Gras war, ist nach den Kartoffeln ein wunderbar vorbereitetes Beet.

Bohnen. Wisst ihr eigentlich, dass es so ca. 1800 verschiedene Bohnensorten gibt? Und eine schöner im Korn als die andere. Buschbohne, Stangenbohne oder Stockbohne, grün, gelb oder lila. Gerade wachsend oder wie die Kipfler stark gebogen. Als Delikatessbohne, Brechbohne oder als Trockenbohne. Eingefroren, eingemacht oder als Trockenbohne in der Stofftasche kühl gelagert, bis Zeit ist für einen Bohneneintopf oder ein feuriges Chili.

Erbsen gibt es auch so viele. Von der Zuckererbse über die Palerbse und die Markerbse. Auch die Kapuzinererbse ist ein Hingucker. Und alle total lecker. Auch geht gefroren, eingekocht oder getrocknet für Suppen. Manche Sorten sind nur 40 cm hoch, andere bis zu 1,80 m. Ob weiß- oder ob buntblühend, diese Kugeln enthalten sehr viel Eiweiß und sind sehr leicht zu kultivieren.

Bunter Mais. Wer sagt, dass Mais gelb sein muss? Mais braucht guten Boden, um viele Kolben produzieren zu können. In Kombination mit Stockbohnen (ein Mittelding aus Busch- und Stangenbohnen im Höhenwachstum) ist es fast ein Selbstläufer. Meine Favoriten sind der Zuckermais „Rainbow Inka" oder der bunte Hopimais für Polenta. Rote oder grüne Popcornmaissorten sind so dekorativ, dass man es sich zweimal überlegt, ob man sie wirklich als Popcorn verwerten möchte. So viele Möglichkeiten, satt zu werden, aber mit einem Wermutstropfen versehen: Mais ist ein Windbestäuber als auch ein Gras, das sich mit dem Mais auf den Feldern kreuzt. Sortenerhaltung ist im Hausgarten also fast nicht möglich bzw. nur mit hohem Aufwand zu bewerkstelligen. Somit muss jährlich Saatgut gekauft werden, sonst ist der Zuckermais nicht mehr süß und der Popcornmais poppt nicht mehr.

Hirse. Ein Spelzgetreide, von dem sich vor Jahrhunderten, vor dem Siegeszug des Getreides, die Deutschen ernährt haben. Kommt daher das Märchen vom Schlaraffenland, wo man sich durch süßen Hirsebrei essen muss? Vielleicht. Jedenfalls sind Hirsemühlen so gut wie ausgerottet bei uns. Die Hirse wird nämlich von einer harten Schale geschützt. So kann sie auch nicht gekocht werden. Aber wie wir von der sehr stark mineralien- und kieselsäurehaltigen Braunhirse wissen, geht einfach mahlen auch, dann gibt es eben mehr Ballaststoffe. Diese einfache Hirse, im Mixer vermahlen und in Joghurt oder Obstbrei gerührt, ist sehr nahrhaft und inhaltsstoffreich. Es eignet sich insbesondere der Anbau von großkörnigen Sorten, die man selbst rebeln und reinigen kann, wie z. B. die Mohrenhirse, die Zuckerhirse, die Rispenhirse oder die Kolbenhirse (Braunhirse).

Es gäbe auch noch die Möglichkeit, Hirse ankeimen zu lassen und sie dann ins Müsli zu geben. Mit Fruchtsaft und frischem oder getrocknetem Obst lässt sich so alles aus eigenem Anbau verwerten.
Der Begriff „Hirse" stammt aus dem Altgermanischen (ahd. *hirsa* neben *hirsi* und *hirso*) und ist von einem indogermanischen Wort für „Sättigung, Nährung, Nahrhaftigkeit" abgeleitet (laut Wikipedia). Und hohe Ansprüche stellt Hirse an den Standort auch nicht. Nur sollte man bei Reife der Körner schneller sein als die Vögel mit der Ernte.

Oben: Mais ist bunt, jedenfalls die alten, ursprüngliche Sorten, und dabei absolut wert, ihn im Waldgarten anzubauen. Ob Polenta-, Popcorn- oder Zuckermais: eine ideale Selbstversorgerpflanze.
Unten: Hirse war früher Grundnahrungsmittel. Ihr Mineralstoffgehalt und ihr Wert für den Boden machen sie für den Anbau empfehlenswert.

Weitere tolle Gemüse, die es wert sind anzubauen:

Rattenschwanzrettich oder Rüsselrettich. Skurril und sehr scharf, so würde ich ihn bezeichnen. Mit Samenständen bis zu 30 cm Länge. Anfangs kommt er wie ein Radieschen daher, dann geht er in seine wunderschöne zarte rosafarbene Blüte über und dann kommen sie: die Rattenschwänze. Rot überhaucht und nur jung so richtig zart. Die Schärfe ist dem Rettich jedoch überlegen und sollte mit Butterbrot abgeschwächt werden.

Weiße, Gelbe und Geringelte Bete. Rote Bete sind so gesund, verfärben aber alles bis zur Unkenntlichkeit. Meine Lösung dafür: Weiße Bete, Gelbe Bete und Geringelte Bete. So wird es nicht langweilig, und in der Pfanne bleibt es schön bunt. Bete sind sehr leicht anzubauen, haben keine großen Ansprüche an den Boden und eine relativ kurze Kulturzeit. Sie lassen sich lagern, einkochen, in Essig einlegen oder als Chips dörren. Somit sind sie für die Vorratskammer ein besonders tolles Gemüse, von dem man auch nicht genug haben kann. Übrigens sind die Blätter wie Mangold zu verwerten. Mangold ist die Schwester der Bete und man sollte nie beide gleichzeitig blühen lassen, sofern man Saatgut ernten möchte.

Herbst- und Winterrübchen. Sie gehören zu den Kreuzblütlern, also zu den Kohlpflanzen, bei denen die Fruchtfolge von 4 Jahren eingehalten werden sollte. Mai- bzw. Herbstrübchen, Wasserrüben und Co. sind wunderbar lagerfähig, sollten aber keine starken Fröste abbekommen, wenn sie in einer Erdmiete gleich kühl und dunkel gelagert werden. In optimalem Keller funktioniert die Lagerung bis zum Frühjahr. Das frische, hellgrüne, ausgetriebene Laub der Rübchen ist für Salat oder Pesto verwertbar. Die Winterrübchen, eine robustere Sorte, kann sogar im Boden verbleiben und erst im Frühling geerntet werden, bevor sie in Blüte schiebt. Will man Saatgut ernten, dann sollten die schönsten und größten Rübchen im Boden verbleiben zur Saatgutproduktion. Immer nur von den Knollen Saatgut nehmen, wie man möchte, dass die Früchte später aussehen sollen.

Schnitt- und Stangensellerie. Für große Knollen beim Sellerie reichen oft die Bodenverhältnisse nicht aus und die Knollen bleiben sehr klein. Da wir aber für Suppen den Selleriegeschmack so gewöhnt sind, holen wir Schnitt- und Stangensellerie in unsere Gärten, gerne auch in die Baumscheiben oder ins Gemüsebeet. Es geht hier um den typischen, intensiven Selleriegeschmack. Und diesen bekommen wir hier. Für eingesalzene Suppenwürze oder direkt in Suppen.

Kennt ihr Rüsselrettich? Sehr scharf, bizarr im Aussehen und etwas Besonderes.

Gelbe Bete sind neben ihren Geschwistern, der Weißen und der Roten Bete, ein Hingucker.

Herbst- und Winterrübchen, aber auch die kleineren Navetten sind lagerfähig und manche davon sogar absolut winterhart.

Bunte Freilandtomaten. Rot und gleichmäßig rund. Wie langweilig. Und doch sind Tomaten von Johannisbeergröße bis zur Kindkopfgröße anzubauen. Weiße, gelbe, orange, lilane, schwarze, zweifarbige. Am besten sind natürlich die freilandtauglichen Sorten, die mit kleinen Rankhilfen versehen üppig draußen wachsen können. Es gibt insgesamt über 8000 Tomatensorten und eine kleine Menge davon ist für das Freiland geeignet: nicht nur kleinfrüchtige, auch Salattomaten, wie z. B. die „Osu Blu", die „Clou", die „Schönhagener" oder eine „Hato"-Erhaltersorte, die „Matina" oder die „Dorenia". Cocktailtomaten gibt es viele für draußen, „Philamena" ist wohl die üppigste, aber auch „Humboltii", „Rote Murmel", die „Gelbe Schmucktomate", „Golden Current" und weitere sind üppig und reichtragend, trotzdem sie Regen abbekommen. Doch auch sie trifft die Braunfäule, sofern die Tage nass und die Nächte kühl werden. Doch meist ist bis dahin die Haupternte eingefahren. Tomaten funktionieren wunderbar zwischen Bäumen, mit kleinen Stützen, ist der Boden gut abgemulcht, auch mal liegend. Doch die Ernte könnte sich im Tomatendschungel schwierig erweisen. Deshalb bin auch ich für die Pflege dieses üppigen Obstgemüses, denn die Zucht von Mäusen und Schnecken wegen zu hohem Futterangebot möchte ich auch nicht verantworten. Tomaten können zu Unkraut mutieren, wenn viele Früchte einfach ungenutzt auf dem Boden landen oder mit dem Kraut im Kompost. Die Samen keimen auf den Beeten wieder, manchmal sogar so schnell, dass man meint, man hätte sich die Anzuchtarbeit auch sparen können. Diese Zufallssaaten sind wunderbar, aber nicht verlässlich. Auch ist die Sorte ein Überraschungsei. Deshalb empfehle ich hier trotz allem eine Anzucht der gewünschten Sorten ab Mitte März und die Selbstkeimer als Bonus.

Freilandpaprika und robuste Auberginen. Besonders sonnige und warme Stellen, wie etwa extra angelegte Sonnenfallen oder Kraterbeete, können für Spitzpaprika und Auberginensorten, wie die „Frühviolette", genutzt werden. Viele dieser Nachtschattengewächse brauchen es wirklich sehr warm, vielleicht an der Südwand des Hauses in Töpfen; einige Sorten eignen sich aber wirklich gut für den Anbau im Gelände. Auch die Sortenerhaltung ist relativ einfach, und hat man erst seine Haussorten gefunden und an das eigene Gartenklima gewohnt, wird der Anbau immer einfacher.

Chili in verschiedensten Sorten. Scharfe Süchtigmacher. Es gibt hier so tolle Sorten, da wird einfach die Sammelleidenschaft geweckt. Auch kann man sich stets neue Sorten „eintauschen" von Gleichgesinnten. Leider bedürfen die meisten hier doch besonderer Wärme, und direkt im Waldgarten schaffen es nur wenige Sorten. Den Anbau in Töpfen oder in einem

Schnittsellerie wächst überall und ist noch aromatischer als ihre Kollegen, der Knollensellerie und der Stangensellerie.

Freilandtomaten sind bunt und brauchen kein Dach. Das macht sie für den Waldgarten interessant.

Freilandpaprika sind robuster als ihre großfruchtige Verwandtschaft, brauchen aber trotzdem geschützte Plätze wie die Sonnenfalle.

Oben: Die Vielfalt der Kürbisse ist unglaublich und die Verwendung so unterschiedlich wie ihr Aussehen.
Unten: Salate gibt es in wunderschönen Erscheinungsformen. Dabei sind sie so einfach in der Weiterzucht, sie können sich sogar selbst gärtnern.

Gewächshaus würde ich trotzdem befürworten, sind sie doch für Chili als Gericht unentbehrlich, ebenso für Gulasch und Soßen oder für so manche Zubereitungen für die Hausapotheke. Getrocknet und vermahlen lässt sich das Würzpulver im gut verschlossenen Schnappverschlussglas gut lagern. Schraubgläser würde ich hier meiden, denn Lebensmittelmotten können ganze Vorratsbestände vernichten.

Kürbisse aller Arten. So vielfältig, dekorativ und ausgereift optimal lagerfähig im warmen Wohnraum: die Kürbisse. Ob Pepokürbis (die kleinen oder Zucchiniarten), die Maxima-Kürbisse, wie der beliebte Hokkaido, oder die wärmeliebenden Moschuskürbisse: Jede Sorte hat ihre Qualitäten und Verarbeitungsvarianten. Ob roh als Salat, ob paniert als Schnitzel, als Ofengemüse, süß-sauer eingemacht oder fermentiert, als Suppe oder als Breibeilage: Kürbis ist nicht nur im Aussehen vielfältig, sondern auch in der Verarbeitung.

Salate, bunt und vielfältig. Eigentlich bräuchten wir bei dem ganzen Angebot an Wildkräutern keine Salate mehr anbauen. Doch als Basis sind sie doch lecker und knackig. Doch am besten eignen sich eben Salate, die lange beerntbar sind: Pflücksalate wie die Lollos oder die Eichblattsalate in unterschiedlichsten Blattformen und -farben. Auch die Nachzucht mit Samen ist hier sehr einfach, und lässt man sie ausblühen, säen sie sich sehr oft auch selbst aus und produzieren wieder neue Pflanzen. Ob in Pflasterfugen oder mitten auf den Gehwegen. Das ist ihnen egal. Von April bis August gibt es die zarten Sorten, ab September die bitteren Herbstsalate, wie Endivie, Zuckerhut und Zichorie. Ab August können die Winterkopfsalate gesät werden, die dann von Dezember bis März geerntet werden. Am besten in Frühbeeten oder Gewächshäusern, damit die Ernte auch bei Schnee und Eis möglich ist. Sind die Salate gefroren, ist es gut, wenn sie langsam auftauen können. Zuckerhut und Endivie sind sogar lagerfähig, werden sie mit der Wurzel in Zeitungspapier eingewickelt und kühl im Keller eingelagert. Es ist so viel möglich, es muss nur getan werden.

Weitere pflegeleichte einfache Gemüse, die wirklich überall ihren Platz finden, sind:

- Mangold, ich liebe die bunte Variation
- Brokkoli, weil er ständig kleine Röschen nachbildet und in kleinen Mengen, dafür ständig
- Einlegegurken, sie können am Boden entlangranken und liefern kontinuierlich ihre kleinen Brotzeitgurken
- Lauch, er passt überall dazwischen, und ist er im Herbst noch nicht groß genug, wird er eben im Frühling geerntet. Er überwintert ohne Probleme und kann auch bei Frost geerntet werden.

Im Supermarkt sind meist nur Standardsorten verfügbar. Das liegt zum einen an unseren Verbrauchergewohnheiten („Was der Bauer nicht kennt, …") und zum anderen am Großhandelsangebot. Alles ist genormt, muss gleiche Größe haben und immer gleich verfügbar sein. Am besten das ganze Jahr über. Doch genau das ist es, was viele Körper krank macht. Immer das Gleiche zu essen, im Angebot zu haben das ganze Jahr über. Am besten noch verzüchtet als F1-Hybriden mit veränderter Zellstruktur, damit es gleicher als gleich wird. Davon sollten wir wegkommen und für unseren eigenen Anbau nur altbewährtes samenechtes, nachbaubares Saatgut verwenden. Damit wir vielfältige, ans Klima angepasste Ernten einfahren können, mit ordentlicher Zellstruktur, langsam und nährstoffreich gewachsen. Gerne schief und krumm, dafür voller Geschmack und mit vielfältiger Farbenpracht.

Oben: Einjähriges Gemüse anzubauen lohnt sich immer. Im Hausgarten können wir Sorten kultivieren, die es nirgendwo zu kaufen gibt.
Unten: Täglich frische Lebensmittel ernten zu können, gehört zum größten Luxus unserer Zeit.

WICHTIGE KNOW-HOWS IM WALDGARTEN

GELD SPAREN, AUTARKER WERDEN, GESUNDHEIT FÖRDERN

Eigene Anzucht und Stecklingsvermehrung

Natürlich kostet die Anlage eines Waldgartens einiges an Geld, wenn alle Pflanzen gekauft werden müssen. Wer aber gerne entdeckt und ausprobiert, der kann seinen Waldgarten fast zum Nulltarif anlegen. Voraussetzung ist, man hat Freunde und Bekannte, die bereits einiges an Obst zu Hause haben. Dann heißt es, sich erst einmal durchprobieren und die Sorten, die man selbst gerne haben möchte, als Edelreiser, als Steckling oder als Samen selbst weiter zu vermehren.

Im März veredelter Apfelbaum; bereits im Mai zeigen sich die ersten Triebe und ab Oktober/November können diese Bäumchen schon gut geschützt ausgepflanzt werden.

Veredeln

Bäume werden meist veredelt, um aus Wildlingen Edelobst zu erzeugen.

Voraussetzungen:

- Die passende Unterlage besorgen. Wie im Kapitel *Höhenkontrolle* bereits beschrieben, ist es wichtig, zu wissen, wie hoch der Baum wachsen wird, um evtl. Ärger mit Nachbarn oder komplette Verschattung zu vermeiden. Für kleine Gärten eignen sich Unterlagen wie z. B. „M26", „G11", „B9" für Äpfel, Quitte und Birnen, die Gisela-Unterlagen für Kirschen, die Wavit-Unterlage für Pflaumen, Mirabellen und Aprikosen usw. Auf höheren Unterlagen können später natürlich auch noch mehrere Sorten veredelt werden. Wer auf Wildlingen veredelt, der bekommt hohe Bäume!
- Das passende Edelreis finden. Es handelt sich hierbei um einen einjährigen Trieb. Wasserschosser eignen sich dafür wunderbar. Geschnitten wird am besten im Januar von der gewünschten Sorte, veredelt wird jedoch erst im März, oder man hat Platz, den jungen Baum frostfrei, aber kühl und hell aufzustellen. Ganz wichtig ist, dass nur Edelreiser von ganz gesunden Bäumen geschnitten werden. Sie dürfen keinen Obstbaumkrebs oder Pilzbefall aufweisen, sonst wird dies an den jungen Baum vererbt.
- Den jung veredelten Baum an geschütztem Platz im Topf gut pflegen, bis der Neuaustrieb gut gewachsen ist und die Veredelung sicher überwallt ist. Dann kann der Baum oft schon im Herbst des 1. Jahres ausgepflanzt werden. Vor Wildverbiss muss gut geschützt und über den nächsten Sommer immer mal wieder mit Wasser versorgt werden.
  Bei klein bleibenden Unterlagen kann es 2 Jahre nach der Veredelung bereits zu den ersten Früchten kommen, bei Hochstammbäumen wahrscheinlich erst nach ca. 10 Jahren. Geduld mitzubringen ist also schon mal wichtig bei der Eigenproduktion.

Stecklingsvermehrung

Beeren werden meist durch Stecklinge vermehrt. Aber auch durch Absenker oder durch Abmoosen. So werden Sorten erhalten. Werden Beeren durch Samen vermehrt, gehen sie oft in ihren Urzustand zurück, bekommen wieder Stacheln oder haben dann kleinere Früchte. Die Natur bringt manchmal tolle Auslesesorten zustande, diese gilt es weiter zu vermehren und das geht meist nur vegetativ.

Himbeeren sind sehr einfach zu vermehren: Es wird ein junger Trieb, der aus der Erde kommt, abgestochen und an neuer Stelle eingepflanzt.

Brombeeren bekommen sehr lange Triebe, die sehr oft sogar automatisch den Boden berühren und dann sofort Wurzeln schlagen. Diese können dann von der Hauptpflanze abgeschnitten, ausgegraben und an neuer Stelle gepflanzt werden.

Taybeeren, Tummelbeeren oder Japanische Weinbeeren werden genauso vermehrt wie die Brombeeren.

Johannisbeeren, Jostabeeren, Worcesterbeeren, Stachelbeeren, Russische Riesenbeeren, sie alle können durch Absenker der äußeren Zweige bewurzelt werden oder aber auch durch Abmoosen, wem die Stecklingsvermehrung zu unsicher ist. Hierbei wird an einem Zweig in 1 cm Länge die Rinde entfernt und mit einem Stück Folie, z. B. von einem Erdsack, unterhalb abgebunden, mit Erde gefüllt und oberhalb auch wieder zugebunden. So ist das von Rinde befreite Zweigstück in feuchter Erde und kann Wurzeln schlagen. Nach ca. 2 Monaten kann der bewurzelte Teil von der Mutterpflanze abgetrennt werden. Noch eine Variante ist, einjährige obere Triebe der Beeren in Wasser zu stellen oder direkt in Erde zu stecken und warten, bis sie Wurzeln schlagen. Dann kann eingepflanzt werden. Beste Zeit für diese Aktionen ist immer Juni/Juli.

Wein wird im Februar zurückgeschnitten und kann auch dann gleich für Stecklinge verwendet werden. Immer 2 Augen belassen und gleich in Erde stecken. Wichtig ist, keine pilzanfälligen Sorten zu vermehren.

Erdbeeren werden durch Kindel vermehrt. Einfach im Juli die jungen Ausläuferpflanzen, die bereits Würzelchen gebildet haben, in Töpfe mit Erde stecken. So können tolle Sorten erhalten und alle 2 bis 3 Jahre verjüngte Erdbeerbeete angelegt werden.

Junger Salbeisteckling ca. 4 Wochen nach dem Stecken. Gut durchwurzelt kann getopft werden.

Sogenannte Quickpots eignen sich hervorragend, um Stecklinge platzsparend gut durchwurzeln zu lassen.

Die Pfefferminze kann zuverlässig mit Wurzelausläufern vermehrt werden.

Oben: Nüsse säen sich gerne durch tierische Helfer selbst aus. Sinnvoller ist, die Aussaat bewusster zu steuern und nur Nüsse von gewünschter Art und Größe zu verwenden zum Ziehen von Jungbäumen.
Mitte: Viele nutzbare Blumen, wie hier die Malve, protzen mit jeder Menge Samen. Einfach absammeln und nächstes Jahr wieder aussäen.
Unten: Hier steht der Alant im Samenstand. Um bewusst auszusäen, darf nur bei trockenem Wetter abgesammelt werden. Das Saatgut trocken und dunkel lagern.

Saatgutvermehrung

Vieles, darunter besonders Kräuter und Stauden, kann auch durch Samen vermehrt werden. So ist es gut, wenn im Juli/August/September z. B. von verblühten Bartnelken, Lichtnelken, Spornblumen, Indianernesseln, Anis-Ysop, Dost, Dahlien, Löwenmäulchen etc. vorsichtig die Samen in Becher geschüttelt werden, getrocknet und dann gut beschriftet, kühl und trocken gelagert werden, bis zur erneuten Aussaat im Frühling. Oft säen sich diese schönen Stauden und Kräuter auch selbst aus, dann können diese während des Jahres einfach ausgegraben und versetzt werden. Man braucht nur achtsame Menschen, die diese Aussaaten zu schätzen wissen und sie schützen, anstatt sie auszureißen und zu kompostieren.

Nüsse lassen sich sehr gut über die Früchte selbst vermehren. Besonders zu beachten ist jedoch dabei, dass besonders großfruchtige Sorten durch die Saatgutvermehrung meist auch wieder in einen Urzustand der kleineren Früchte zurückversetzt werden. Zudem ist besonders bei Nussbäumen zu wissen, dass samenechte Bäume erst so ca. nach 10 bis 15 Jahren das erste Mal fruchten, Veredelungen stattdessen aber bereits nach 3 bis 5 Jahren fruchten können. Dafür werden wurzelechte Bäume älter als ihre veredelten Genossen.

Generell ist es immer sehr wertvoll, achtsam und aufmerksam zu sein und bei Gleichgesinnten mit offenen Augen durch die Gärten zu schlendern. Jeder Gärtner gibt gern, wenn möglich, von seinen Schützlingen ab, weil er/sie sich freut, dass es anderen auch gefällt. Dies sollte aber bitte immer mit Erlaubnis der Besitzer passieren, auch bei Streuobstwiesen oder Vereinsgründen. Bitte immer mit Menschen, die sich mit den Sorten auskennen, „ernten" und vielleicht einen Veredelungskurs über regionale Gartenbauvereine mitmachen. Dort wird wertvolles Wissen vermittelt, und Selbst-Machen unter fachmännischer Anleitung ist immer der bessere Weg, um zu lernen.

Kräuter und Pflanzen für die Hausapotheke

In einem Waldgarten ist fast alles, also jede Pflanze, heilend und nährend. Das ist ja auch der Grund, warum in einem Waldgarten immer so eine harmonische Schwingung herrscht und wir uns wohl und geborgen fühlen können. Doch hier möchten wir euch die für uns erprobtesten und wichtigsten Pflanzen vorstellen, mit denen wir uns unsere Hausapotheke herstellen. Es ist nur eine kleine Anregung.

Kräuter

Wir finden sie meist alle in Umgebung unserer Bäume bzw. pflanzen sie bewusst in die Baumscheiben oder sie wachsen dazwischen von selbst. Bei den mediterranen Kräutern könnte der ein oder andere etwas nachhelfen müssen, denn der Boden ist nicht überall passend für Rosmarin, Thymian und Co. Meine Lösung dafür ist ein separates Beet an einer sonnigen Stelle mit viel Kies und Sand und den passenden winterharten Sorten von Thymian und Rosmarin. Denn Standardgärtnerei-Sorten überleben unseren Winter selten. Dabei ist es nicht die Temperatur, sondern die Winterfeuchte, die hier das Problem darstellt.

Manchmal braucht es für einige Kräuter eine Initialzündung. Das heißt, weil sie noch nicht da sind, pflanzen oder säen wir sie an geeigneter Stelle an. Dort können wir sie dann aussäen lassen und ein paar Jahre später finden wir im ganzen Garten die passenden Heilkräuter für uns. Besonders geeignete Sorten, die gut bei uns gedeihen, z. B. von Salbei, können wir dann als Stecklinge weitervermehren.

Kräuter werden am besten bei trockenem Wetter zwischen 10.00 Uhr und 12.00 Uhr gesammelt. Der Tau sollte abgetrocknet sein und die ätherischen Öle noch nicht durch die Mittagshitze verflogen. Bitte lagert eure Teekräuter nie länger als 1 Jahr. Tauscht sie jährlich aus, wenn ihr wirkungsvolle Hausmittel zu Hause haben wollt.

Hier ein paar Beispiele:

Johanniskraut

Das Sonnenkraut. Wir sammeln die obere Hälfte des Krautes am besten zur Sommersonnenwende oder bald darauf, wenn die Blüten teils offen, teils schon leicht verblüht sind, und schneiden inkl. Blätter und Stiele alles in ein großes Glas, füllen mit gutem Olivenöl auf, so dass alles gut bedeckt ist und stellen

Kräuter und Blüten gesammelt, um sie zu trocknen. Später können Tees daraus gemischt werden.

Johanniskraut blüht um den Johannitag am 24. Juni. Es ist wichtig, dieses zur lichtvollsten Zeit des Jahres zu ernten, um die volle Wirkung auszunutzen.

es hell und warm auf. Nicht direkt in die pralle Sonne. Nach ca. 4 Wochen können wir das Öl abseihen. Es sollte sich rot verfärbt haben. Dieses Öl wirkt gegen Sonnenbrand bzw. bei gereizter Haut, bei Verrenkungen und Prellungen als Massageöl. Doch Vorsicht, die Haut wird dadurch sonnenempfindlicher!

Spitzwegerich

Die Erste-Hilfe-Pflanze bei Insektenstichen. Dazu 1 bis 2 Blätter pflücken, zusammenknüllen, bis Pflanzensaft austritt, und über den Stich streichen. Als Tee oder als Sirup ist Spitzwegerich wunderbar gegen Husten einzusetzen. Spitzwegerich wandert zum Teil immer in meinen Haustee, zum anderen stelle ich mir damit einen Sirup her, der wunderbar für Kinder geeignet ist. Dazu in ein Glas immer eine Schicht Blätter, eine Schicht Zucker, eine Schicht Blätter usw. geben. Diese immer gut festdrücken. Am Ende mit einem sauberen Stein einschweren. Die Spitzwegerichblätter geben durch den Zucker ihren Saft ab und nach ca. 1 Stunde sollte so viel Flüssigkeit im Glas sein, dass es über den Stein geht. Das Glas verschließen und dunkel und kühl bei ca. 10 bis 12 Grad lagern für 4 bis 6 Wochen. Danach alles abseihen und den Sirup im Kühlschrank aufbewahren, bis er gebraucht wird.

Salbei

Jeder sollte Salbeipflanzen in Hausnähe haben. Ihre Blätter sind erste Hilfe bei Entzündungen im Hals- und Rachenraum, auch für entzündetes Zahnfleisch oder Pusteln im Mundraum. Dazu einfach ein Blatt Salbei in die Backe schieben und dort über Nacht belassen. Salbeitee ist auch optimal zum Gurgeln bei Halsschmerzen oder gegen zu viel Schwitzen. Doch Vorsicht für stillende Mütter: Mit Salbeitee lässt der Milchfluss nach, also zum Abstillen geeignet.

Thymian

Früher wurden Krankenräume mit einer Mischung aus Thymian, Wacholder und Fichtenharz ausgeräuchert, um alles zu desinfizieren. Es ist eine ideale Reinigungsmischung, auch heute noch. Sowohl gegen Erreger als auch energetisch. Thymian als Tee ist wunderbar gegen Husten und Erkältung. Doch sollte er nicht bei jeder Erkältung verwendet werden, denn sonst verliert er seine Wirkung. Thymian in Honig eingelegt sollte in keiner Hausapotheke fehlen. Dunkel gelagert hält er ewig! Löffelweise bei Husten und Verschleimung über den Tag hinweg einnehmen. Dafür eignet sich am besten der wilde, flach wachsende Thymian. Im Notfall kann aber auch der Gewürzthymian verwendet werden.

Spitzwegerich ist ein Wegsäumer, sollte aber nur abseits von Straßen und Feldern gesammelt werden.

Der Kriechende Thymian oder Quendel ist der richtige Teethymian für den Heileinsatz.

Der verholzende Thymian ist dagegen eher zum Würzen geeignet. Dafür sollten diese mediterranen Kräuter sehr karg und in voller Sonne wachsen.

Rosmarin

Der Wachmacher unter den Kräutern. Er kurbelt unseren Kreislauf und den Blutdruck an, ist also nichts für Leute mit hohem Blutdruck. Gegenspieler dazu wäre der Knoblauch.

Rosmarin bringt in Öl eingelegt unsere Haare verstärkt zum Wachsen, ist gekaut gut für unsere Mundhygiene, vertreibt Ungeziefer, genau wie Lavendel, vertreibt unschöne Küchengerüche, wenn Nadeln auf die heiße Herdplatte gelegt werden, und Rosmarin als Tee stärkt uns und unsere Organe. Wird aus den getrockneten Rosmarinnadeln ein Pulver hergestellt und täglich eine Messerspitze davon eingenommen, können wir damit unserer Leber und Galle, ebenso unserem Darm, etwas sehr Gutes tun.

Beerenblätter

Gemeint sind hier die Blätter von der kleinen Walderdbeere, der Schwarzen Johannisbeere, der Himbeere und der Brombeere. Sie alle kommen getrocknet in unseren Haustee, zusammen mit anderen gewünschten oder verhandenen Kräutern. Beerenblätter wirken alle leicht stopfend auf den Darm, haben leichte Gerbstoffe in sich und gleichen aus. Ein Haustee ist ein Tee, den man täglich trinken kann, und kein Heiltee, den man kurmäßig anwendet. Je mehr verschiedene Kräuter er enthält, desto mehr können die unterschiedlichen Kräuter fast unbemerkt täglich jeweils eine andere Wirkung für uns leisten. Weitere Kräuter, die ich gerne in meinen Haustee gebe: Melisse, Gänsefingerkraut, Ackerschachtelhalm, Brennnessel, Gänseblümchenblüten, Ringelblumenblüten, Malvenblüten, Rosenblüten, Fruchtminze, Wacholderspitzen, Fichtenspitzen, Indianernessel, Dost, Spitzwegerich, Breitwegerich, Rotkleeblüten, Lavendelblüten.

Oben: Rosmarin ist ein absolutes Must-have unter den Kräutern. In der Küche oder als Hausmittelchen und für den kosmetischen Bereich ist er vielfältig einsetzbar.
Unten: Alle Haustees enthalten unbedingt Beerenblätter von Himbeere, Brombeere, Walderdbeere und Schwarzer Johannisbeere. Sie können geschmacklich mit allen möglichen gewünschten Kräutern, aber auch Früchten gemischt werden. Mischt anfangs kleinere Mengen, um Erfahrungen zu sammeln.

Labkräuter

Am besten wäre hier das echte Labkraut, das gelb blühende, das auch zum Käsen verwendet wird. Doch auch das Wiesenlabkraut und zur Not auch das Klettenlabkraut geben ihre positive Wirkung im Tee für Lymphe und Schilddrüse ab. Junge Labkräuter sind auch ein herrliches Frühlingsgemüse.

Fingerkräuter

Das stärkste Fingerkraut ist hier wohl die Blutwurz, die viele als Destillat bzw. als Schnaps zur Verdauung kennen. Wir verwenden sie lieber als Tinktur bzw. auch gerne das Gänsefingerkraut oder das Fünffingerkraut als Tee oder Essenz. Alle gemeinsam haben diese entzündungshemmende und zusammenziehende Wirkung. Das heißt, offene Wunden, sowohl innerlich als auch äußerlich, heilen sehr schnell zu, ohne zu eitern oder zu nässeln. Fingerkräuter habe ich immer stets zur Hand, getrocknet oder als angesetzte Tinktur.

Kapuzinerkresse

Das Bauernpenicilin. Ihre antibiotische und immunstärkende Wirkung ist frisch natürlich am besten, jedoch wollen wir es ja haltbar machen und das funktioniert am besten als Tinktur oder als Essigansatz.

Als Bauernpenicilin ist die einjährige Kapuzinerkresse bekannt, die erst im Herbst so richtig im Wachstum durchstartet.

Der Essigansatz kann noch ergänzt werden mit Meerrettich, Zwiebel und Knoblauch. Auch eine Chilischote eignet sich als Beigabe. Mit dieser Mischung kann das Immunsystem bei fast jedem Krankheitsbild schnell hochgekurbelt werden. 1 bis 2 EL der angesetzten Essigmischung reichen pro Tag, um schnell wieder auf die Beine zu kommen.

Beinwell

Die Salbe der Beinwellwurzel darf bei mir nie ausgehen. Zu oft passieren bei der Arbeit im Waldgarten kleine „Unfälle" in Form von Fußumknicken, blauen Flecken, leichten Prellungen usw. Da kommt die Salbe zum Einsatz. Am liebsten setze ich diese mit Schweine- oder Rinderfett an, denn tierische Fette dringen tiefer ins Gewebe ein als pflanzliche Öle. Dazu die Wurzel im Oktober ausgraben, säubern und klein schneiden. Wir erhitzen das Fett, es darf nicht sprudeln, und lassen die Wurzeln ungefähr 15 Min. darin ausziehen. Gut ist es, wenn wir das Ganze dann einfach 1 Tag stehen lassen. Am nächsten Tag wieder leicht erhitzen, so dass alles flüssig wird, abseihen und abfüllen. Gekühlt und dunkel ist die Salbe 1 bis 2 Jahre haltbar. Wichtig ist, dass sie bei Bedarf sofort greifbar ist.

Ringelblume

Es ist bekannt, dass die Blüten der Ringelblume heilend und ausgleichend auf den menschlichen Körper wirken. Ob als Salbe oder als Tee, sie wirkt überall. Übrigens heilt Ringelblume auch unsere Böden, so dass sie optimal zwischen unserem Gemüse wächst.

Meerrettich

Der Allheiler, wenn es um Viren, Bakterien und Sonstiges geht. Entweder in Verbindung mit Honig bei Erkältung und Verschleimung, im Essigansatz zum Ankurbeln unseres Immunsystems oder einfach als Brotaufstrich zur Vorsorge zwischendurch. Siehe unser Rezept zum *Apfel-Meerrettich*.

Rosenblüten

Sie wirken ausgleichend auf Körper und Psyche. Zusammen mit Lavendel sind sie unsere Beruhiger für das Nervensystem, das in heutiger Zeit sowieso überdreht ist. Gerne stelle ich mir dazu Blütenwasser, ein sogenanntes Hydrolat, her und sprühe es täglich morgens und abends in mein Gesicht und die Haare.

Brennnessel

Die Stärkungspflanze schlechthin, insbesondere für Männer. Doch auch für Frauen in der Frühlingskur als Tee blutreinigend und entwässernd. Die Brennnessel wird bei mir als Kraut inkl. der Samen im August geerntet und getrocknet. In Gläser gelagert stehen sie mir zerbröselt als sehr mineralstoffhaltige Nahrungsergänzung zur Verfügung, zum Untermischen ins Müsli, in den Knödelteig, in den Spätzleteig oder in den Pfannkuchenteig. Alle ihre Inhaltsstoffe wirken positiv auf unsere Körper, deshalb sollten wir sie sowohl frisch als auch getrocknet vermehrt verwenden. Ihr findet sie deswegen auch unter der Kategorie *Wildgemüse*.

Knospen

Ein sogenanntes Gemmomazerat wird mit Hilfe von 90 %igem Alkohol und gereinigtem Glycerin hergestellt. Grundrezept wäre: 15 Teile destilliertes oder abgekochtes Wasser, 15 Teile Ethanol 90 %, 15 Teile Glycerin und 1 Teil frisch geerntete Knospen, sehr fein geschnitten. Wer mehr darüber erfahren möchte, dem empfehle ich das Buch „Gemmotherapie – Die Kraft der Knospen" vom Ulmer-Verlag.

Schwarze Johannisbeere

Die Pflanze mit Cortison in sich! Sie soll antiallergisch, entzündungshemmend, abwehrstärkend, schmerzlindernd, aufbauend und stärkend wirken. Das Gemmomazerat, also der Auszug der Knospen, wird im Spray direkt in den Mund gesprüht. Es wird empfohlen bei akuten Entzündungen, Heuschnupfen, Allergie,

Rosenblüten sind die Zutat von luxuriösen kosmetischen Produkten. Im Waldgarten können diese jedoch an vollsonnigen Stellen wunderbar kultiviert werden und im Juni/Juli reichliche Ernten einfahren für Blütenwässer, Salben, Teemischungen, Räucherwerk, Likör, Sirup und Blütenzucker. Ihre ausgleichende harmonisierende Wirkung möchte ich nicht mehr missen.

akutem Schnupfen, schleimigem Husten, Akne, Ekzemen, Herpes, Aphten, Nesselfieber, unterstützend bei Gelenkbeschwerden, Gastritis, Reizdarm, Migräne, akuter Blasenentzündung, Prostatabeschwerden.

Das fertige Mazerat steht bei mir stets parat.

Linde

In der Knospenmedizin wird hierzu die Silberlinde empfohlen, sie ist auch diejenige, die uns besonders im jetzigen Klimawandel durch die trockenen Sommer bringt und besonders als Straßenbaum vermehrt Verwendung findet. Wer Platz für Linden hat, der pflanzt sich am besten eine Sommer-, eine Winter- und eine Silberlinde. In der Knospenmedizin wirkt sie beruhigend, angstlösend, nervenstärkend und krampflösend. Der Auszug hilft uns bei Ein- und Durchschlafstörungen, Angst (insbesondere bei Prüfungsangst), Depression, Stress, beschleunigtem Herzschlag, Koliken, verkrampfter Muskulatur, Appetitlosigkeit, Konzentrationsschwäche, ADHS und Unruhe.

Natürlich gibt es noch wesentlich mehr wertvolle Knospenauszüge. Wer mehr davon wissen möchte, besorgt sich ein Buch darüber, hier findet ihr nur meine Favoriten.

Früchte

Auch Früchte enthalten sehr wertvolle Inhaltsstoffe und sollten in der Hausapotheke keinesfalls vergessen werden.

Weißdorn

Unser Herzstärker in Blüte, Blatt und Frucht. Entweder als Tee oder als Oxymel, gerne zusammen mit der Hagebutte oder anderen Früchten gemischt. Oxymel besteht aus Honig und Apfelessig. Am besten 200 g Honig zu 100 ml Apfelessig. Es gibt jedoch auch andere Rezepte und Mischungsverhältnisse. Wichtig ist das Einlegen der Früchte und Kräuter/Blüten und das Ziehenlassen darin für ca. 4 Wochen. Danach abseihen und im Kühlschrank aufbewahren. Täglich davon 1 EL in ein Glas Wasser geben und trinken. Wirkt besonders auch an heißen Tagen sehr erfrischend.

Hagebutte

Wie bei Weißdorn schon erwähnt, ist die Hagebutte mit ihrem hohen Vitamin-C-Gehalt ideal im Oxymel, ich liebe jedoch auch die getrockneten Früchte, nicht nur von der Hundsrose, nein von allen Hagebuttenarten, getrocknet und ohne Kerne zu Pulver vermahlen als Nahrungsergänzung. Das Pulver kann sowohl ins Müsli als auch in Smoothies oder Obstbreie gerührt werden und kann uns dadurch stärken.

Aronia

Diese kleine zusammenziehende Frucht ist vollgepackt mit Vitaminen, Mineralien, Polyphenolen, Flavonoiden und Anthozyanen. Ich mische sie gerne mit süßen Äpfeln, meist sind die Jakobi-Äpfel gleichzeitig mit der Aronia reif. Halbe-halbe und das Ganze schmeckt hervorragend und hat volles Wirkpotential. Als Mus, als Saft, als Oxymel, als Brotaufstrich, als Fruchtleder – die Aronia ist es unbedingt wert, großzügig angebaut und verarbeitet zu werden.

Pflanzliche Schmerzmittel wären:

- Weidenrinde, bevorzugt von der jungen Silberweide
- Mädesüßblüten und -blätter
- Holunderblüten

Warum? Sie alle enthalten diese Salicylsäure, die auch in Kopfschmerztabletten den Hauptwirkstoff bildet. Es ist immer gut, getrocknete Weidenrinde oder getrocknete Blüten von Mädesüß und Holunderblüte parat zu haben, um sich schnell einen Tee daraus

Hagebutten sind eine wichtige Vitamin-C-Quelle und vielfältig verarbeitbar.

Aroniabeeren enthalten viele Anthocyane, sie sind wunderbare Immunstimulierer.

Mädesüßblüten enthalten genau wie Holunderblüten oder Weidenrinde das Schmerzmittel Salicylsäure.

herstellen zu können. Sofern eine Grippe aufzieht oder man eben gerade Kopfschmerzen hat. Dazu gehört natürlich, sich Ruhe zu gönnen und sich hinzulegen und nicht weiter zu powern. Es handelt sich hier um Naturmedizin, die man ganzheitlich betrachten sollte, und wenn der Körper Pause einfordert, sollte man ihm diese auch geben.

Rezept Immunbooster-Tonikum

Zutaten:

- 700 ml Apfel-Weinessig (immer biologischen verwenden)
- ¼ Tasse fein gehackter Knoblauch
- ¼ Tasse fein gehackte Zwiebeln
- 2 frische Peperoni, die schärfsten, die zu bekommen sind (Vorsicht beim Putzen – Handschuhe tragen!!!)
- ¼ Tasse geriebener Ingwer
- 2 EL geriebener Meerrettich
- 2 EL Kurkuma-Pulver oder 2 Turmeric-Wurzeln (kann auch durch Kapuzinerkresseblüten und -blätter ersetzt werden)

Dieses Tonikum ist immer mein Notfallplan. Meist verwende ich mehr Meerrettich – Ingwer und Kurkuma verwende ich, wenn ich zufällig biologischen erwische. Sie sind kein Muss! Manchmal ersetze ich einfach durch Kapuzinerkresseblüten und -blätter.

Es ist vielleicht nicht das wohlschmeckendste Tonikum, aber wenn euch nichts mehr auf die Beine bringt, egal bei Husten, Grippe etc., oder auch mal einfach als Immunstärkungskur im Frühling und im Herbst, ich schwöre darauf. Je 1 EL morgens und abends unverdünnt – und jeder kommt schnell wieder auf die Beine.

Pilzzucht

Die ersten Jahre eines neu angelegten Waldgartens werden noch durch viel Licht geprägt sein. Doch Bäume wachsen oft schneller, als man denkt, und schon entstehen Schattenplätze, die wir sonst nur noch schlecht nutzen können. Und da kommt die Pilzzucht gerade richtig. Wenn sich die Pflanzen der Baumscheibe von sich aus zurückziehen, weil sie kein Licht mehr bekommen, oder wenn Hecken plötzlich darunter Raum frei geben, dann ist es die richtige Zeit, um Bodenkulturen, Strohkulturen oder aber auch Kulturen auf Baumstämmen zu beginnen.

Pilze werden als Fleisch des armen Mannes bezeichnet, sie glänzen jedoch auch mit ihren Inhaltsstoffen, und der Shiitake z. B. gilt als der gesündeste Pilz. Von daher tun wir mit der Pilzzucht nicht nur unserem Genuss und der Eigenversorgung einen Gefallen, sogar unsere Gesundheit profitiert davon.

Doch nicht alle Pilze können kultiviert werden, nur jene, die nicht auf weitere Pilze wie Mykorrhiza angewiesen sind, die eine Partnerschaft zwischen Baum und Verbinder (dem Mykorrhizapilz) brauchen. Dies sind die meisten Waldpilze, allen voran der Steinpilz. Diesen dürfen wir noch nach wie vor im Wald suchen.

Zu den sogenannten Kulturpilzen gehören Champignons, Kulturträuschling (Braunkappe), Parasolpilz, Schopftintling, Austernseitlinge und ihre farbigen Verwandten, Kräuterseitling, Shiitake, Maitake, Igelstachelbart, Toskanapilz u. v. m.

Wir unterscheiden hier zwischen Schnellkultur auf Stroh, Holzkultur und Erdkultur. Am einfachsten ist es, es wird die Pilzbrut auf Körner oder beimpften Dübeln fertig gekauft. Die Zucht vom Sporenabdruck weg ist ein relativ hoher Aufwand und bedarf auch einiger Ausrüstung und absoluter Hygiene, sonst war die ganze Arbeit umsonst. Doch auch bei fertigen Kulturen sollte immer auf Sauberkeit geachtet werden, denn eine Fremdverkeimung vernichtet die ganze Kultur. Auch die Temperaturen sind wichtig und natürlich die Feuchtigkeit. Genau wie bei den Waldpilzen, die erst wachsen, wenn ihre Bedingungen optimal sind, so wachsen auch die Pilze in Kultur erst, wenn alle Bedingungen passen. Zur Not kann aber bei Kulturpilzen ins Haus ausgewichen werden, denn auch dort, im Keller oder in der Waschküche, wachsen Kulturpilze optimal.

Schnellkulturen

Strohballen oder Strohpellets? Das ist einfach die Frage, was man in besserer Qualität bekommt. Strohballen müssen unbedingt vom Biobauern kommen, der keine Fungizide ausgebracht hat, sonst ist das Beimpfen mit Kulturpilzen reine Zeit- und Geldverschwendung. Haben wir einen Strohballen bekommen, darf der gleich mal 1 Tag in die Regentonne, richtig einweichen. Danach brauchen wir einen schattigen Platz. Ein Schneckenzaun rund um den Strohballen wäre auch nicht schlecht. Die vorher besorgte durchmycelte Körnerbrut kann nun in Stücken im Strohballen verteilt werden. Danach alles mit Folie locker einpacken. Die Temperatur, bei der die Kultur am besten durchmycelt, liegt immer so um die 20 bis 23 Grad Celsius. Das dauert ca. 3 bis 4 Wochen. Danach dürfen die Temperaturen ruhig etwas kühler werden zur Pilzbildung. Die Folie kann bei Sichtung erster kleiner Pilze entfernt werden. Drei größere Erntewellen sind zu erwarten.

Bei Strohpellets ist das Einweichen und Fermentierenlassen sehr wichtig. Dies dauert ca. 1 Woche. Pellets sind stark zusammengedrückte Strohhäcksel. Diese enthalten noch sehr viel Energie, die erst entweichen darf durch das Fermentieren. Nach ca. 1 Woche ist die ganze Pampe jedoch fertig für die Verwendung. Nun mischen wir die Körnerbrut unter die eingeweichten Strohpellets und befüllen saubere größere Kunststoffpflanztöpfe. Mit Folie oben zukleben und bei Temperaturen um die 20 Grad und leicht darüber durchmyceln lassen. Sobald die ersten kleinen stecknadelkopfgroßen Pilze sichtbar sind, kann die Folie entfernt werden. Sind die ersten Pilze abgeerntet, kann die Kultur umgedreht und der Plastiktopf entfernt werden. Wir nehmen einen größeren Untersetzer, legen ein paar größere Steine hinein und füllen Wasser auf. Die jetzt fest zusammengemycelte Pilzkultur legen wir auf die Steine, die im Wasser liegen, so dass die Pilzkultur von der aufsteigenden Luftfeuchtigkeit profitieren kann. Nun beginnen die nächsten Pilze mit dem Wachstum.

Es ist ein richtiges Erlebnis, Pilze zu züchten, unterscheiden sie sich doch wesentlich von Pflanzen.

Austernseitlinge auf Holzstämme beimpft können bis zu 6 Jahre fruchten und jeden Herbst/Winter beerntet werden.

Wer schneller ernten möchte, kann Austernseitlinge im Haus als Schnellkultur auf Strohpellets kultivieren.

Holzkulturen

Hier heißt es, die richtigen Hölzer für die entsprechenden Kulturen zu besorgen. Jeder Kulturpilz, der auf Holz wächst, braucht andere Hölzer, und es wächst bei Weitem nicht jeder auf jedem Holz. Hier ein paar Beispiele:

Shiitake	braucht harte Hölzer wie: Eiche, Buche, Apfel, Ahorn, Marone, Birke, Hasel oder Erle
Seitlinge	Pappel, Buche, Weide, Esche, Erle, Eberesche, Birke, Apfel, Ahorn, Kirsche
Igelstachelbart	Buche, Apfel, Eiche, Walnuss
Lackporling	Buche, Eiche, Birke, Esche, Erle, Ahorn, Ulme, Douglasie
Samtfußrübling	Buche, Weide, Eiche, Birke, Esche, Erle, Pappel, Ahorn, Ulme, Rosskastanie, Walnuss

Ganz wichtig: Nach Schlagen des Baumes muss der Stamm mind. 4 Wochen liegen, damit die eigenen Abwehrkräfte absterben, sonst wird die Pilzbrut sofort abgestoßen. Der Stamm darf aber nicht länger als 3 Monate liegen, denn sonst können sich bereits Fremdpilze einnisten und der Fremdpilz wird immer stärker sein als der Kulturpilz. Es verbleiben also 2 Monate, in denen wir beimpfen können. Dazu darf der Stamm auch 1 Tag gut in Wasser eingelegt werden. Am besten eignen sich bereits beimpfte und gut durchgemycelte Dübel für die Beimpfung. Mit 8er-Bohrer also Löcher in den Stamm bohren, so dass die Dübel optimal hineinpassen und gut verteilt im Stamm sitzen. Vorsichtig hineinhämmern, am besten mit einem Gummihammer. Danach das Loch mit Naturlatex oder Bienenwachs verschließen. Die Stämme sollten dann eingemietet werden, auch hier gilt die Temperatur von ca. 20 Grad einzuhalten. Ein Abdecken mit Folie ist von Vorteil. Nach ca. 4 Wochen können die Stämme an Ort und Stelle aufgestellt werden. Die meisten Pilze brauchen Erdkontakt, die Stämme also ca. 10 cm in den Boden eingraben. Außer Shiitake, der kann auch im Baum aufgehängt werden. Bevor die Fruchtbildung jedoch starten kann, ist es von Vorteil, den durchmycelten Shiitake-Stamm so richtig auf den Boden zu knallen. Das erst regt die Pilzbildung an.

Der Vorteil von Stammkulturen? Es macht nicht nur mehr Arbeit, es bringt auch jahrelange Ernten mit sich.

Shiitake ist einer unserer größten Heilpilze und in jedem Gericht optimaler Fleischersatz.

Der Kulturträuschling, auch als Braunkappe bezeichnet ist ein Mistpilz, der tolle Ausmaße annehmen kann.

Bodenkulturen

Gerade Champignons oder Kulturträuschling gelten als Mistpilze, die auch gerne auf dem Kompost auftauchen oder in Beeten, auf denen Komposterde verteilt wurde. Doch auch Parasol und Schopftintling können kultiviert werden. Für Erstgenannte können richtige Beete angelegt werden, für die Letzteren graben wir Plätze aus, füllen mitgelieferte Späne oder Erden ein und bringen die Pilzbrut aus. Bei optimalen Bedingungen kann nun über Jahre geerntet werden. Manchmal braucht es einfach nur Initialzündungen und ich freue mich immer wieder, wenn in meinen Hochbeeten spontan Champignons auftauchen, die dann zusätzlich verarbeitet werden können.

Grundsätzlich gilt immer, den Empfehlungen der Firmen zu folgen, von denen die Pilzbrut erworben wird. Im Anhang findet ihr noch Empfehlungen.

Pilzkulturen lohnen sich immer, egal ob draußen oder drinnen, sie bereichern unsere Speisen und füllen unsere Speisekammern zusätzlich.

Ideen für die Verarbeitung: dörren, Pilzpulver für Soßen, Pilzpfannen mit Gemüse oder mit Rührei kombiniert, auf Vorrat einfrieren oder einlegen. Auch fermentieren ist möglich, aber am besten mit den festen Pilzen. Parasol ist am leckersten paniert und in der Pfanne ausgebacken.

Hier noch einige positive Forschungsergebnisse für bestimmte Pilze:

Austernseitling: Soll eine stark cholesterinsenkende Wirkung haben und wurde in Japan bereits erfolgreich gegen verschiedene Tumore eingesetzt. Ebenfalls die Japaner haben ein Antibiotikum namens „Pleurotin" aus dem Austernpilz gewonnen.

Champignons: Durch den Wirkstoff Tyrosinase haben sie eine blutdrucksenkende Wirkung. Jungen Müttern wird empfohlen, häufig Champignons zu essen, da sie die Milchproduktion fürs Baby anregen sollen.

Schopftintling: Er kann den Blutzuckerspiegel nachweislich absenken.

Shiitake: Er gilt als heilkräftigster Pilz. In Japan wird er zur Normalisierung des Blutdrucks eingesetzt, gegen Magengeschwüre, Gicht, Verstopfung, Neuralgien und wird gegen das Altern empfohlen. Auch gegen Erkältungen kann er eingesetzt werden. Bei Typ-2-Diabetikern erhöht er die Insulinproduktion, er senkt Cholesterinwerte, bremst das Tumorwachstum. Es wird ständig mehr entdeckt und sein Einsatzbereich vergrößert sich ständig.

Parasolpilze sind oft einfach im Wald zu finden, wer sich jedoch unsicher ist, der kann sie auch im Waldgarten etablieren.

Shiitake wächst auf Hartholz, jedoch sind Schnellkulturen im Haus auf Holzspänen möglich. Die Ernte ist stets reichlich und empfehlenswert.

Tierhaltung im Waldgarten – Mitarbeiter und Versorger

Tierhaltung hat Menschen immer wieder durch Notzeiten gebracht. Erst heute, wo alles wirtschaftlich sein muss, alles immer um Größe, um Effektivität, um Spezialisierung und um Rationalität geht, sind es die Massentierhaltungen, die der Natur schaden. Die Tierhaltung in kleinem Rahmen, das Leben mit dem Tier als Mitarbeiter und Versorger ist jedoch etwas anderes. Ein Waldgärtner hält Tiere, um Kreisläufe besser zu schließen. Das Arbeiten mit Kompost gehört hier definitiv mit dazu. Das Füttern der Bodenlebewesen und die Erhaltung von offenen Flächen, das bessere, leichtere Bewirtschaften der Flächen – Tiere sind hier Schädlingsbekämpfer, Verwerter von unerwünschtem Aufwuchs, Bestäuber, Erhalter des Gleichgewichts (wenn die Tiere in der richtigen Menge eingesetzt werden), Teil des Ökosystems Waldgarten. In unserer Beobachtung profitieren sogar Wildtiere von der Haltung von Nutztieren. Verschiedene Vogelarten fressen mit oder profitieren von den schonend gemähten Flächen, gehen sogar in Kooperation mit den Nutztieren. Das ist natürlich nicht ab dem ersten Tage so, aber der Lebensraum Waldgarten reagiert natürlich auf seine Bewohner jeglicher Art.

Natürlich ist es zusätzliche Verantwortung und Arbeit, Tiere zu halten, es ist jedoch auch ein großer Versorgungsvorteil dabei. Wir ernten Milch, Eier, Honig, Federn, Fell, Wolle und manchmal sogar Fleisch. Auch Dünger kann hier als Ernte angesehen werden. Mist zur optimalen Kompostierung und zum Bodenaufbau. In kompostiertem Mist befinden sich viele Würmer und weiteres Getier, die dann den Hühnern wieder als Futter dienen. Extensive Kulturen wie Kürbisse, Zucchini, Mais, Kartoffeln und Co. sind Starkzehrer und brauchen gut gedüngten Boden, um reiche Frucht zu tragen. Ohne Tiere muss Dünger gekauft werden oder selbst alles gemäht und

Die fünf Ziegen des Mienbacher Waldgartens, vorneweg die Chefin Liesl. Sie halten wilde Brombeeren im Zaum und beweiden Flächen zwischen den Obstbäumen, verhindern somit unerwünschten wilden Baumaufwuchs.

Oben: Das deutsche Sperberhuhn ist eine vom Aussterben bedrohte Rasse und gehört zu den Zweinutzungsrassen.
Mitte: Warzenente mit Nachwuchs. Nicht immer brütet sie im geschützten Stall.
Unten: Ziegen lieben Laub und Rinde von Geäst. Muss unerwünschter Aufwuchs entfernt werden, helfen Ziegen leidenschaftlich. Entrindete Äste können danach weiterverwendet werden für Benjeshecken, Totholzhaufen (Lebensraum für Nützlinge) oder zum Herstellen von Terra-Preta-Kohle.

gehäckselt werden. Ohne Tiere ist es keine tägliche Arbeit, aber dafür vielleicht umso mühsamer.

Hier die Aufgaben der einzelnen Tierarten im Waldgarten:

Hühner sind wohl die Selbstversorgertiere Nr. 1. Sie legen Eier und bieten lustige Gesellschaft. Unter Obstbäumen picken sie Schädlinge auf bzw. blockieren den Schädlingskreislauf. Hühner düngen auch schonend im Waldgarten, so dass alles wieder gut wachsen kann. Im Gegenzug dazu schützen Bäume und Sträucher die Hühner vor Greifvögeln, könnten jedoch auch dem Fuchs und dem Marder Deckung geben. Können Hühner im Waldgarten frei laufen, liefern sie Eier mit unvergleichlichem Geschmack.

Enten sind optimale Schneckenvertilger, und zwar jede Art von Ente. Unsere Warzenenten haben sich innerhalb des Haus- und Waldgartensystems als beste Mitarbeiter gezeigt, nur Wasser sollte auf der zugänglichen Fläche verteilt sein oder aufgestellt werden, sonst kann es vorkommen, dass die Tiere an den Schnecken ersticken.

Gänse sind Wächter und Rasenmäher. In intensiven Obstbeständen sind sie optimale Weidetiere. Die Rinde von Jungbäumen sollte dennoch gut geschützt werden, denn gerade in der Winter- und Frühlingszeit wird die zarte Rinde gerne angeknabbert, was dem Baum extrem schaden könnte.

Ziegen lieben Laub, das heißt, wenn im älteren Waldgartensystem viel Baumaufwuchs stattfindet, sind sie die optimalen Tiere. Ihre Lieblingsspeisen sind wilde Brombeertriebe, Schlehen, Hartriegel, Wildkirschen, Weißdorn, Eschen und Weiden. Und diese werden durch die Vögel so reichlich gepflanzt, dass, wenn man diese nicht regelmäßig im Zaum hält, bald kein Durchkommen mehr ist. Ziegen sollten jedoch sehr gezielt im Waldgartensystem eingesetzt werden, da sie auch Obstbäume lieben und diese in null Komma nichts „abrindeln", sprichwörtlich die Haut abziehen. Der Baum wäre dann zum Tode verurteilt.

Wir nutzen Stromsteckzäune, um immer wieder neue Flächen zur Verfügung zu stellen. Intensive Schlehenbestände können sie auch unten „ausputzen". So ist wieder neuer Raum für Wildtiere und Hühner vorhanden.

Schafe lieben Gras und Kräuter, fressen oft das, was die Ziegen stehen lassen. Ist jedoch kein Gras mehr vorhanden, würden sich auch Schafe an den Bäumen orientieren. Auch hier ist gezielter, zeitlich begrenzter Einsatz am optimalsten.

Kaninchen sind ebenso Gras- und Heuverwerter, sagen aber auch zu Laub nicht nein und beißen gerne an Zweigen und Ästen. Auch Fallobst wie Äpfel und Birnen nehmen sie in Maßen sehr gerne an. Kaninchen haben zartes, gesundes Fleisch, was sie als Versorger im Notfall wertvoll macht. Wann so ein Notfall wäre in der Selbstversorgung? Wenn z. B. ein Hagelunwetter die komplette Obst- und Gemüseernte vernichtet, was durch unsere Klimaveränderung immer öfter vorkommt.

Bienen sind wertvolle Mitarbeiter, was besonders auch die Befruchtungsarbeit angeht. Diese kann im Optimalfall aber auch von Wildbienen und Hummeln übernommen werden. Es ist regional sehr unterschiedlich, ob Befruchterinsekten vor Ort sind oder ob wir durch Honigbienen nachhelfen dürfen. Diese fliegen jedoch nur bei schönem Wetter, weshalb der Wildbienenbestand immer noch der wichtigere ist. Honigbienen produzieren für uns jedoch den wertvollen Honig, der früher sogar als Währung galt. Mit Honig kann sehr oft getauscht werden, was man selbst nicht produzieren kann, oder er ist eine Wertschätzung obendrauf. Um ein erfolgreicher Imker zu werden, bedarf es aber einer guten Ausbildung. Bienenhaltung ist eine Wissenschaft für sich, auch wegen der vielen Schädlinge und Krankheiten, die mittlerweile eingeschleppt wurden, zusammen mit den schwächenden Umwelteinflüssen. Deswegen ist es gut, einen erfahrenen Imkervater an seiner Seite zu haben.

Meerschweinchen als Rasenmäher wären in ganz kleinen Waldgartensystemen im Siedlungsbereich vorzustellen. Ihr Dünger ist ebenso wertvoll für Bäume und Sträucher. Er ist sehr mild und kann direkt in Baumscheiben Flächenkompostiert werden. Kleine lustige Tiere für kleine Systeme.

Für Tierhaltung sollte man geschaffen sein. Ein Waldgarten funktioniert auch wunderbar ohne Nutztierhaltung, der Bodenaufbau und die Fütterung des Bodenlebens werden jedoch länger dauern und auch mit mehr Mäh- und Schnittarbeit verbunden sein. Tierhaltung bringt Leben ins System, es sollte jedoch sichergestellt sein, dass, sofern man einmal in den Urlaub fahren möchte oder krank wird, Betreuungspersonen da sind, die die Versorgung der Tiere übernehmen können.

Kaninchen sind optimale Rasenmäher für kleinere geschützte Bereiche. Versetzbare Gehege helfen bei ihrem Einsatz im Garten.

Honigbienen finden in einem Waldgarten einen optimalen Lebens- und Nahrungsraum und ergänzen Solitärbienen und Hummeln bei ihrer Befruchtungsarbeit.

BASISWISSEN DER SELBSTVERSORGUNG IM WALDGARTEN

IM GRUNDE IST ALLES GANZ SIMPEL

Alles kann man leider nicht selber machen/produzieren

In einem Waldgarten kann sehr vieles produziert werden, aber dennoch nicht alles. Sich regional und saisonal zu ernähren, wird uns gesund machen. Unsere Körper sind evolutionär darauf ausgerichtet, sich jahreszeitlich zu ernähren. Und im Winter von den Vorräten zu leben, die wir aus der Fülle des Sommers produzieren konnten. Unsere Körper brauchen im Winter keine spanischen Tomaten, keine Kartoffeln aus Ägypten und keine Erdbeeren aus Marokko. Erst recht keine Äpfel aus Neuseeland. Sparen wir uns die Gifte, mit denen diese Gemüse behandelt sind, und sparen wir Energie ein, die mit den Transporten unsere Welt schädigen. Was wir selbst nicht produzieren können, kaufen wir regional bei unseren Landwirten des Vertrauens. Dadurch dass wir durch Waldgärten viel selbst herstellen, leben wir gesünder, frischer und haben ein Budget übrig, bei all den Sachen, die wir zukaufen müssen, auf bessere Qualität zu achten. Unterm Strich profitiert die ganze Familie immens davon. Was wir trotzdem zukaufen müssen, erläutern wir hier.

Salz

Hier sollte es sich um ursprüngliches Salz, also Steinsalz oder Ursalz aus dem Meer, handeln, das um ein Wesentliches mehr an Mineralien enthält als unser Billigsalz mit chemischen Zusätzen und Rieselhilfen aus dem Supermarkt. Ein gutes Beispiel sehen wir beim Fermentieren. Die Fermente mögen z. B. kein Salz, bei dem Fluor und/oder Jod zugesetzt wurde. Diese Fermente kippen sehr gerne. Die Mikroorganismen mögen keine schlechten chemischen Zusätze.

Speiseöl

Natürlich können wir uns eine kleine Ölmühle kaufen und Nussöle herstellen, jedoch ist der Aufwand hoch und ebenso die Arbeit. Von daher ist es wichtig, eine gute Ölquelle ausfindig zu machen. Gibt es in eurer Region eine Ölmühle oder Landwirte, die Sonnenblumenöl oder Rapsöl produzieren? Ein anderer Weg wäre noch, Initiativen zu unterstützen, die im europäischen Raum gutes Olivenöl in kleineren Mengen kaltgepresst produzieren. Besonders für unsere Ölansätze für Kosmetik und Co. ist die Qualität sehr wichtig.

Zucker

Auch wenn wir wenig Zucker verwenden oder für Backwerk Birnenzucker aus getrockneten Birnen produzieren können, etwas Zucker ist trotzdem manchmal notwendig. Viel kann auch mit Honig ausgetauscht werden, doch nur Zucker macht, dass Marmeladen und Gelees ihre Farbe behalten, und verlängert die Haltbarkeit. Vielleicht achten wir jedoch auf regionalen Rübenzucker oder bevorzugen fair gehandelten Zuckerrohrzucker.

Getreide und Getreideprodukte

Wenn wir nicht gerade landwirtschaftliche Flächen bewirtschaften und einen Agroforstbetrieb aufbauen wollen, in kleineren Waldgärten lohnt es sich nicht, Getreide anzubauen. Nicht, dass ich das nicht versucht hätte, doch es gibt und gab immer Tiere, die sich gerne die fertigen Ähren holen. Von daher ist ein gutes Netzwerk wichtig, das einem zur Herstellung von Brot, Haferflocken, Nudeln und Co. die richtigen Rohstoffe anbauen kann. Vielleicht habt ihr eine regionale Mühle mit Hofladen oder biologische Direktvermarkterbetriebe, die euch Dinkel, Emmer, Einkorn, Hafer etc. verkaufen können (oder vielleicht auch eintauschen gegen Waldgartenprodukte). Und natürlich ist nicht immer Zeit, Nudeln selbst herzustellen, doch auch diese gibt es in den meisten Orten regional zu kaufen.

Saaten

Leinsamen, Kürbiskerne, Sonnenblumenkerne, Linsen etc. Natürlich können wir all dies anbauen, jedoch werden wir ein Problem mit der Ernte bzw. mit dem Schälen der Früchte in größeren Mengen haben. Allein schon Sonnenblumenkerne zu schälen, ist für uns Waldgärtner ein Aufwand, den ein Landwirt mit einer Maschine sehr leicht bewältigen kann. Kleine Mengen, kein Problem, doch größere Mengen? Kein Drandenken. Auch der Anbau von Linsen und Kichererbsen ist möglich, jedoch sehr müßig. Sehr gerne kaufe ich hier diese Saaten und Hülsenfrüchte in Großgebinden in Bio-Qualität und friere diese ein, um sie vor Schädlingen zu schützen. Somit habe ich immer Vorrat zu Hause. Saaten und Hülsenfrüchte enthalten wertvolle Vitamine und Mineralien, Fette, Eiweiß und Proteine und sollten in keiner gesunden Ernährung fehlen. Am besten funktioniert im Waldgarten der Anbau von Bohnen. Hier meine ich jedoch keine Delikatessbohnen, sondern die ausgereiften Trockenbohnen. Für die Selbstversorgung ist die Bohne eine wunderbar hoch ertragreiche Eiweiß- und Proteinquelle.

Milchprodukte

Brauchen vielleicht manche nicht in der veganen Ernährung, und auch das Herstellen von Getreideersatzmilch ist sehr einfach. Von Margarine jeglicher Art würde ich jedoch abraten, sie ist meist erdölhaltig, enthält viel Soja oder gar Palmöl.

Rohmilch ist das einzige Lebensmittel, neben Brennnesseln, von dem wir lange ohne weitere Lebensmittel überleben können, ohne krank zu werden. Es werden jedoch nicht alle Waldgärtner Tiere halten können, und tatsächlich vertragen einige Menschen Kuhmilch/Ziegenmilch nicht oder nur bedingt. Wobei es hierbei oft auf die Haltung der Tiere und die Hörner ankommt. Aber das nur nebenbei. Jeder sollte sich nach seiner Überzeugung ernähren. Wer jedoch Flexitarier oder Vegetarier ist, wird wohl den ein oder anderen Käse lieben, Quark oder Mozzarella zukaufen, auch aus dem Grund, weil man auch mal etwas anderes probieren möchte und nicht immer den eigenen Käse/Milch/Joghurt essen mag, oder?

Fleisch und Produkte daraus

Generell essen wir als durchschnittliche Bevölkerung unterm Strich zu viel Fleisch. Das ist Fakt, das lässt sich nicht abstreiten. Doch nicht jeder mag und kann gleich vegan oder vegetarisch leben und nicht immer können wir alles an Fleisch aus dem Waldgarten selbst produzieren. Außerdem kommt es noch dazu auf die Größe der Familie an. Es ist jedoch immer möglich, regional von Landwirten seines Vertrauens Fleisch von Weidetieren zu bekommen. Schaut euch einfach in der Gegend um, viele Landratsämter betreiben Selbstversorgerlisten, die zum Download zur Verfügung stehen. Wer allerdings Unverträglichkeiten gegenüber Zusatzstoffen hat, sollte auf fertige Wurst verzichten, und wenn schon Fleisch auf den Tisch kommt, dann vielleicht wie bei Bauern vor über 100 Jahren (so auch die Empfehlung von Ernährungsexperte Dr. Bruker) nur einmal pro Woche. Es lebe also der gute alte Sonntagsbraten.

Hygieneartikel und Kleidung

Natürlich gehört dies eigentlich nicht in diese Liste, da es sich hier nicht um Ernährung handelt. Noch dazu können wir Zahnpasta, Hautpflege und Shampoo auch selbst herstellen, indem wir die Rohstoffe zukaufen und auf alle Zusatzstoffe verzichten. Ebenso bei der Kleidung, doch dabei möchte ich darauf hinweisen, dass es auf der ganzen Welt bereits so viel produzierte Kleidung gibt, dass weitere 6 Generationen damit versorgt wären, wenn ab sofort keine Kleidung mehr produziert werden würde. Soll es immer die neueste Mode sein? Oder darf es auch mal etwas sein, das von einer Kleidertauschparty stammt oder vom Secondhandladen? Kleidung reparieren ist auch oft gar nicht so schwer und würde die Belastung senken, die die Kleiderindustrie verursacht. Denken wir mal darüber nach.

Alltagshelfer – Werkzeuge und Gerätschaften

Um gut wirtschaften zu können, brauchen wir gutes Werkzeug, das wir auch gut pflegen, denn wirklich gutes Werkzeug spart uns Kraft und Zeit. Dabei kommt es aber auch immer auf die eigenen Fertigkeiten drauf an. Zum Beispiel wurde früher alles mit der Sense gemäht, heute gibt es Motorsensen bzw. Freischneider, die uns effektiver und schneller machen. Vermeintlich. Die gute alte Sense wird nichts ersetzen, jedoch brauchen wir die Fähigkeiten des richtigen Mähens und des Schleifens und Dengelns, um das Werkzeug auch funktionsfähig zu erhalten. Ebenso wie die Fähigkeiten des richtigen Baumschnitts gelernt sein wollen. Hier helfen oft die Gartenbauvereine mit Kursen. Einfach mal nachfragen, normalerweise ist der nächste Kurs nicht weit.

Werkzeuge zur Pflege des Waldgartens:

Spaten

(mit einem Kupferspaten gräbt es sich leichter)
Wird hauptsächlich zum Pflanzen von Bäumen und Sträuchern verwendet. Nicht zum Umgraben, denn auch Beete werden im Waldgarten als Mulchbeete begonnen, die Bodenschichten sollten bleiben, wie sie sind, und nicht durcheinander gebracht werden durch Umgraben.

Grabgabel

Sie ist dafür da, um die Ernte zu erleichtern. Rüben und Kartoffeln sind mit ihr schneller geerntet.

Feldhaue

Sie ist mein Lieblingswerkzeug. Ob zum Stauden Setzen oder zum Saatrillen Ziehen. Sie ist ein Universalwerkzeug, wenn es nur darum geht, die oberen Bodenschichten zu bearbeiten.

Japansäge

Herrlich leicht, bleibt scharf, meist zusammenklappbar und immer parat, wenn die Zweige dicker werden und mal schnell entfernt werden müssen. Gerade im Waldgarten ist es wichtig, dass Werkzeug leicht und einfach zu bedienen ist. Dann hat man auch Freude daran.

Astschere

(auch hier empfehle ich die japanischen Scheren)
Für kleinere Äste oder kleine Wildlinge ist eine einfache Astschere zu empfehlen. Auch um Stauden zurückzuschneiden oder in Bäume gewachsene Kürbisse zu ernten, ist diese sehr brauchbar. Es gibt immer Situationen, in denen es wichtig ist, eine Astschere parat zu haben, auch schnell mal als Messerersatz.

Japansichel

Auch „Staudensichel" genannt, ist eine kurze, gezahnte Sichel, die Beinwell, Giersch und Co. schnell mal zur Mulchmasse werden lässt. Sie ist auch sehr leicht zu transportieren, passt in jedes Körbchen und ist sehr effektiv im Einsatz.

Sense

Eine gute Sense ist Gold wert. Ich habe die Sense von meinem Großvater übernommen und sie hat mir noch viele Jahre gute Dienste erwiesen. Aber nichts hält ewig, deswegen habe ich jetzt eine mittellange Wiesensense, die auch mal dickere Stiele mitnimmt, wie Goldrute oder Wiesenbärenklau. Ein guter Schleifstein sollte immer am Gürtel sein und jeden Winter sollte das gute Stück gedengelt und eingeölt werden. Der Sensenworb (der Sensenstiel) ist aus Metall oder auch aus Holz erhältlich. Bei beiden sollte sichergestellt sein, dass die Griffe passend eingestellt werden können. Denn eine Sense sollte seinem Herrn perfekt passen.

Freischneider

(Akkugeräte sind viel leiser und mittlerweile genauso leistungsstark wie Motorsensen)
Oft ist es aber der Freischneider bzw. die Motorsense, die effektiver arbeiten, besonders wenn Begleitpflanzen wie Schlehenausläufer und Brombeeren das Mähen erschweren. Somit ist man schnell und kann Kräfte sparen.

Evtl. Rasenmäher, um die Wege freizumähen

Es ist, besonders für Außenstehende, wichtig, dass die Wege klar erkennbar sind und frei begehbar. Von daher ist es wichtig, wenn diese regelmäßig ausgemäht werden. Das Schnittgut aus dem Fangkorb kann sehr gut in den Baumscheiben als Mulch dienen.

Werkzeuge für die Verarbeitung der Ernte:

- Dampfentsafter
- Starke Else zum händischen Entsaften
- Weckkessel
- Dörrapparat
- Energiesparend wären Solardörrer und Solarkocher
- Obstpresse (selbst bin ich Fan der Hydropresse) und Kernobstmühle

Oft bieten Gartenbauvereine das Equipment und Hilfe beim Pressen von Saft an. Vor dem Kauf von Gerätschaften sollte man sich erst einmal umhören, ob das überhaupt notwendig ist. Auch eine Lohnmosterei in der Nähe ist Gold wert!

- Mostfässer und/oder Saftflaschen
- Ordentlicher Mixer und/oder Küchenmaschine bzw. Zerkleinerer
- Pürierstab
- Flotte Lotte

Autark durch Vorratshaltung

Basisrezepte

In unserer Zeit, wo alles bequem im Supermarkt zu erwerben ist, meist so billig, dass es scheint, es lohnt sich nicht, es selbst einzumachen, wo man 6 Tage die Woche von 7–20 Uhr einkaufen gehen kann, scheint es bizarr, sich selbst zu versorgen. Doch schauen wir genauer hin, lesen die Zutatenlisten, schauen, woher diese Nahrungsmittel kommen, und sehen wir uns den Gesundheitszustand der Menschen an, werden wir erkennen, dass es zwar Nahrungsmittel sind, die unsere Mägen momentan satt machen, doch keine Lebensmittel, die uns nähren und heilen. Sollte dies Antriebspunkt genug sein? Normalerweise schon.

Doch es kommt noch der psychologische Aspekt dazu. Selbstversorgung fördert Kreativität, der Kontakt mit Erde und Pflanzen verhindert nachweislich Depressionen, die Bewegung an der frischen Luft fördert das Immunsystem und das ganze Komplettpaket scheint tatsächlich ein Grund für das Glücklichsein zu sein. Mein persönlicher Antriebspunkt ist die unglaubliche Zufriedenheit, die mich überkommt, wenn ich meine volle Speisekammer betrachte. Das lässt mich sicher fühlen und ich weiß meine Familie wohl ernährt.

Ich denke, jeder wird andere Motivationspunkte vorbringen können. Jedenfalls ist es wirklich nicht schwer. Man braucht auch keine Regale voll Koch- und Einmachbücher, denn es gibt ein paar Basisrezepte, die, hat man diese erst einmal verinnerlicht, leicht individuell abzuwandeln sind. Unter uns: Rezeptbücher sind natürlich trotzdem wertvoll, denn manchmal gehen einem die Ideen aus und von daher sind diese Bücher wertvolle Nachschlagewerke und Kreativitätsanschieber.

Säfte

Es gibt hier unterschiedlichste Vorgehensweisen, Beeren und Obst zu entsaften.

- Elektrische Walzen- oder Zentrifugalentsafter können uns wunderbar Frischsäfte herstellen, die wir sofort verbrauchen können und wobei wir volle Nährstoffausbeute bekommen.
- Dampfentsafter holen perfekt die Aromen aus den Früchten. Großer Vorteil bei Beeren und Steinobst: Es entfällt das Entbeeren, das heißt Holunder, Johannisbeeren und Co. können mit Stielen in den Topf gegeben werden und Mirabellen und Kirschpflaumen mit Kernen. Eine Spur Zucker über die Früchte lässt sie leichter platzen und die Saftausbeute im Dampfentsafter wird höher. Ein weiterer Vorteil:

Für die Weiterverarbeitung im Dampfentsafter reicht es, wenn die Beeren mitsamt Stielen geerntet werden.

Selbst hergestellter Saft ist unersetzlich und wertvoll für den Selbstversorger.

Aromatisierter Essig ist nicht nur persönlich einzigartiger Geschmack, den man selbst herstellt, er ist auch Hausapotheke.

Der Saft kann sofort heiß in Flaschen gefüllt werden und ist dadurch verschlossen auch gleich haltbar und unter Vakuum. Acht geben sollte man immer darauf, dass auch genügend Wasser im untersten Topf steht, sonst könnte der ganze Dampfentsafter kaputt gehen.

- Obstpressen sind für größere Mengen Obst wunderbar geeignet. Ob handbetriebene Spindelobstpresse, Hydropresse oder Packpresse, die Saftausbeute ist oft erstaunlich. Bevor man allerdings Kernobst pressen kann, ist ein Zerkleinern in der Obstmühle erforderlich. Diese gibt es sowohl handbetrieben als auch mit Motor. Erst wenn das Obst richtig zerkleinert ist, kann die Presse ganze Arbeit leisten. Heraus-kommt ein roher Saft, der zur Haltbarkeit erst einmal erhitzt werden muss. Dazu können Tauchsieder verwendet werden, Durchlauferhitzer oder ganz einfach portionsweises Kochen in großen Töpfen. Eine Mindesttemperatur von 75–80 Grad sollte erreicht werden. Nun kann abgefüllt werden, in perfekt saubere Flaschen oder in Bag-in-Box-Kunststoffbeutel, die es in 3 l, 5 l, und 10 l Abfüllgröße gibt. Sauberes Arbeiten ist immer wichtig und vor allem für Geschmack und Haltbarkeit verantwortlich.
- Eine Weiterveredelung vom frisch gepressten Saft mit Hilfe von Gärhefe ergibt dann herrlichen Most bzw. Apfelwein. Dies funktioniert natürlich auch in der Mischung Apfel-Quitte oder auch -Birne. Gibt man dem fertigen Most eine Essigmutter hinzu und lässt ihn atmen, entsteht wunderbarer Fruchtessig für die weitere Verarbeitung, zum Haltbarmachen oder für die Verfeinerung von Salaten.

Sirup

Sehr leckere Geschmacksgeber in Getränken sind Sirups. Sie können aus Kräutern, Blüten, aber auch aus Obst hergestellt werden. Wir können mit Zucker süßen, aber auch mit Ersatzstoffen, wie Agavendicksaft, Birnendicksaft, Ahornsirup oder Xylit. Selbst bevorzuge ich Rübenzucker für die Herstellung von Sirup, da er weder geschmacklich beeinflusst, die Farbe gut hält und die Haltbarkeit gewährt.

Sirup aus Blüten, wie z. B. Holunderblüte oder Mädesüßblüte

Die Blüten an einem trockenen, sonnigen Tag ernten. Wichtig ist, so viel Pollen wie möglich mit zu ernten. Die Blüten werden in Wasser in einem großen Topf mit ein paar Zitronenscheiben mind. 24 Stunden stehen gelassen. Der Geschmack geht vollends in das Wasser über. Lässt man die Blüten 2 Tage im Wasser, kann es bereits zur Gärung kommen und es entsteht ein leicht prickelnder Weingeschmack. Die komplette Flüssigkeit wird also nach 1 Tag abgeseiht, die Blüten können nun kompostiert werden. Der Geschmack ist voll in der Flüssigkeit. Es wird halbe Menge Zucker im Verhältnis zur Flüssigkeit dazugegeben. Das heißt, bei 2 Liter Flüssigkeit wird 1 kg Rübenzucker beigegeben. Nun wird langsam erhitzt und immer wieder umgerührt, so dass sich der Zucker schön auflösen kann. Kurz vor dem Kochen wird die Ofenplatte zurückgedreht und der Sirup kann abgefüllt und sofort verschlossen werden. Achtung: Sind die Flaschen nicht 100 % sauber oder war die Temperatur nicht gleichmäßig hoch genug, kann es zur Gärung kommen und die Flasche könnte platzen.

Sirup aus Kräutern, wie z. B. Pfefferminze, Salbei, Lavendel oder Brennnessel

Die Kräuter werden in einen Topf gegeben und mit Wasser aufgefüllt. Es sollen alle Kräuter gut bedeckt sein. Das Ganze wird kurz aufgekocht und danach wird die Ofenplatte gleich wieder ausgemacht. Der Kräutersud kann danach einfach 24 Std. stehen gelassen werden. Am nächsten Tag abseihen und mit halber Menge Zucker zur Menge Kräutersud ergänzen. Das heißt bei 5 Liter Kräutersud 2,5 Kilo Rübenzucker oder alternative Süße zugeben. Das Ganze wieder erhitzen bei beständigem Rühren und kurz vor dem Kochen in saubere Flaschen abfüllen und sofort verschließen.

Wichtig: Wie bei allem nach Erkalten der Flaschen „beschriften"! Gerade beim Kräutersirup ist es von außen nicht ersichtlich, was drin sein könnte.

Tipp: Kräutersirups, aber auch Blütensirups sind ideal zum Verfeinern von Sekt und Cocktails.

Sirup aus Beeren, wie z. B. Japanische Weinbeere, Himbeere, Brombeere, Taybeere, Schlehe etc.
Bei Beerensirup gehen wir anders vor. Hier kommen die sauberen Beeren in einen großen Topf, werden mit kochendem Wasser aufgegossen und über Nacht stehen gelassen. Am nächsten Tag wird das Beerenwasser abgegossen und aufgekocht. Nochmals über die verbliebenen Beeren schütten und wieder über Nacht stehen lassen. Am 3. Tag wiederholen wir das Gleiche und am 4. Tag nehmen wir den abgefilterten Beerensaft, ergänzen ihn mit der halben Menge Zucker (auf 3 Liter Beerenwasser kommt 1,5 kg Rübenzucker) und erhitzen das Ganze stetig rührend, bis es fast kocht. Nun kann in saubere Flaschen abgefüllt und sofort verschlossen werden. Fertig ist der Beerensirup.

Tipp: Aus den übrigen Beeren (sie werden wahrscheinlich farblos sein, enthalten aber nach wie vor vollen Geschmack) kann noch Fruchtaufstrich oder zusammen mit Äpfeln oder anderem Obst Fruchtleder hergestellt werden. Die Schlehen einfach durch die Flotte Lotte drehen, damit sie von den Kernen befreit sind, und zu Fruchtmus einkochen.

Rezept Löwenzahnhonig
- Sammelt ein mittleres Körbchen voll offener Löwenzahnblüten.
- Gebt diese in einen größeren Topf und füllt mit Wasser auf, bis alles bedeckt ist (verwendet einen Messbecher, damit ihr die ungefähre Menge Wasser wisst).
- Kocht das Ganze kurz auf und lasst es bis zum nächsten Tag stehen.
- Abfiltern und die Flüssigkeit mit Zucker so lange kochen, bis sie dickflüssig wird. Alternativ kann Gelierzucker verwendet werden, wie bei einem Gelee.
- In Gläser füllen, erkalten lassen und beschriften.

Weiterveredelung von Sirup
Es kommt vor, dass manchmal Deckel nicht mehr dicht halten und der Sirup dadurch nicht haltbar ist. Merkt man dies sehr früh, ist eine Möglichkeit, sofort genießen, eine andere, Likör anzusetzen. Dazu einfach die Sirupmenge mit der gleichen Menge Doppelkorn oder Wodka aufgießen und reifen lassen.

Das Grundrezept zur Likörherstellung
- 0,7 Liter Doppelkorn oder Wodka mit den gewünschten Beeren, Obst, Kräutern oder Samen ansetzen.
- Nach mind. 4 Wochen abseihen.
- 0,7 Liter Wasser mit 350 g Zucker erwärmen, bis der Zucker aufgelöst ist. Wieder erkaltet zum Alkohol gießen, gut durchrühren und in saubere Flaschen abfüllen, beschriften.
- Nach weiteren 4 Wochen ist der Likör genussfertig.

Fruchtaufstriche und -mus

Enthalten die Früchte viel Flüssigkeit, bedarf es eines Geliermittels. Sind es eher trockenere, „fleischigere" Früchte, können sie zu Mus verarbeitet werden, ohne Geliermittel.

Typische Musfrüchte sind: Apfel, Birne, Quitte, Zwetschge, Pfirsich oder Aprikose.

Diese können natürlich auch untereinander vermischt werden.

Fruchtaufstriche sind Marmelade, Konfitüre, Gelee, wobei Gelee aus Saft hergestellt wird.

Beeren wie Erdbeeren, Himbeeren, Brombeeren, Taybeeren, Weinbeeren etc. können untereinander kombiniert werden. Johannisbeeren können gut mit Stachelbeeren gemixt werden und alles harmoniert wunderbar mit Apfel.

Fruchtaufstriche können stets mit Kräutern aromatisiert werden, das heißt, z. B. Fruchtminze kann zusammengebunden im Fruchtmus mitgekocht werden und wird beim Abfüllen wieder entfernt.

Fruchtaufstriche brauchen nicht zwingend Zucker zur Haltbarkeit. Sie werden haltbar durch das Kochen und das Vakuum des Glases (Twist-off-Deckel). Zucker lässt den Aufstrich nach Öffnen des Glases länger halten und das Ganze behält seine Farbe viel besser, was ja auch appetitlicher aussieht, was wieder für den Zucker spricht.

Geliermittel wäre fertig gemischter Gelierzucker, je nach Frucht 2:1 oder 3:1 Frucht:Zucker. Wer alternativ süßen möchte, z. B. mit Birnenmehl (getrockneten, pulverisierten Birnen), Ahorn- oder Agavendicksaft, Xylit oder Stevia, der braucht reines Geliermittel wie Pektin, Kartoffelstärke, Agar-Agar oder ein Gemisch daraus, das je nach Anweisung im Verhältnis eingekocht wird.

Gute Fruchtmischungen wären:

- Aprikose – Stachelbeere
- Erdbeer – Himbeere – Holunderblüte
- Apfel – Aronia
- Johannisbeere – Erdbeere – Rhabarber
- Pfirsich – Pflaume
- Stachelbeere – Johannisbeere – Kiwi
- Apfel – Birne – Kiwi – Pflaume
- Brombeeren – Himbeeren – Taybeeren – Tummelbeeren

Einzigartig werden Fruchtaufstriche mit Gewürzen. Nelke und Zimt passen gut zu Pflaumen, Birnen, Apfel-Geschichten, Ingwer zu Zitrusfrüchten und Apfel.

Auch Alkohol verfeinert so manche Frucht. Gute Kombis wären Traube-Rum, Apfel-Gin oder Sauerkirsche-Amaretto.

Rezept Mehrfruchtmus

- Hierzu kann wunderbar Fallobst verwendet werden. Bei süßen Früchten bedarf es keiner extra Süßung. Kombinierbar zu Müsli, als Nachspeise oder zu Mehlspeisen.
- Z. B. Äpfel, Birnen, Pfirsich und/oder Beeren waschen, ausschneiden und in einen Topf schnippeln.
- Mit etwas Saft aufgießen und aufkochen lassen, immer gut umrühren. Das Obst beginnt zu zerfallen.
- Sobald alles gut kocht, in Gläser füllen und sofort verschließen.
- Nach Erkalten beschriften.

Oben: Holunderblütenlikör ist eine Weiterverarbeitung des Blütensirups.
Mitte: Mehrfruchtmus ist einfach und schnell konserviert. So können wir im Winter den Sommer genießen.
Unten: Apfelmus in Rosa herstellen, das geht mit der Zugabe von Japanischen Weinbeeren und Himbeeren ganz leicht.

Einkochen

Durch einkochen bzw. einwecken kann Obst wunderbar haltbar gemacht werden. Als Nachspeise, als Kuchenbelag, als Beigabe zu Mehlspeisen etc. dient eingewecktes Obst. Besonders geeignet für diese Art der Verarbeitung sind Süß- und Sauerkirschen, Birnen (geachtelt), Zwetschgen, Pflaumen und Mirabellen, Aprikosen und natürlich Äpfel.

Besonders praktisch sind dazu die Weck-Automaten mit Zeit- und Temperatureinstellung. Ich kann also abends in aller Ruhe meine 7 Gläser füllen (½, 1 bis 1,5 Liter Größe), gebe Geschmackszutaten dazu, wie z. B. eine Zimtstange und 2 Nelken bei Birne und Pflaume (für Kirschen einfach die Zimtstange und die Nelken weglassen), stelle sie in den Automaten, stelle ihn ein und kann ins Bett gehen. Ausgeräumt wird dann am nächsten Tag.

Rezept für eingeweckte Birnen

- Birnen waschen, schälen, entkernen und achteln.
- Ins Glas schichten.
- 1 Zimtstange und 2 Nelken pro Glas
- Nach Wunsch 1 EL Zucker pro Glas, kann jedoch auch entfallen.
- Mit Wasser bis 1 cm unter dem Rand auffüllen.
- Gummi nass machen und auflegen.
- Deckel drauf und mit Klammer fixieren.
- In den Weckkessel stellen. Im Weckkessel sollte mind. ein Drittel der Glasgröße Wasser stehen. Weckkessel schließen.
- Zeit auf 30 Min., Temperatur auf 80 Grad einstellen und einschalten.
- Am nächsten Morgen können die ausgekühlten Gläser entnommen werden, abgetrocknet werden, mit Jahreszahl beschriftet und in den Vorratsschrank eingeräumt werden.

Dies funktioniert mit jedem beliebigen Obst. Auch Johannisbeeren, Aroniabeeren, Felsenbirnbeeren etc. können auf diese Weise eingeweckt werden. Dazu einfach kleinere Einkochgläser verwenden. Eingeweckte Beeren sind besonders lecker in Joghurt oder Müsli, doch auch zum Kochen für Soßen hervorragend geeignet.

Das Einwecken funktioniert übrigens nicht nur bei Obst, sondern auch bei Gemüse oder fertigen Gerichten. Suppen wie Kürbissuppe, Hühnerbrühe, Gemüsesuppe können jederzeit in Gläser gefüllt und eingekocht werden. Eine wunderbare und praktische Art der Haltbarmachung, und es ist immer Notvorrat im Haus, vor allem, wenn man in Eile ist und keine Zeit mehr hat, um groß zu kochen. Doch auch wenn man krank wird, ist es von Vorteil, wenn Knochen- und/oder Hühnerbrühe im Regal vorrätig ist.

Ebenso lassen sich alle essigsauren Gemüse einkochen, egal ob Rote Bete, Mixed Pickles, Blumenkohl oder Bohnensalat.

Wer einen automatischen Einkochautomat hat, kann abends die fertigen Gläser einräumen und einschalten und morgens entnehmen und gleich in die Speisekammer räumen.

Salate für den Winter haltbar machen, wie hier Gelbe Bete, ist mit einem Weckkessel einfach und sicher.

Grundrezept für essigsaures Gemüse

- Gemüse in die Gläser schlichten, bei Roter Bete muss diese im Vorhinein gekocht sein und gehobelt.
- Je nach Geschmack mit Gewürzen nach Bedarf kombinieren (für Gurken oder Zucchini, Paprika oder Mixed Pickles): Senfsaat, Dill oder Fenchelkraut, Knoblauch, Pfefferkörner, nach Geschmack Chili.
- Wasser und und milder Apfelessig im gleichen Verhältnis mischen, etwas Zucker zugeben, gut durchrühren und über das Gemüse schütten bis 1 cm unter den Gläserrand. Wer es nicht ganz so essigsauer mag, mischt etwas mehr Wasser als Essig darunter.
- Gläser mit Gummi belegen, Deckel und Klammer darauf und ab in den Weckkessel.
- 30 Min. bei 90 Grad einstellen. Am nächsten Tag abgekühlt entnehmen.

Fermentieren

Hier wird ohne Einsatz von Fremdenergie haltbar gemacht. Beim Fermentieren arbeiten wir mit Milchsäurebakterien. Wo die herkommen? Aus der Luft und vom Gemüse selbst. Wir sind quasi von Mikroorganismen umgeben, die für uns arbeiten.

Wichtig dabei ist:

- Gemüse von guter Qualität
- Ursprüngliches Salz ohne künstliche Zugabe von Fluor oder Jod
- Die richtige Temperatur, das heißt meist 3 bis 4 Tage warm bei ca. 20 bis 23 Grad, danach kühl bei ca. 10 Grad oder Kühlschranktemperatur

Übrigens: Fermentieren heißt weit mehr als Sauerkraut herstellen. Viele Lebensmittel unterliegen dem Fermentierprozess.

Dazu gehören:

- Sauerteig
- Hefe
- Joghurt
- Kefir
- Kobucha
- Salami
- Essigherstellung
- Alkoholische Gärung und mehr

Rezept Sauerteig starten

- Ein großes Glas bereitstellen.
- 50 g Roggenmehl (am besten frisch gemahlen) mit 50 ml Wasser im bereitgestellten Glas anrühren und locker mit dem Deckel abdecken, der Teig muss atmen können.
- 3 Tage bei Raumtemperatur stehen lassen. Es werden Blasen sichtbar werden.
- 100 g Roggenmehl mit 100 ml Wasser dem bestehenden Sauerteig zugeben und gut verrühren. 1 Tag bei Raumtemperatur stehen lassen, und fertig ist er für die Verwendung.
- Mit zwei Drittel der Menge Brot backen, den Rest wieder füttern und stehen lassen. Der Sauerteig wird stetig an Triebkraft zulegen. Der Sauerteig kann in größerer Menge regelmäßig aufgefüttert werden, hat man zu viel, kann er einfach bis zu 4 Wochen im Kühlschrank stillgelegt werden. Nach Bedarf Sauerteig entnehmen. Ist nur noch wenig da, beginnt der Auffütterungsprozess bei Raumtemperatur. Stets die doppelte Menge zugeben. Bei Raumtemperatur mind. alle 2 Tage auffüttern.

Blätter für Tee fermentieren

- Geeignet sind Himbeerblätter, Brombeerblätter, Erdbeerblätter, Schwarze Johannisbeerblätter oder Odermennigblätter.
- Die sauber ohne Stiel gepflückten Blätter zum Welken einige Stunden auf ein Tuch legen.
- Danach die Blätter in eine ruhig gebrauchte saubere Papierbäckertüte geben und gut festdrücken. Es kann jedoch auch ein sauberes Geschirrtuch verwendet werden, das mit den Blättern zusammengerollt und gebunden wird. Die Blätter beim Einfüllen fest drücken oder aber auch kneten. Die Papiertüte verschließen und in die Sonne legen (Fensterbrett oder Balkon). Über Nacht ins Haus holen, am Morgen die Tüte öffnen, die Blätter lockern und mischen, dann wieder kneten und zusammendrücken, die Tüte wieder verschließen und in die Sonne legen. Dieses Prozedere 3 Tage lang durchführen. Danach die Blätter zum Trocknen auslegen.

- Die Beerenblätter werden dadurch dunkel und bekommen ein Aroma wie Schwarztee.
- Ist alles rascheltrocken, kann in einem Schnappverschlussglas dunkel gelagert werden. Auch eine Mischung mit anderen Kräutern oder getrockneten Früchten bietet sich an.

Fermentierte Gierschblätter – wildes Sauerkraut

- Saubere Gierschblätter sammeln. Sie müssen nicht mehr ganz jung sein, sollten aber noch saftig grün sein.
- In ein Schnappverschlussglas schichten und immer gut festdrücken, wie bei der Herstellung von Sauerkraut.
- Es kann individuell mit Kümmel, Wacholderbeeren, Senfsaat oder mit wilden Doldensamen, wie Samen von wilder Möhre, wilder Pastinake oder Wiesenbärenklau, gewürzt werden.
- Ist das Glas voll und sind die Blätter gut zusammengedrückt, wird mit Salzwasser aufgegossen. Dazu ca. 15 g Salz auf 1 Liter Wasser geben.
- Oben mit Stein einschweren oder mit einer mit Wasser gefüllten kleinen Gefriertüte verhindern, dass der Giersch aufschwimmt.
- 3 Tage bei Zimmertemperatur gären lassen, danach kühlstellen. Nach 3 bis 4 Wochen ist das „Kraut" verzehrfähig. Im Kühlen lagerfähig bis ins nächste Jahr hinein.
- Genauso können Baumblätter fermentiert werden, wie Blätter von Linde, Ahorn, Ulme, Eiche, Maulbeere und Kirsche.

In Vorbereitung zur Fermentation: Sauerkrautvariation mit Paprika, Pastinake, Knoblauch und Ingwer

Eingesalzenes, Kräutersalz und Zuckervariationen

Salz ist seit jeher ein wohlbekanntes Haltbarmachmittel. In Salz Eingelegtes hält quasi ewig. Salz ist noch dazu unentbehrlich. Es ist Geschmacksträger und Mineralienlieferant. Voraussetzung ist aber immer ein gutes Salz. Die Rede ist hier von gutem Steinsalz. Das muss nicht aus Pakistan sein (Himalayasalz), auch Deutschland hat sehr gute Steinsalzvorkommen (Berchtesgaden oder Luisenhall). Es sollte frei von Rieselhilfen sein (frei von Aluminium).

Kräutersalze helfen uns beim Verfeinern der Speisen. Gleichzeitig nehmen wir die wertvollen Stoffe des Salzes und der beigefügten Kräuter, Wurzeln und Blüten auf.

Bewährte Kräutersalze sind:

- Rosmarinsalz – blutdrucksteigernd
- Gierschsalz – lindert Gicht
- Liebstöcklsalz – wirkt anregend
- Pilzsalz – wunderbarer Geschmacksgeber für Soßen
- Schafgarbenblütensalz – Mineralstofflieferant
- Meerrettichwurzelsalz – beugt Darmparasiten vor
- Brennnesselblättersalz – liefert Eisen
- Bärlauchsalz – cholesterinsenkend
- Birkenlaubsalz – wirkt entwässernd
- Hagebuttensalz – Vitaminsalz
- Kapuzinerkresseblütensalz – wirkt antibakteriell
- Knoblauchsalz – beugt der Arterienverkalkung vor
- Löwenzahnwurzelsalz – bringt Energie und die Organe in Schwung
- Malvenblütensalz – vorbeugend gegen Husten
- Petersiliensalz – unterstützend bei Harnwegsinfekten
- Salbeisalz – vorbeugend gegen Rachen- und Schleimhautentzündungen
- Spitzwegerichsalz – wirkt antibakteriell und antiviral
- Thymiansalz – vorbeugend gegen Halsinfekte
- Vogelmieresalz – Vitaminsalz, reich an Kalzium und Kalium u. v. m.

Basisrezept: selbst gemachte Gemüsebrühe
Wer regelmäßig kocht, weiß: Eine gute Gemüsebrühe ist wie ein stiller Helfer in der Küche – sie gibt Geschmack, Tiefe und rundet viele Gerichte ab. Statt fertige Würfel zu verwenden, lässt sich eine aromatische Brühe ganz einfach selbst herstellen – aus frischem Gemüse aus dem Garten und etwas Salz.

Dieses Rezept für einen Suppengrundstock ist nicht nur unkompliziert, sondern auch eine wunderbare Möglichkeit, Gemüse effizient zu verwerten – oft sogar Reste, die sonst schnell vergessen werden.

Das Ergebnis: eine haltbare, natürliche Brühenbasis ohne Zusatzstoffe, die jederzeit einsetzbar ist.

Ob für Suppen, Eintöpfe, Saucen oder Risotto – mit einem Löffel dieses Grundstocks bringt ihr im Handumdrehen echten Geschmack ins Essen. Und das Beste: Ihr wisst genau, was drin ist.

Das Grundgemüse:
- Karotten
- Sellerie (Knollen- oder Stangensellerie)
- Lauch
- Petersilienwurzel oder Pastinake
- Zwiebeln
- Knoblauch

Die Kräuter:
- Petersilie
- Liebstöckel (Maggikraut)
- Thymian
- Schnittlauch
- Dill
- Majoran
- Was der Garten so hergibt!

Das Salz:
Naturbelassenes Salz (z. B. Steinsalz oder Meersalz ohne künstliche Rieselhilfen). Salz ist unser natürliches Konservierungsmittel.

Faustregel: ca. 150 bis 200 g Salz auf 1 kg Gemüse

Gemüsebrühe – Grundstock zum Selbermachen

Zutaten:

200 g Karotten
200 g Sellerie
150 g Lauch
100 g Petersilienwurzel oder Pastinake
100 g Zwiebeln
2–3 Knoblauchzehen
1 Bund Petersilienblätter
2 Stängel Liebstöckel
120–150 g Salz

Zubereitung:

1. Alles Gemüse gründlich waschen, schälen und grob zerkleinern.
2. Das Gemüse zusammen mit den Kräutern und dem Salz in einer Küchenmaschine fein pürieren. Das Salz entzieht dem Gemüse Wasser – dadurch wird die Masse geschmeidiger und haltbar.
3. Die Gemüsemasse in saubere, sterilisierte Schraubgläser füllen und gut verschließen.
4. Kühl und dunkel lagern, am besten im Kühlschrank.

Haltbarkeit:

Durch den hohen Salzgehalt hält sich der Grundstock mehrere Monate.

Verwendung:

1 Teelöffel auf ca. 250 ml Wasser ergibt eine kräftige Brühe. Je nach Geschmack und Gericht dosieren.

Tipp: Der Grundstock lässt sich wunderbar variieren – mit saisonalen Kräutern, getrockneten Pilzen oder Tomatenmark.

Blütenzucker

Dieser eignet sich besonders für Kuchen oder Desserts. Einfach als Deko oben drüber. Ersetzt jegliche Art von künstlichen Streuseln, ist wunderbarer Geschmacksgeber, kann grob oder fein hergestellt werden.

Blütenzuckerideen:

- Lavendelzucker – wirkt beruhigend
- Rosenblütenzucker – wirkt ausgleichend
- Malvenblütenzucker – gut für die Stimme
- Ringelblumenblütenzucker – ausgleichend, heilend
- Fichtenspitzenzucker – immunsystem-ankurbelnd

Fichtenzucker im Vordergrund, dahinter Lavendel- und Rosenzucker zum Verfeinern von Backwerk

Gedörrtes und Fruchtpulver

Auch beim Haltbarmachen ist immer darauf zu achten, dass möglichst viele Nährstoffe erhalten bleiben. Dies ist beim Dörren auf alle Fälle gegeben, sofern die Temperaturen nicht zu hoch gefahren werden. Während wir Kräuter und Pilze leicht im Sommer an schattigen luftigen Plätzen trocknen können, ist es bei Früchten schon energieaufwendiger. Wer einen Kachelofen besitzt, der kann mit der Abwärme arbeiten, jedoch ist dies in modernen Wohnungen und Häusern oft nicht mehr gegeben. Da lohnt sich die Anschaffung eines professionellen Dörrgerätes. Hier können Kräuter auch an ungünstigen Tagen nachgetrocknet werden, Pilze im Herbst auch bei schlechtem Wetter in guter Qualität abfüllfertig gemacht und erst recht beim Thema Früchte und Gemüse so richtig kreative Verarbeitungen gefunden werden.

Apfelringe sind ganz einfach herzustellen und werden zwar luftgetrocknet auch lecker, doch im Dörrer werden sie zu Apfelchips! Diese sind wunderbare und begehrte Nascherei bei Kindern. Besonders spannend und dekorativ wird es bei rotfleischigen Apfelsorten.

Getrocknete Birnen, in Bayern und Österreich „Kletzen" genannt, wurden früher in der Abwärme der Brotbacköfen gedörrt. Jetzt müssen wir uns maschinell behelfen. Birnen sind nicht lange lagerfähig, die meisten Sorten jedenfalls, deshalb ist eine schnelle Verarbeitung anzuraten. Als getrocknete Birnen können sie sowohl im Früchtebrot als auch als Birnenpulver Verwendung finden und dadurch zum Zuckerersatz in Backwerk und Kompott werden. Hier können auch Wildbirnen und Mostbirnen verwendet werden, die sonst roh nicht essbar sind. Ihre Gerbstoffe werden beim Trocknen in Süße verwandelt und so ist eine Verarbeitung gefunden, die nicht im Alkohol endet und für alle nutzbar ist. In österreichischen Alpentälern wird Birnenzucker auch vermarktet.

Oben: Die Apfelsorte „Roter Mond" ergibt herrlich feinsäuerliche Apfelchips.
Mitte: Blütentee bereits gemischt geerntet ist schnell und sicher im elektrischen Dörrer bei 40 Grad über Nacht getrocknet. So behält alles seine Farbe und volles Aroma.
Unten: Rhabarberkompott kann optimal mit Birnenzucker zubereitet werden. Industriezucker ist dann nur noch selten vonnöten.

Oben: Hier sind Gravensteiner Äpfel, Williams-Christ-Birnen und Pfirsiche als Mischmus zu wunderbarem Fruchtleder verarbeitet worden, das jahrelang haltbar ist.
Unten: Fruchtmus mit Milch oder Joghurt verfeinert, mit etwas Honig gesüßt und in Gläser gefüllt, lässt sich zum Naschen nicht nur für Kinder einfrieren. So ist stets erfrischendes Eis vorrätig.

Fruchtlederherstellung ist das nächste Level
Hierbei ist neben dem Dörrer auch noch ein guter Mixer vonnöten. Denn die klein geschnittenen Früchte müssen zuerst zu Mus werden, bevor sie in den Dörrapparat gegeben werden können.

Es müssen allerdings nicht nur Früchte sein, auch ein Gemüse- und/oder Kräuter-Frucht-Mix ist unglaublich lecker. Beeren im Mix können Rote-Bete-Apfel und Birne mit Fruchtminzepulver sein. Hier sind der Kreativität keine Grenzen gesetzt. Das Fruchtmus wird auf Backpapier oder Dauerbackfolie ca. 1 cm dick verstrichen und in den Dörrer geschoben. Bei ca. 48 Grad wird daraus in 24 Stunden ein richtiges Leder. Dieses kann als Rolle aufbewahrt oder in Streifen oder Quadraten in Gläsern bevorratet werden. Dies ist übrigens für Kinder ein optimaler Gummibärchen-Ersatz.

Übrigens lassen sich im Dörrer auch wunderbar Cracker herstellen. Auch mit Fermenten, Saaten und Nüssen. Dazu auch eine streichfähige Masse herstellen und diese im Dörrer einfach trocknen. Alles rohköstlich voller Nährstoffe.

Eingefrorenes

Gerade im Alltag, wenn es mal schnell gehen muss, bin ich froh, als Überbrückung die Gefriertruhe, den Gefrierschrank zu haben. Hier können Beeren, Gemüse und Fleisch zwischenzeitlich untergebracht werden, wenn die Zeit zum Einkochen fehlt. Auch vom Essen Übriggebliebenes kann hier für später gesichert werden. Als alleinige Methode des Haltbarmachens finde ich die Gefriertruhe allerdings zu unsicher. Ist das Gerät defekt oder fällt der Strom aus, kann es vorkommen, dass alles verdirbt. Doch als Zwischenlösung ist es optimal, gerade in der Beerenzeit, wo in kurzer Zeit oft so viel anfällt. In kleinen Portionen später für Müsli oder noch gefroren im Mixer mit Sahne zu leckerem Eisdessert hergestellt, ist es einfach genial, tiefgekühlte Beeren zu haben.

Eingelagertes

Ob Äpfel, Kartoffeln, Mais, Rüben jeglicher Art, Kürbisse oder Nüsse – sie können ohne Verarbeitung eingelagert werden. Hier spielen Temperatur und Luftfeuchtigkeit eine große Rolle. Jedes Lagergut hat einen anderen Anspruch. Während Äpfel ein kühles Lager brauchen, um knackig frisch zu bleiben, braucht der Kürbis ein etwas wärmeres Winterlager, um nicht faulig zu werden. Nüsse müssen auf jeden Fall vor dem Lagern gut durchgetrocknet sein und der spätere Lagerplatz sollte keine zu hohe Luftfeuchtigkeit aufweisen. Gemüse und Hülsenfrüchte sollten so kühl, aber frostfrei, wie es geht, gelagert werden. Wurzelgemüse kann in große Wannen mit feuchtem Sand ungewaschen eingeschichtet werden. Kartoffeln unbedingt zusätzlich dunkel lagern. Nicht umsonst gab es in alten Bauernhäusern wunderbare Kartoffelkeller mit gestampftem Lehmboden und guter Durchlüftung. Die Temperatur in solchen Kellern lag stets bei ca. 5 Grad. Separate Erdkeller, wie es früher gang und gäbe war in jedem Dorf, sind heute Luxusgut, und es kann sich jeder glücklich schätzen, wenn er so einen tollen Lagerkeller zur Verfügung hat. In solchen Erdkellern sind auch wunderbar Fermentiertes zu lagern oder der fertige Apfelmost und erst recht der Essig.

Es kann sich aber jeder, sofern kein richtiger Lagerraum zur Verfügung steht, beim Gemüse mit alten Waschmaschinentrommeln behelfen, die im Garten in den Boden vergraben werden. Hier Rüben in Sand einlegen, einen Holzdeckel oben drauf und mit einem Strohballen gedämmt, hält der Vorrat den ganzen Winter über. Allerdings sollte nur an frostfreien Tagen Gemüse entnommen werden.

Oben: Nüsse werden bei uns auf Vorrat geknackt und sauber in Einweggläser gefüllt. So halten sie sich mottensicher und können auch eingefroren werden. So hat man stets Nüsse zum Backen und Naschen griffbereit.
Unten: Lagergemüse, insbesondere Rüben, werden ungewaschen in feuchten Sand eingelegt und frostfrei im Keller oder in der Garage gelagert. So bleibt bis zum Frühjahr alles frisch.

REZEPTE IM JAHRESLAUF

Ernte verarbeiten ist das eine, das Verarbeitete und Eingelagerte auch verwenden wieder eine ganz andere Geschichte. Dies zeigt unsere eigene Erfahrung bzw. auch die unserer Kursteilnehmer. Zu einfach ist es, schnell etwas im Supermarkt mitzunehmen. Dabei ist doch alles da. Idee und Tatkraft bzw. Motivation sollen euch die folgenden Seiten liefern oder auch anregen, noch einiges in eure Gärten zu pflanzen. So seid ihr autark und gestärkt für eine Zukunft der Fülle.

Ziegenkäse mit Erdbeeren, Maiwipferln und essbare Blüten, s. Seite 169

Einleitung zu den Monaten

Das Schöne am Selbstversorgen aus einem Waldgarten sind die Jahreszeiten. Jeder Monat ist anders, jeder Monat voller Schönheit und kleiner Wunder. Jeder Monat mit anderen Köstlichkeiten. Natürlich gibt es Rezepte, die das ganze Jahr über gekocht werden können, besonders mit eingelagerten Kartoffeln, Trockenbohnen oder getrockneten Erbsen. Die Lagerfähigkeit ist wunderbar. Auch bei eingekochten Marmeladen, eingekochtem Obst, eingesalzener Gemüsebrühe, gelagerten Kürbissen oder Wurzelgemüse aus der Erdmiete. Alles sehr lange verfügbar. Hat man ein Gewächshaus zur Verfügung, ist auch im Winter Grünes zu ernten, ohne dass Schnee oder Eisregen es beeinträchtigt. Mit etwas Kreativität lassen sich enorm viele kulinarische Gerichte zaubern, fast zum Nulltarif. Mit einem Waldgarten ist man reich beschenkt und wohl versorgt.

Unsere Rezeptvorschläge hier sind lediglich als Ideen zu sehen. Ideen, um die eigene Kreativität anzuregen. Ideen, um zu zeigen, was möglich ist. Im letzten Kapitel sind schon einige Basisrezepte aufgeführt, hier wollen wir etwas tiefer gehen bzw. auch Möglichkeiten aufzeigen, Variationen herzustellen. Wir haben die Pflanzen so eingeordnet, wie sie reif werden. Natürlich können diese noch viel länger verarbeitet werden. Das Laubbrotrezept z. B. findet ihr im Juli, damit ihr dran denkt, das Laub zu ernten und zu trocknen. Das Rezept selbst ist aber das ganze Jahr über zu verwenden. Die Monatseinordnung haben wir für euch als Anregung gemacht, damit ihr nachschlagen könnt nach dem Motto: Was kann ich diesen Monat beernten bzw. was könnte ich noch in meinen Garten pflanzen, um in diesem Monat ebendieses ernten zu können! Manches hat länger Saison, wenn man verschiedene Sorten davon pflanzt. Als Beispiel möchte ich die Himbeeren nennen, die als Herbsthimbeeren und Sommerhimbeeren von Juni bis November Früchte liefern können. Äpfel sind aus dem Garten von Juli bis eingelagert April und länger verfügbar. Deswegen findet ihr in den Wintermonaten auch einige Apfelrezepte, um die Lageräpfel verarbeitet zu bekommen. Ihr seht also: Vielfalt schafft stabile und resiliente Systeme.

Aber nun wollen wir euch viel Freude mit den Rezepten und vor allen Dingen mit den eigenen kreativen Experimenten wünschen!

JANUAR

Winterruhe. Januar ist der Monat, in dem der Waldgärtner den Garten einfach mal schlafen lassen kann. Urlaub. Nur auf sich schauen. Ruhen. Aus dem Vorratslager leben. Das neue Gartenjahr visionieren und planen.

Tätigkeiten im Januar:

- Saatgut sortieren, Fehlendes bestellen
- Planen und visionieren. Was könnte mein Selbstversorgersystem noch verbessern? Welche Obst- und Gemüsesorten würden mein Gartenjahr noch bereichern? Wie soll mein Waldgartensystem im kommenden Jahr blühen und fruchten?
- Edelreiser schneiden, beschriften und kühl in feuchtem Sand einlagern
- Gartengeräte reinigen, schleifen, ölen
- Stammschutz bei Obstbäumen, am besten Weißanstrich der Stammrinde, um Frostrisse zu vermeiden

Ernte aus dem geschützten Garten: Winterlauch, Winterrübchen, aus dem Lager Kartoffeln, gelbe Rüben, Kürbis, Äpfel etc.

REZEPTE

Fichtennadelbutter

Was ihr braucht:
1 Fichtenzweig
1 Päckchen Butter
½ TL Salz

Zubereitung:
Einfach mit einer Schere die Fichtennadeln vom Zweig schneiden und ab in den Mixer damit. Die Butter weich werden lassen, salzen und mit den zerkleinerten Fichtennadeln mit einer Gabel gut durchdrücken, bis alles schön grün ist. Nun kann die Butter zurück in den Kühlschrank.

Tipp: Wenn ihr euren Weihnachtsbaum regional kauft und der noch schön ist nach dem Abschmücken, dann verwendet doch einfach diesen. Allerdings variiert der Geschmack der Butter sehr, je nach Art des Weihnachtsbaums. Vielleicht entscheidet ihr euch aber auch für eine Douglasie oder Kiefer? Auch daraus lässt sich leckere Nadelbutter herstellen.

Nicht mehr benötigte Weihnachtsbäume verwerten die Ziegen sehr gerne.

Für unsere Fichtennadelbutter brauchen wir nicht allzu viel von dem Fichtengrün.

Rupfhaubn

Was ihr braucht:
400 g Vollkornmehl
80 g Butter
1 Prise Salz
1 Ei
50 g Butterschmalz
100 ml Milch + 400 ml Milch
3–4 Äpfel

Zubereitung:

1. Mehl, Butter, Salz und das Ei mit ca. 100 ml Milch verrühren und zu einem geschmeidigen Teig verkneten. Vom Teig kleine Stücke abtrennen. Auf dem Backbrett die kleinen Teigstücke rund ausrollen, etwa 25 cm Durchmesser. Restliche Milch, Butterschmalz und die klein geschnittenen Äpfel in einem breiten Kochtopf erhitzen.
2. Die Teigplatten in der Mitte nehmen, leicht drehen und in die heiße Milch setzen. Für ca. 45 Min. bei geschlossenem Deckel köcheln lassen. Durch den Dampf gehen die Teigteile auf.

Tipp: Es gibt noch leckere Ramen, wenn über das Ganze noch 2 Eier mit etwas Zucker geschlagen werden. Es bildet sich dann ein knuspriger Rand im Topf und eine goldige Farbe obendrauf.
Dazu kann Apfel- oder Birnenkompott gegessen werden.

Rupfhaubn sind eine traditionelle Mehlspeise vom Isar- bis zum Rottal in Niederbayern.

Kürbis-Apfel-Auflauf

Was ihr braucht:
1 kleineren eingelagerten Kürbis
4 Lageräpfel
1 Flasche Sahne
3 Eier
Salz, Szechuanpfeffer, Kümmel, Brennnesselsamen, Rosmarinnadeln, Salbeiblätter kleingeschnitten

Zubereitung:
Den Kürbis aufschneiden, entkernen, klein würfeln, ebenso die Äpfel aufschneiden, entkernen (Schale kann dran bleiben). In eine Auflaufform geben und Gewürze zugeben, gut durchmischen. Eier in eine Schüssel schlagen und mit der Sahne verquirlen. Dieses Gemisch über Kürbis und Apfel geben. Bei ca. 180 Grad im vorgeheizten Ofen 30 bis 45 Min. überbacken.
Lecker dazu sind Winterblattsalate oder Microgreens.

Bohneneintopf

Was ihr braucht:
2 Tassen Trockenbohnen über Nacht in Wasser eingeweicht
Ungefähr 10 Kartoffeln
1 Zwiebel
3 Karotten
Schnittsellerie oder Knollensellerie
1 Lauch
2–3 Blätter vom Grünkohl oder Sibirischer Kohl
Salz

Zubereitung:
In einem großen Topf die Zwiebeln in etwas Öl andünsten, bis sie leicht gebräunt sind. Die geschälten und gewürfelten Kartoffeln dazugeben, leicht andünsten lassen, die abgeseihten Bohnen dazugeben und wieder leicht andünsten. Salzen und die kleingeschnittenen Karotten, Sellerie und Kohlblätter dazugeben. Gut durchmischen und mit Wasser aufgießen, bis alles bedeckt ist. Deckel auf den Topf und mind. 45 Min. köcheln lassen. Probieren, ob die Bohnen weich genug sind, und abschmecken.

Tipp: Eintöpfe können immer variiert werden, je nachdem was gerade da ist und der Garten hergibt. Ob verschiedenstes Wurzelgemüse, mehr Kräuter, ob Kartoffeln, Süßkartoffeln oder Topinambur (kürzere Garzeit). Ist kein Lauch vorhanden, dann kann nachträglich mit Winterheckenzwiebelröhren oder Kresse/Radieschenkeimlingen getoppt werden.

Ofengemüse mit Wintersalaten

Was ihr braucht:
1 Kürbis
Ca. 10 Kartoffeln
3 Karotten oder anderes Wurzelgemüse
Öl, Rosmarinsalz oder Fichtennadelsalz, Kümmel

Zubereitung:

1. Kürbis in Spalten schneiden, Kartoffeln vierteln, Karotten der Länge nach vierteln. Alles in einer großen Schüssel gut mit Öl und Kräutersalz durchmischen und auf ein Backblech geben. Bei ca. 180 Grad 45 Min. bei Umluft garen.
2. Dazu passen Salate von Endivie und Zuckerhut mit kleingeschnittenen Äpfeln und geraspelten Karotten und einigen Nüssen (evtl. Sonnenblumenkerne und Kürbiskerne), mit Himbeeressig, Olivenöl und etwas Salz angemacht.

FEBRUAR

Ab Mariä Lichtmess am 2. Februar wird's schon wieder heller. Ein Grund, aktiver zu werden. Doch der Garten schläft noch, wie auch die Insekten und Wildtiere. Ein Großreinemachen ist noch fehl am Platz. Die Tätigkeiten beschränken sich noch auf Frühbeet, Gewächshaus oder Voranzucht im Haus. Doch an geschützten Plätzen ist bereits Wachstum zu entdecken. Sobald der Boden aufgetaut ist, geht's ans Wurzeln Graben. Die Lust auf frisches Grün wächst, doch in manchen Jahren ist davon draußen noch keine Rede. Man kann sich dann drinnen mit dem Ziehen von Microgreens (Sprossen und Keimlingen) behelfen.

Tätigkeiten im Februar:

- Erste Aussaaten in der Voranzucht: Chili, Paprika, Zwiebeln, Frühsalat
- Erste Aussaaten im Frühbeet oder Gewächshaus
- Bei trockenem, mildem Wetter kann der Baumschnitt von Apfel und Birne beginnen.
- Ebenso der Beerenschnitt
- Vogelnisthilfen aufhängen
- Rhabarber kann verfrüht werden durch Überstülpen großer Tontöpfe oder Eimer.

Ernte im geschützten Garten: Winterpostelein, Vogelmiere, aus dem Lager Kürbis, Äpfel und Co.

Ernte im Waldgarten: Topinambur, Zichorienwurzel, Haferwurzel

Die Enten halten bereits Ausschau nach dem Frühling.

Edelreiser werden bereits im Januar geschnitten, beschriftet und noch eingelagert.

Mit dem Baumschnitt geht es im Januar/Februar bei trockenem, frostfreien Wetter los.

REZEPTE

Balsampappelgewürzaufstrich

Was ihr braucht:
1 getrocknete Birne
1 Zitrone, nur die Schale
6–8 Pappelknospen (am besten Balsampappel oder Schwarzpappel)
1 TL Szechuanpfefferhülsen
1 Stange Zimt
5 EL Waldhonig
1 Tasse kalten Kaffee
100 ml Quittensaft
200 ml Apfelsaft

Zubereitung:
Die getrocknete Birne klein schneiden, die abgeriebene Zitronenschale und die Pappelknospen zusammen mit den Gewürzen, Honig, Kaffee und Säften in einen Topf geben und so lange köcheln lassen, bis es mind. bis zur Hälfte reduziert ist. Es ist jetzt eine sehr dickflüssige Angelegenheit, die man heiß in kleine Gläschen füllt. Als Brotaufstrich, aber auch zur Verfeinerung von Dressings oder Soßen sehr gut geeignet.

Balsampappelknospen sind hocharomatisch. Es reichen nur wenige für leckere Zubereitungen.

Apple Crumble

Was ihr braucht:
Ca. 6 Äpfel (gerne bereits schrumpelige aus dem Lager)
90 g Zucker
90 g Butter
180 g Vollkornmehl
Zimt oder fertiges Keksgewürz/Lebkuchengewürz

Zubereitung:
1. Die Äpfel mit Schale in eine Auflaufform klein schneiden.
2. Die Zutaten des einfachen Mürbteigs inkl. Gewürz zusammenmischen und gut durchkneten. Als Streusel über die Äpfel verteilen. Bei 180 Grad im vorgeheizten Ofen ca. 30 Min. backen.

Tipp: Crumble funktioniert auch wunderbar in der Mischung mit Birnen und/oder Zwetschgen. Er schmeckt zu jeder Jahreszeit und kann natürlich auch mit eingemachten abgetropften Früchten gebacken werden. Nüsse verleihen ihm noch den gewissen Knack!

Topinamburchips

Was ihr braucht:
Frisch ausgegrabene Topinamburknollen

Zubereitung:
Die Topinamburknollen gut waschen und mit der Schale in dünne Scheiben hobeln. Ganz leicht salzen und in den Dörrer legen. Bei ca. 42 Grad 6 Stunden trocknen. Genießen.

Tipp: Am Anfang nicht zu viele essen. Topinamburknollen sind arg blähtreibend, und wenn der Darm noch keine wilden Wurzeln gewöhnt ist, kann das explosiv enden. Sie enthalten das wertvolle Inulin, eine Stärke, die den Zuckerhaushalt nicht beeinträchtigt, was besonders für Diabetiker wichtig ist. Diese Knolle ist also urgesund!

Wurzeleintopf mit Linsen und Sprossentopping

Was ihr braucht:
1 Zwiebel
5 Karotten
3 wilde Pastinakenwurzeln oder 1 Kulturpastinake
3 Nachtkerzenwurzeln
5 Winterrübchen
3 große Kartoffeln und/oder 3 Topinamburknollen
1 Winterlauch
Ca. 250 g Berglinsen
1 EL selbst gemachte Suppenwürze
1 Handvoll Sprossen von Mungbohnen, Kresse, Erbsen oder eine Mischung

Zubereitung:
Die Zwiebel klein schneiden und mit etwas Öl in einem größeren Topf anbräunen. Alle Wurzeln gut waschen/bürsten und klein schneiden. Zu den angebräunten Zwiebeln in den Topf geben. Auch diese leicht andünsten, bevor ca. 2 Liter Wasser in den Topf kommen. Die gewaschenen Linsen zugeben und ca. 20 bis 30 Min. köcheln lassen. Die Linsen sollen nicht zerfallen, deshalb einfach auf die Kochzeit der Linsenart achten. 1 EL selbst gemachte Suppenwürze zugeben und gut durchziehen lassen. Abschmecken. Die Sprossen kommen erst auf die Suppe, wenn sie bereits im Teller ist. Sie brauchen nicht mitzukochen.

Gibt es draußen noch nicht viel Grün, behelfen wir uns drinnen mit der Produktion von Keimlingen.

Himmel und Erde mit Röstzwiebeln und Bratlingen

Was ihr braucht:
500 g Kartoffeln
500 g Äpfel
400 g Wasser
Etwas Salz
Etwas Essig

Für die Bratlinge:
300 g Haferflocken
1 geraspelte Karotte
1 Handvoll Sonnenblumenkerne geschält
1 Handvoll zerkleinerte Hasel- und/oder Walnusskerne
1 Handvoll Kürbiskerne
2 Eier
1 Handvoll Kräuter, falls schon was zu finden ist, ansonsten getrocknete Brennnesselblätter und -samen
1 Zwiebel klein gehackt
1 TL Salz

Zubereitung:
1. Zuerst die Zutaten für die Bratlinge in eine Schüssel geben (ohne Ei) und mit kochendem Wasser gut quellen lassen, die Eier zugeben und alles gut durchkneten. Noch etwas durchziehen lassen.
2. Den Topf mit ca. 400 ml Wasser aufkochen, die gewürfelten Kartoffeln und die geviertelten Apfelstücke zugeben und weich kochen.
3. Eine Pfanne mit Öl erhitzen und mit dem Löffel Bratlingsteig ausstechen und in der feuchten Hand zu einem Bratling formen. In die heiße Pfanne geben und ausbacken.
4. Die weiche Kartoffel-Apfelmasse noch mit einem Kartoffelstampfer gut zerdrücken und mit Salz und Essig gut verrühren. Zu den ausgebackenen Bratlingen servieren.

MÄRZ

Es tut so gut, wieder draußen aktiv zu werden. Nach ersten Frühlingsblühern Ausschau halten, die blühende Kornelkirsche bewundern, die ersten Bienen summen und suchen nach Frühlingsblühern, die Knospen der Bäume schwellen an, die Vögel singen und erste Zugvögel kommen aus dem Süden heim. Auch wir blühen jetzt wieder voll auf und die Suche nach frischen Wildkräutern im Waldgarten gibt uns neue Kräfte. Besonders die Frühlings-Tag-und-Nacht-Gleiche bringt den Wendepunkt zur hellen Jahreszeit.

Tätigkeiten im März:

- Weitere Voranzuchten von Tomaten, Auberginen, Artischocken, Physalis, Salaten im Haus aussäen
- Direktaussaaten in geschützten Beeten von Salatrauke, Asiasalat, Radieschen, Rattenschwanzradies/Rüsselrettich, Schnittkohl etc.
- Weiter geht's mit dem Obstbaumschnitt, Niederstämme erziehen/formen, Unterpflanzungen kontrollieren und langsam ausputzen
- Nach Wildkrautbeständen für die Küche Ausschau halten
- Pflanzzeit von Stauden und winterharten Kräutern, Beeren und Obstbäumen, allerdings ist die bessere Zeit für Obstbäume Oktober/November, da sie bereits vor den Trockenphasen des neuen Jahres einwurzeln können.
- Einjährige Blumen aussäen
- Der Schnitt von Apfel und Birne kommt zum Abschluss, jetzt kann dann auch Steinobst geschnitten werden.
- Fertigen Kompost auf Baumscheiben und Gemüsebeeten verteilen

Ernte im geschützten Garten: Feldsalat, Winterpostelein, Wintersalat

Ernte im Waldgarten: Vogelmiere, Rauke, Kresse (Schaumkraut), Nachtkerzenwurzel, wilde Pastinakenwurzel, Bärlauch, Knoblauchsrauke

REZEPTE

Bärlauchpesto mit Rosinen und Äpfeln

Wenn die ersten grünen Spitzen durch den Waldboden brechen, kündigt der Bärlauch den Frühling an. Sein kräftiger Duft liegt wie ein Versprechen in der Luft: frisches Leben nach den langen, dunklen Wintermonaten. Kaum eine Wildpflanze verkörpert den Neubeginn so sehr wie er – würzig, belebend und voller Energie.

Dieses Pesto nimmt die wilde Kraft des Bärlauchs auf und verbindet sie mit süß-säuerlichen Noten: Knackiger Apfel und samtige Rosinen schenken dem kräftigen Grün eine fruchtige Leichtigkeit, geröstete Nüsse runden es harmonisch ab. So entsteht ein Aufstrich, der nach Frühling schmeckt – frisch, lebendig und ein wenig überraschend.

Was ihr braucht:

200–300 g Bärlauch
2 Handvoll Rosinen
1 großer Apfel
50–100 g Walnüsse
Olivenöl
Saft von einer halben Zitrone
Salz
Pfeffer

Vorbereitung:

1. Die Rosinen in warmem Wasser etwa 10 Min. einweichen und anschließend auf einem Küchentuch abtropfen lassen und trocken tupfen.
2. Den Apfel entkernen und klein würfeln, den Bärlauch waschen, trocknen und grob schneiden.
3. Walnüsse in einer Pfanne ohne Fett rösten, bis sie zu duften beginnen.

Mixen:

Bärlauch, Rosinen, Apfel und Walnüsse in einen Mixer oder ein hohes Gefäß geben. Zitronensaft, Salz und Pfeffer hinzufügen. Das Olivenöl langsam zugießen und alles zu einer geschmeidigen, aber noch leicht stückigen Paste pürieren.

Abschmecken:
Mit Salz, Pfeffer und eventuell ein paar Tropfen Zitronensaft abrunden.

Für Thermomix-Besitzer:

1. Bärlauch, Apfelstücke, Rosinen und die gerösteten Nüsse in den Mixtopf geben. Zitronensaft und etwas Salz hinzufügen. 10 Sek./Stufe 7 zerkleinern.
2. Olivenöl zugeben. 15 Sek./Stufe 4–5 mixen, bis eine cremige, aber noch leicht stückige Konsistenz erreicht ist. Mit Salz, Pfeffer und bei Bedarf ein paar Tropfen Zitronensaft nachwürzen.

Tipp: Dieses Pesto bringt Frische auf Pasta, Gnocchi oder knuspriges Brot. Auch als Kontrast zu mildem Frischkäse oder als Topping auf gebratenem Gemüse entfaltet es seine besondere Wirkung. In einem Glas, mit Olivenöl bedeckt, hält es sich mehrere Tage im Kühlschrank – so bleibt der Frühling noch ein wenig länger erhalten.

Nudelsalat mit Vogelmiere – ein Wildkräuter-Genuss

Dieses Gericht bringt Leichtigkeit und Würze auf den Teller und eignet sich perfekt für Picknicks, Sommerfeste oder als raffinierte Beilage beim Grillen.

Zarte Vogelmiere trifft auf würzigen Rucola, herzhafte Tomaten und cremigen Schafskäse. Ein frischer, aromatischer Nudelsalat, der die Wildkräuterküche alltagstauglich macht.

Was ihr braucht:
500 g Farfalle (Schmetterlingsnudeln)
200 g Schafskäse
200 g getrocknete Tomaten
1 große Handvoll Rucola
1 Handvoll Walnüsse
1 große Handvoll Vogelmiere (gewaschen und grob gezupft)
Olivenöl
Essig
Salz und Pfeffer
2 Knoblauchzehen

Zubereitung:
1. Die Nudeln in Salzwasser al dente kochen, abgießen, kurz kalt abspülen und abkühlen lassen.
2. In der Zwischenzeit den Schafskäse zerbröseln. Die Tomaten und den Rucola klein schneiden. Die Walnüsse grob hacken. Knoblauch klein hacken.
3. Die Nudeln in eine große Schüssel geben. Aus Olivenöl, Essig, Salz, Pfeffer und Knoblauch ein kräftiges Dressing anrühren und mit den Nudeln vermengen.
4. Bis auf die Vogelmiere alle Zutaten dazugeben und alles gut vermischen. Die Vogelmiere ist sehr zart. Diese erst kurz vor dem Servieren dazugeben, damit sie nicht zusammenfällt.

Tipp: Den Nudelsalat 30 Min. ziehen lassen, damit die Aromen sich entfalten. Nochmals abschmecken.

Smoothie mit ersten Wildkräutern und Knospen

Was ihr braucht:
2 Handvoll junge Kräuter von z. B. Brennnessel, Giersch, Vogelmiere, Winterpostelein, Feldsalat, Lindenknospen, Buchenknospen, Ahornknospen, Schwarzen Johannisbeerknospen, Fichtenspitzen
1 Apfel
1 EL Honig
1 Handvoll Nüsse oder 1 EL Nussmus
Etwas Wasser oder Apfelsaft

Zubereitung:
Alles in den Mixer geben, die Flüssigkeit sollte knapp über dem Grünzeug sein. Alles sehr gut durchmixen und langsam Schluck für Schluck genießen.

Tipp: Lasst euch Zeit, ein Smoothie ist Essen, kein Getränk. Er sollte auch gekaut werden, damit alles gut eingespeichelt und somit die Nährstoffe voll aufgenommen werden können. Ein schnelles hinuntertrinken könnte Verdauungsprobleme verursachen.

Die Frühlingskräuter geben einen richtigen Frühlingskräftekick!

Löwenzahnwurzelkaffee

Was ihr braucht:
1 Handvoll gegrabene Löwenzahnwurzeln

Zubereitung:
Die Wurzeln gut waschen und bürsten. Danach klein schneiden und in einer unbeschichteten Eisenpfanne gut rösten. Auskühlen lassen. Die Wurzeln kurz durchmixen, in einen Topf geben, mit Wasser auffüllen und mind. 10 Min. köcheln lassen. Abseihen und heiß trinken.

Tipp: Auch Löwenzahnkaffee kann mit einem Schuss Sahne verfeinert werden. Gesünder kann man Kaffee nicht trinken.

Pfannkuchen mit Frühlingskräuterfüllung

Was ihr braucht:
400 g Vollkornmehl
3 Eier
Ca. ¾ l Milch
1 Prise Salz
Butter zum Ausbacken

Für die Füllung:
Wilde Frühlingskräutermischung, z. B. Bärlauch, Winterheckenzwiebel, Giersch, Taubnesselblätter, Lauchscheibenschötchenblätter, Löwenzahnblätter, Gänseblümchenblätter …
Sauerrahm, Kräutersalz

Zubereitung:
1. Alle Zutaten für den Pfannkuchen in eine Schüssel geben und mit dem Rührbesen gut vermischen, bis eine leicht cremige Masse ohne Klümpchen entsteht. In einer heißen Pfanne mit Butter eine Schöpfkelle voll Teig verlaufen lassen und ausbacken. Rechtzeitig wenden. Die Pfannkuchen sollen nur leicht angebräunt sein. Die fertigen Pfannkuchen im warmen Ofen auf einem Teller „lagern", bis alle ausgebacken sind.
2. Derweil die Kräuter waschen und in einer Schüssel auf den Tisch stellen. Ebenso den Sauerrahm und das Kräutersalz parat stellen.

3. Sind alle Pfannkuchen ausgebacken, kann sich jeder selbst seine Sauerrahm-Kräuter-Mischung auf den Pfannkuchen geben, zusammenrollen und genießen.

APRIL

Jetzt geht's richtig los mit der Arbeit draußen. Die Frühlingsblüher locken uns, alles summselt und brummselt und zwitschert und trällert. Manchmal gibt es nochmal einen kurzen Wintereinbruch, aber dieser kann sich nicht mehr lange halten. Aber rechnen müssen wir immer noch mit ihm. Jetzt blühen langsam die Obstbäume auf. Sind genug Befruchterinsekten vor Ort?

Tätigkeiten im April:

- Alles an Paprika, Tomaten etc. sollte nun in größere Töpfe – draußen ist es aber noch zu unsicher.
- Voranzucht im Haus von Gurken, Zucchini, Kürbis, Melonen; direkt ins Beet: Salat, Radieschen, Rettich, Zuckererbsen, Mangold, Kohlrabi, Blumenkohl, gelbe und rote Rüben, Petersilie, Dill und Co.
- In den Beeten und Baumscheiben kann nun schon Gemüse gepflanzt werden, Salate, Zwiebeln, Kräuter bei Bedarf aber noch unter geschütztem Vlies.
- Staudenpflanzzeit und Blumenwiesen einsäen

Ernte im geschützten Garten: Salate, Spinat, vielleicht die ersten Radieschen

Ernte im Waldgarten: Wiesenbärenklau, Winterheckenzwiebel, Löwenzahn, Gemüseampfer, Giersch, Pimpinelle, Hopfentriebe

REZEPTE

Löwenzahn-Vogelmiere-Salat

Was ihr braucht:
Löwenzahnblätter und Blütenknospen und Vogelmiere, so viel, wie ihr auf einmal essen könnt
1 Apfel
Kürbiskerne und Sonnenblumenkerne
Wenn bereits vorhanden: Löwenzahnblüten
Für die Vinaigrette:
4 EL Himbeeressig
2 EL Olivenöl
1 Prise Salz
Zubereitung:
Die Blätter kurz überbrausen, den Apfel schneiden und die Saaten dazugeben. Mit der Vinaigrette übergießen und gut durchmischen.

Tipp: Des Weiteren können im Mai junge Baldrianblätter, Taubnesselspitzen, Lungenkrautblüten, Wiesenschaumkraut und die letzten Feldsalate dazugemischt werden. Besonders in den Frühlingswildkräutern sitzen jetzt extra Portionen von Nährstoffen. Sie täglich ins Essen mit hinein zu kombinieren, lässt uns stark und stabil werden.

Hasenbraten auf Wiesenbärenklau-Gemüse

Wenn im Mai und Juni die Wiesen in frischem Grün erstrahlen und der Wiesen-Bärenklau seine ersten zarten Triebe zeigt, beginnt die schönste Zeit für Gerichte mit frischem Wiesen-Bärenklau. Sein würziger Geschmack ist der perfekte Partner zu zartem Hasenbraten.

Was ihr braucht:

1 Hase küchenfertig zerlegt (ca. 1,6–2 kg)
Salz/Pfeffer
2 Zwiebeln
2 Knoblauchzehen
1 Lorbeerblatt
5 Wacholderbeeren angedrückt
2 Zweige Thymian
2 Zweige Rosmarin
1 TL Pimentkörner
2 Karotten
1 Stück Sellerie
1 kleine Stange Lauch
2 EL Tomatenmark
1 TL Zucker
300 ml trockener Rotwein
300 ml Wildfond oder Fleischbrühe
1 EL Speisestärke
Butterschmalz zum Anbraten

Zubereitung:

1. Das Fleisch unter kaltem Wasser abwaschen und mit einem Küchenpapier trocken tupfen.
2. Mit Salz und Pfeffer würzen. In einem Bräter das Butterschmalz erhitzen und das Hasenfleisch rundherum anbraten und herausnehmen.
3. Backofen auf 180 Grad Ober- und Unterhitze vorheizen.
4. Karotten, Lauch und Sellerie, Zwiebel und Knoblauch putzen und kleinschneiden.
5. Im gleichen Fett das Gemüse, Zwiebel und Knoblauch anrösten. Kräuter, Gewürze, Tomatenmark und Zucker zugeben. Mit Rotwein ablöschen, etwas einkochen lassen. Den Wildfond zugeben.
6. Das Fleisch wieder einlegen und im vorgeheizten Backofen ca. 1½ bis 2 Stunden schmoren.
7. Die Hasenstücke herausnehmen und warm halten. Sauce abgießen. Speisestärke mit etwas Wasser glatt rühren, in die Sauce geben und aufkochen, bis die Soße eindickt. Mit Salz und Pfeffer abschmecken. Die Hasenteile nochmal in die Sauce geben und erwärmen.

Für das Wiesen-Bärenklau-Gemüse:

300 g junger Wiesen-Bärenklau
1 EL Butter
1 kleine Schalotte gewürfelt
Salz, Pfeffer, Muskat
Etwas Sahne
1 TL Zitronensaft

Zubereitung:

1. Wiesenbärenklau kleinschneiden, in kochendem Salzwasser 3 bis 4 Min. blanchieren, dann in kaltem Wasser abschrecken.
2. Butter in einer Pfanne erhitzen. Schalotte darin andünsten. Wiesenbärenklau-Gemüse dazugeben und noch weitere 5 Min. dünsten.
3. Salz, Pfeffer und Zitronensaft zugeben. Zum Schluss die Sahne. Das Ganze nochmal abschmecken.

Dazu schmecken Schnittlauch-Kartoffeln.

Spargel-Cordon-Bleu (4 Portionen)

Zutaten:
16 Stangen grüner Spargel
8 Scheiben gekochter Schinken
8 Scheiben Käse (Gouda oder Emmentaler)
1 EL Salz
3 Eier
Semmelbrösel
Butterschmalz zum Rausbraten

Zubereitung:
1. Den grünen Spargel waschen, evtl. die unteren 3 bis 4 cm schälen. Die Enden etwas abschneiden. Spargel in Salzwasser ca. 15 Min. garen, bis er bissfest ist. Herausnehmen, abtropfen und abkühlen lassen.
2. Eine Scheibe Schinken mit einer Scheibe Käse belegen. 2 Stangen Spargel auflegen und zusammenrollen. Mit einem Zahnstocher oder einer Rouladennadel zusammenstecken.
3. Die Eier verquirlen. Die Spargelpäckchen erst durch das Ei ziehen und anschließend in Semmelbröseln wenden. Dabei die Panade leicht andrücken.
4. Reichlich Butterschmalz in einer Pfanne erhitzen. Die Spargel-Cordon-Bleus bei mittlerer Hitze goldbraun braten, dabei vorsichtig mehrfach wenden.
5. Resteverwertung: Das restliche Ei mit etwas Wasser vermischen und nach dem Spargel zu einem dünnen Omelette herausbraten und aufteilen.

Mit neuen Kartoffeln oder einem Frühlingssalat servieren.

Zwischen Waldgarten und Küchenherd

Im Morgengrau lugt er hervor, schlank, grün, fast keck – der erste Spargel aus dem Waldgarten. Schlicht, ein bisschen wild: mit Schinken und Käse zusammengefügt zu einem Cordon Bleu und goldbraun herausgebraten. Einfach, ehrlich und doch besonders.

Rosa Soleier mit Roter Bete – klassisch gewürzt

Fein eingelegte, hartgekochte Eier, natürlich gefärbt mit Roter Beete und verfeinert mit traditionellen Gewürzen: Lorbeer, Pfeffer und Senfkörner.

Nach altdeutscher Art im Essig-Sud gereift – aromatisch, würzig und leicht säuerlich.

Was ihr braucht:

10 hartgekochte, geschälte Eier
1–2 rohe Rote Bete grob gewürfelt
1,5 l fertiger Einmachmeister (für Gurken)
oder selber machen aus 1 l Wasser, 0,5 l Essig,
1 EL Zucker, 1 TL Salz
1 TL Senfkörner
1 TL Pfefferkörner
1 Lorbeerblatt

Zubereitung:

1. Einmachmeister mit den Gewürzen zum Kochen bringen. Rote Bete dazugeben und ca. 10 Min. köcheln lassen. Die Flüssigkeit abkühlen lassen.
2. Eier in ein Bügelglas schichten und mit der abgekühlten Beize vollständig bedecken.
3. Ziehzeit 1 Tag im Kühlschrank – gut verschlossen bis zu 2 Wochen haltbar.

Serviertipp: Perfekt für bunte Buffets, Ostergerichte oder als Hingucker auf dem Abendbrot.

Zitronen-Melisse-Guglhupf

Im eigenen Hausgarten wachsen kleine Schätze, die fast von selbst kommen: Kräuter und Wildpflanzen, die unsere Gerichte mit frischem Aroma erfüllen.

Kräuter und Wildpflanzen wie Zitronenmelisse, Minze, Borretsch oder junge Brennnesseln – sie sind nicht nur gesund, sondern stehen kostenlos und direkt vor der Haustür bereit – frisch, unverfälscht und ohne lange Transportwege.

Kein Einkaufen ist nötig, keine Spritzmittel, kein Aufwand: Einfach hinausgehen, ernten und den Geschmack des Gartens genießen!

Was ihr braucht:

200 g Mehl
3 Eier
130 g Zucker (kann auch mit Birnenpulver ersetzt werden)
30 g frische Zitronenmelisseblätter
1 unbehandelte Zitrone – Saft und Schale
100 g Joghurt
80 g Öl
1 Päckchen Backpulver
1 Prise Salz

Zubereitung:

1. Zitronenmelisseblätter waschen, trocken tupfen und fein hacken.
2. Backofen auf 180 Grad Ober-/Unterhitze vorheizen. Form einfetten.
3. Eier mit Zucker cremig rühren, dann Öl und Joghurt unterrühren.
4. Zitronenschale und Saft unter die Mischung rühren.
5. Mehl, Backpulver und Salz vermischen und unter die Eiermasse heben.
6. Die gehackte Zitronenmelisse vorsichtig unter den Teig mischen, sodass das grüne Aroma gleichmäßig verteilt ist.
7. Teig in die Form füllen und etwa 35 bis 40 Min. backen. Stäbchenprobe machen!
8. Kurz in der Form auskühlen lassen, dann auf ein Kuchengitter setzen.

Guss: (wer mag, schmeckt auch ohne)
Guss aus Marmelade aus der Vorratskammer: Marmelade leicht erwärmt und sofort auf den noch heißen Kuchen streichen.

Tipp: Wer die Zitronenmelisse weglässt, hat einen Zitronenkuchen!
Wer die Zitronenmelisse und die Zitrone weglässt, hat einen Rührkuchen!
Das Tolle: Der Grundteig bleibt gleich, nur die aromatischen Zutaten ändern sich – so haben wir immer einen vertrauten Teig, der sich saisonal und kreativ abwandeln lässt.

Apfelblütenoxymel

Ein Hausmittelchen für den hormonellen Ausgleich der Frau

Was ihr braucht:
1 Glas voll Apfelblüten
200 g Honig
200 ml Apfelessig, am besten unpasteurisiert
Zubereitung:
Den Honig und den Apfelessig in das Glas mit den Apfelblüten geben und etwas umrühren. Darauf achten, dass alle Blüten unter der Flüssigkeit sind, am besten täglich etwas schütteln oder rühren. Nach ca. 4 Wochen kann das Oxymel abgefiltert werden. Täglich 1 TL Oxymel in 1 Glas Wasser verrühren und kurmäßig trinken.

Kuchen mit Naturstreusel sehen nicht nur schön aus.

Apfelblüten – auch sie dienen unserer Gesundheit.

MAI

Der Wonnemonat. Am 1. Mai segnen wir traditionell die Natur, auf dass sie uns genug Fülle bringen mag. Die Sonne scheint bereits richtig warm, aber Achtung: Die Eisheiligen können immer noch gefährlich werden für empfindliche Pflanzen oder Blüten. Die Bäume beginnen wieder angenehme Schatten zu werfen und das große Ernten beginnt.

Tätigkeiten im Mai:

- Ab Mitte des Monats können frostempfindliche Gemüse wie Tomaten, Paprika und Co. ausgepflanzt werden.
- Nachsaaten von Salaten und Kohlgemüse, Buschbohnen, Chicorée, Grünkohl, Fenchel, nach den Eisheiligen Stangenbohnen
- Kübelpflanzen können jetzt nach draußen.
- Im Waldgarten kann jetzt in Sachen Grün in die Vollen gegriffen werden, Wege können freigemäht werden und wir warten auf die ersten Beeren
- Schnittgut vom Rasenmähen (am besten nur die Wege ausmähen) auf die Beete und Baumscheiben verteilen
- Zeit für die ersten Wildkräuterfermente und Pestos

Ernten im intensiven Gemüsebereich: Salate, Radieschen, Mairübchen, Kohlrabi, Zuckererbsen und Co.

Ernten im Waldgarten: Maibeeren, Walderdbeeren, Lindenblätter, Giersch, Brennnessel, Sauerampfer, Schildampfer, Rhabarber, Melde, Guter Heinrich

Oben: Hier kräht der Sundheimer Hahn seine Maiwonne heraus. Ob der Gänserich dabei so begeistert ist?
Mitte: Nachtviolen beginnen abends für die Nachtfalter zu duften.
Unten: Es beginnt die Zeit der Wiesenmahd. Am besten nie alles auf einmal mähen, sondern nur nach Bedarf.

REZEPTE

Maiwipfelsirup – die Kraft der Natur im Glas

Maiwipfelsirup (auch Fichtenspitzen- oder Tannenspitzen-Sirup genannt) ist ein traditionelles Hausmittel, das aus jungen Trieben von Fichte oder Tanne im Mai hergestellt wird.

Ein bewährtes Hausmittel bei Husten, Erkältung und Halsschmerzen:

- Schleimlösend
- Reizmildernd
- Hustenstillend
- Immunsystemstärkend

Für alle, die natürliche Hausmittel schätzen und selbst herstellen möchten.

Hinweise zum Sammeln:
Vor dem Pfücken bitte immer den Besitzer der Bäume um Erlaubnis fragen.

Sammle nie von jungen Bäumen, sondern nur von ausgewachsenen Bäumen. Pflücke nur wenige frische Triebe (Maiwipfel) pro Baum, niemals die Hauptspitze, und nimm von jedem Ast nur wenig – so bleibt der Baum gesund und wächst gut weiter.

Was ihr braucht:
300 g frische saubere Maiwipfel (junge, weiche Triebe von ausgewachsenen Fichten oder Tannen)
300 g Rohrohrzucker
1 sauberes Glas mit Deckel
Später kleine Flaschen zum Abfüllen

Zubereitung:

1. Maiwipfel grob zerkleinern (am besten mit einem Wiegemesser)
2. In ein sauberes Glas abwechselnd Zucker und Maiwipfel schichten, bis alle Zutaten verbraucht sind. Nach jeder Schicht festdrücken. Mit Zucker abschließen.
3. Glas verschließen und an einem warmen Ort mind. 6 Wochen ziehen lassen. Das Glas während dieser Zeit nicht öffnen.
4. Gelegentlich das Glas schütteln oder wenden, damit sich der Zucker gut auflöst.
5. Nach der Ziehzeit den entstandenen Sirup abseihen und in saubere kleine Flaschen füllen.

Bei Bedarf: Mehrmals täglich 1 EL pur oder in Tee einnehmen.

Achtung: Die Wipfel beim Sammeln nicht mit der hochgiftigen Eibe verwechseln!

Ansatz des Maiwipferlsirups

Schokolierte Maiwipferl, hier kann bei jeder Party gepunktet werden.

Waldpralinen – Schoko-Maiwipferl

Junge Fichtenwipfel, im Mai gesammelt, verleihen den kleinen Köstlichkeiten ein harzig-frisches Aroma, das an Morgentau, moosige Pfade und Sonnenstrahlen zwischen Bäumen erinnert. Für Genießer wilder Aromen.

Was ihr braucht:
100 g junge saubere Fichtenwipfel (Maiwipfel)
200 g Zartbitterschokolade
Zubereitung:
1. Schokolade im Wasserbad schmelzen.
2. Wipfel durch die geschmolzene Schokolade ziehen und auf ein mit Backpapier ausgelegtes Backblech setzen.
3. Fest werden lassen – fertig!

Tipp: Im Kühlschrank lagern und innerhalb weniger Tage genießen.

Ziegenkäse mit Erdbeeren, Maiwipferln und essbaren Blüten (Bild s. Seite 150)

Eine frische Frühlingskombination:
Ziegenkäse, süße Erdbeeren und junge Fichtensprossen (Maiwipfel). Etwas gutes Olivenöl rundet das Ganze ab, zarte essbare Blüten bringen Farbe ins Spiel. Einfach zubereitet – und besonders im Geschmack.

Was ihr braucht:
1 Ziegenkäse-Rolle
1 Handvoll saubere Fichtensprosse (Maiwipfel)
Einige Erdbeeren
Salz
Frisch gemahlener Pfeffer
Olivenöl
Essbare Blüten
Zubereitung:
1. Ziegenkäse in Scheiben schneiden.
2. Fichtensprosse (Maiwipfel) fein wiegen und den Ziegenkäse darin wenden.
3. Die Ziegenkäsescheiben auf einem Teller anrichten.
4. Salzen und Pfeffern.
5. Mit etwas Olivenöl übergießen.
6. Mit Erdbeeren und essbaren Blüten dekorieren. Dazu schmeckt herzhaftes Brot!

Brennnesselsuppe

Das ist ein Rezept, das ihr von April bis November kochen könnt. Zu fortgeschrittener Jahreszeit sollten aber nur noch die Spitzen, also die oberen 4 bis 6 Blätter der Brennnesseln, verwendet werden.

Was ihr braucht:
1 Schüssel voller Brennnesseln, unbedingt mit Handschuhen ernten
3 Kartoffeln
1 Zwiebel
1 EL Suppenwürze selbstgemacht
200 g Sauerrahm zum Verfeinern
Zubereitung:
Die Zwiebel klein schneiden und in einem größeren Topf in etwas Öl anbräunen. Die gewürfelten Kartoffeln dazugeben und auch kurz anbräunen lassen. Nun die sauberen Brennnesselspitzen und die Suppenwürze dazugeben, etwas andünsten, bis die Brennnesseln zusammengefallen sind. Jetzt mit Wasser aufgießen und ca. 30 Min. köcheln lassen. Vom Herd nehmen und mit einem Pürierstab cremig rühren. Abschmecken. Den Sauerrahm zum Verfeinern direkt mit einem Klecks in den Suppenteller geben.

Für die Suppe benötigen wir nur die Spitzen der Brennnesseln, bereits blühende lassen wir stehen bis zur Samenernte im August.

Brennnessel-Quiche – super lecker, Superfood aus dem Garten

Brennnesseln sind richtig gesund! Sie gehören zu den nährstoffreichsten Wildpflanzen in unseren Gärten und gelten nicht umsonst als echtes Superfood. Und wenn wir nur noch die Brennnesseln zu essen hätten, wir würden uns trotzdem ausreichend gesund ernähren.

Was ihr braucht:
Quiche-Form oder Springform
Für den Mürbeteig:
250 g Dinkelmehl
1 Ei
¼ TL Salzwasser
125 g kalte Butter
2 EL Wasser
Für den Belag:
200 g Brennnesselspitzen (saubere)
1–2 Zwiebeln
1–2 Knoblauchzehen
200 g Sauerrahm
4 Eier
Salz, Pfeffer, Muskat
Gartenkräuter: wilder Dost, Thymian, Rosmarin
Etwas Öl

Zubereitung:

1. Alle Zutaten für den Mürbeteig zügig verkneten, zu einer Kugel formen und mind. 30 Min. im Kühlschrank ruhen lassen.
2. Brennnesselblätter kurz mit kochendem Wasser überbrühen, ausdrücken und grob hacken.

Tipp: Das Brennnesselwasser kann als Tee getrunken werden oder verdünnt als Blumendünger ins Gießwasser gegeben werden.

3. Zwiebel in Ringe schneiden, Knoblauch klein hacken. Beides in einer Pfanne mit etwas Öl kurz andünsten.
4. Für den Guss: Eier mit Sauerrahm, Salz, Pfeffer und Muskat verquirlen. Kleingeschnittene Gartenkräuter dazugeben.
5. Die Quicheform einfetten. Den Mürbeteig rund ausrollen, in die Form geben und einen Rand formen.
6. Zwiebeln, Knoblauch und Brennnesselblätter auf dem Teigboden verteilen, dann den Eierguss darübergießen.
7. Im vorgeheizten Ofen bei 200 Grad ca. 35 Min. backen.
8. Mit Blüten dekorieren!

Tipp: Schmeckt warm und kalt – perfekt für Picknick, Brunch oder zum Grillen. Lasst es euch schmecken!

Maisalat mit Lindenblättern

Die Linde ist ein richtiger Salatbaum. Ihre Blätter sind so zart und so lecker, es wäre so schade, sie nicht zu verwenden. Erntet aber bitte nicht nur an einer Stelle, sondern schön verteilt am Baum. Die Äste werden Blätter nachproduzieren. Am besten auch von älteren Bäumen ernten, damit die jungen nicht im Wachstum gehemmt werden.

Was ihr braucht:
2 Handvoll Lindenblätter
1 kleiner Frühlingskopfsalat oder einige Blätter Pflücksalat
1 Handvoll essbarer Blüten, z. B. Borretschblüten, Gänseblümchen, Lungenblüten, Taubnesselblüten, gerne auch Bärlauchblüten
Zum Anmachen des Salates könnt ihr verwenden:
3 EL milder Apfelessig
2 EL Olivenöl
1 Prise Salz
1 TL süßer Senf
Zubereitung:
Die Vinaigrette in der Schüssel mischen und gut verrühren, die Salatblätter, Lindenblätter und die Blüten zugeben und gut durchmischen.

Rhabarberkompott mit Birnenmehl gesüßt

Was ihr braucht:
10–15 Rhabarberstiele
1 Tasse Birnenmehl
Wasser
Zubereitung:
Die Rhabarberstiele im Waldgarten reißen (Nicht schneiden!) und die Blätter abschneiden, gerne als organischen Dünger liegen lassen. Daheim die Stiele schälen, dabei immer von der Basis die Schale abziehen. Für das Birnenmehl 1,5 Tassen getrockneter Birnenstücke in den Mixer geben und schön fein mixen. Zusammen mit den Rhabarberstücken in einen Topf geben, mit Wasser auffüllen, so dass alles gut bedeckt ist. Kurz aufkochen lassen, bis der Rhabarber zerfällt. Kalt genießen, gerne mit einem Sahnehäubchen.

Gefülltes Pfannenbrot – Waldgarten-Burger

Was ihr braucht:
500 g Vollkornmehl
1 EL Salz
½ Würfel Hefe oder 1 Päckchen Trockenhefe
300 ml lauwarmes Wasser
Für die Füllung je Burger:
Einige Salatblätter
Remoulade
Radieschen oder ausdauernde Kresse
Zwiebelröhren von der Winterheckenzwiebel
1 Ei hartgekocht
Nach Bedarf 1 Scheibe Schinken und 1 Scheibe Käse
Zubereitung:

1. Aus Mehl, Salz, Hefe und lauwarmem Wasser einen geschmeidigen Teig kneten. Ein kleiner Schuss Olivenöl macht ihn noch geschmeidiger. Mit dem Löffel großzügig Teig abstechen, in den feuchten Händen nochmal kurz durchkneten und platt drücken.
2. In der heißen Pfanne in etwas Olivenöl ausbacken, so dass das Pfannenbrot auf beiden Seiten gut angebräunt ist.
3. Das Pfannenbrot in der Mitte auseinanderschneiden und die Käsescheibe in das noch heiße Brot legen. Etwas zerlaufen lassen. Dann erst die restlichen Zutaten hineinlegen. Genießen.

Tipp: Bei uns kommen die jeweiligen Zutaten immer separat auf den Tisch und jeder füllt sich sein Pfannenbrot mit dem, was er gerne hat. Der eine ist kresselastiger unterwegs, der andere mag mehr Zwiebeln und der dritte hat sich bunte Blüten im Waldgarten gesammelt. So kann jeder seinen Lieblingsburger kreieren.

JUNI

Die Sonne erreicht ihren höchsten Stand, um den 21. herum findet die Sommersonnenwende statt. Anfang Juni ereilt uns meist noch die Schafskälte, eine Kältefront, die empfindliche Pflanzen im Wachstum hemmt, so dass oft noch ein Vlies von Vorteil ist. Im Waldgarten erreicht auch das Wachstum seinen Höhepunkt und so manches Mal kommt vielleicht das Gefühl auf, dass einem alles über den Kopf wachsen könnte. Aber keine Angst, das legt sich wieder. Einfach Ruhe bewahren und weiter ernten. Die Staudenblüte ist in Hochform und die Insekten haben es noch eilig, genug Nektar zu sammeln. Denn auch sie wissen, bald ist diese üppige Blütezeit wieder vorbei.

Tätigkeiten im Juni:

- Obwohl wir bereits in tollen Ernten stecken, sollten wir an die Herbstaussaaten denken und diese parat legen. Dies wären ab der Monatsmitte Zichoriensalate, Chinakohl, Pak Choi, Radicchio. Auch sollten Rosenkohl, Grünkohl und Co. ausgepflanzt werden, wenn noch nicht geschehen.
- Tomaten regelmäßig ausgeizen. Wildtomaten im Waldgarten brauchen dies nicht.
- Die Beerenerntezeit ist im Gange, das heißt täglich bis alle 2 Tage Beeren ernten und sie verarbeiten. Abgeerntete Himbeerruten können rausgeschnitten werden. Die jungen Triebe tragen im Herbst.
- Im Waldgarten können nun die Wasserschosser an den Bäumen von Apfel und Birne abgerissen werden. So wird ein erneutes Nachtreiben verhindert.
- Steinobst kann bei oder kurz nach der Ernte geschnitten werden. Dies betrifft jetzt im Juni Frühkirschen, später frühe Pflaumen.
- Teekräuter ernten und trocknen

Ernte im intensiven Gemüsebereich: Blumenkohl, Brokkoli, Erbsen, Salate, Mairübchen …

Ernte im Waldgarten: Himbeeren, Taybeeren, Tummelbeeren, Felsenbirnenbeeren, Erdbeeren, Rosenblüten, Funkie, Rucola, Kirschen, Taglilienblüten, Borretsch, Hirschhornwegerich, Franzosenkraut, Holunderblüten …

Brombeerblüten locken unheimlich viele Insekten an.

Dank der Beerenfülle sind Kuchen sehr schnell gezaubert.

REZEPTE

Bunter Beerenbiskuit

Wenn der Juni kommt und die Sonne das erste Mal richtig warm über die Beete streicht, dann ist es Zeit für die Beeren. Die Maibeeren, Walderdbeeren, Himbeeren, Taybeeren, Tummelbeeren, Johannisbeeren, die ersten Kirschen – sie alle dürfen auf den Kuchen.

Was gerade reif ist, kommt drauf.

Ein einfacher Biskuit, locker und hell, etwas Schlagsahne drüber und dann die Beeren, wie sie gerade aus dem Garten kommen.

Kein großes Rezept, eher ein Sommerritual.

Das ist mein Rezept für euch – um euch wieder zu erinnern, wie schön es ist, morgens durch den Garten zu gehen, die Beeren zu pflücken und zu schauen, welche Früchte heute bereit sind. Diese zu ernten, zu probieren und dann zu verarbeiten – in einem Biskuit, in Marmelade oder einfach frisch auf den Tisch – dies macht den Sommer spürbar und den Tag reicher.

Zutaten:

4 Eier
120 g Zucker
1 Päckchen Vanillezucker
1 Prise Salz
80 g Mehl
40 g Speisestärke
1 TL Backpulver
2 Becher Sahne
1 EL Zucker
500–700 g gemischte Beeren

Zubereitung:

1. Backofen auf 180 Grad Ober-/Unterhitze vorheizen. Springformboden mit Backpapier auslegen. Den Rand nicht einfetten.
2. Eier, Zucker, Vanillezucker und Salz in der Küchenmaschine cremig schlagen.
3. Mehl, Speisestärke und Backpulver mischen und vorsichtig unterheben! Nicht rühren, damit der Teig luftig bleibt.
4. Den Teig in die Form geben, glattstreichen und ca. 20 bis 25 Min. backen. Stäbchenprobe machen. Danach auf einem Gitter auskühlen lassen.
5. Sahne mit dem Zucker steif schlagen und auf dem abgekühlten Boden verstreichen.
6. Die Beeren locker darüberstreuen oder kunstvoll schichten – ganz nach Lust und Laune.
7. Wer mag, kann noch ein paar Minzeblättchen darübergeben. Sofort servieren!

Tipp aus der Küche: Wer mag, beträufelt den Biskuitboden leicht mit Holundersirup – das gibt eine frische Note.

Clafoutis – ein klassischer französischer Kirschauflauf

Ein herrlich unkompliziertes Dessert aus Frankreich – gehört zu jenen Speisen, die durch ihre Schlichtheit bestechen.

Ob lauwarm aus dem Ofen, mit einem Hauch Puderzucker bestäubt oder kalt zum Nachmittagskaffee mit einem Klecks Eis – ein Clafoutis passt immer.

Was ihr braucht: *(für 4–6 Personen)*
500 g reife Kirschen (traditionell mit Stein)
250 ml Milch
4 Eier
125 g Dinkelmehl
50 g Zucker
1 Prise Salz
1 EL Vanillezucker
Butter für die Form
Puderzucker zum Bestäuben

Zubereitung:

1. Die Kirschen waschen, trocken tupfen und entsteinen. Für den originalen Geschmack kann man die Kerne ruhig drinlassen – sie geben beim Backen ein feines Aroma ab.
2. In einer Rührschüssel die Eier mit Zucker, Vanillezucker und einer Prise Salz schaumig rühren.
3. Das Mehl langsam unter Rühren hinzufügen. Nach und nach Milch und Sahne dazugießen und alles zu einem glatten, dünnflüssigen Teig verarbeiten.
4. Den Backofen auf 180 Grad (Ober-/Unterhitze) vorheizen. Eine runde Auflaufform, Tarteform oder Springform gut mit Butter ausstreichen.
5. Die Kirschen in der vorbereiteten Form verteilen und den Teig darübergießen.

6. Den Clafoutis im vorgeheizten Ofen ca. 35 bis 40 Min. backen, bis er goldgelb und gestockt ist.
Tipp: Mit einem Holzstäbchen testen – der Teig sollte nicht mehr flüssig sein.
7. Den fertigen Clafoutis leicht abkühlen lassen, mit Puderzucker bestäuben und lauwarm oder kalt servieren.

Tipp: Auch andere Obstsorten wie Aprikosen oder Beeren eignen sich hervorragend für diese Art von Auflauf. Wer mag, kann etwas grob gehackte Walnüsse in den Teig geben oder die Form vor dem Backen damit ausstreuen – das verleiht dem Dessert noch mehr Aroma.

Bunte Frischkäse-Bällchen mit Blüten und Kräutern

Was ihr braucht:
400 g Frischkäse (am besten selbstgemacht)
1 TL Zitronensaft
Salz und frisch gemahlener Pfeffer
Essbare Blüten (Ringelblume, Wegwarte, Malve und Rose)
Schnittlauch

Zubereitung:
1. Frischkäse und Zitronensaft verrühren. Mit Salz und Pfeffer abschmecken.
2. Aus der Masse kleine Kugeln formen. Auf einen Teller legen.
3. Schnittlauch kleinschneiden, Blüten kleinschneiden (mit einem Wiegemesser).
4. Die Bällchen in den Blüten und im Schnittlauch wälzen, bis sie rundherum bedeckt sind.
5. Bällchen bis zum Servieren kühl stellen.

Dazu schmecken: Cracker, kleine Brezeln oder Brotchips

Tipp: Wer mag, kann zwei oder drei aufeinanderlegen, etwas platt drücken und mit einem Rosmarinzweig fixieren.

Wiesen-Pippau mit Spiegelei

Ein einfaches Wildkräutergericht für Frühling und Frühsommer mit essbaren Wildpflanzen aus dem Waldgarten.

Der Wiesen-Pippau ist eine heimische Wildpflanze, die auf Wiesen, Wegrändern und in lichten Wäldern wächst. Auf den ersten Blick erinnert er an Löwenzahn – mit seinen länglichen, gezackten Blättern und den goldgelben Blütenköpfen. Aber: Seine Blüten sind kleiner, und die Pflanze hat meist mehrere verzweigte Blütenstiele, die hohl sind.

Was ihr braucht: *(für 2 Personen)*
2 große Handvoll Wiesen-Pippau-Blütenstängel (frisch gesammelt)
4 Eier
1 Zwiebel
1–2 Knoblauchzehen
Butter oder Öl zum Dünsten
Salz/Pfeffer
1 EL Zitronensaft oder etwas Zitronenpaste
Parmesan

Zubereitung:

1. Wiesen-Pippau grob schneiden (waschen ist meist nicht nötig).

Um die Bitterstoffe zu mildern: Einfach die frischen Blütenstängel in eine Schüssel geben und mit heißem Wasser aus dem Wasserkocher übergießen. Etwa 1 bis 2 Min. ziehen lassen, dann das Wasser abgießen. So wird der Geschmack milder.

2. In der Zwischenzeit Zwiebel und Knoblauch kleinschneiden. Zitrone auspressen.
3. In einer Pfanne etwas Butter oder Öl erhitzen. Zwiebel und Knoblauch andünsten. Wiesenpippau dazugeben und kurz mitbraten, bis die Stängel zusammenfallen, das dauert nicht lange, etwa 1 bis 2 Min. Mit Salz, Pfeffer, etwas Zucker und dem Zitronensaft würzen und abschmecken.
4. Den Wiesen-Pippau in der Pfanne etwas zur Seite schieben, in der Mitte die Eier aufschlagen und alles zusammen als Spiegeleigericht braten.
5. Mit etwas Parmesan genießen!

Gut zu wissen: Wiesen-Pippau:

- Enthält viele Bitterstoffe, die verdauungsfördernd wirken.
- Reich an Vitamin C und sekundären Pflanzenstoffen
- Junge Blätter und Blütenstiele sind milder und besser geeignet für Küche & Salat.
- Die Pflanze ist zweijährig und relativ robust.

Sammeltipps für Wildpflanzen

- Nur sammeln, was ihr sicher kennt!
- Verwechslungen mit giftigen Pflanzen können gefährlich sein. Sammelt deshalb nur Kräuter, die ihr zu 100 % eindeutig bestimmen könnt.

Weiterbildung lohnt sich

Wer regelmäßig Wildkräuter nutzen möchte, sollte sich mit erfahrenen Kräuterkundigen austauschen. Geführte Kräuterwanderungen oder spezielle Wildpflanzenseminare und Ausbildungen helfen, das Wissen zu vertiefen – und stärken das Vertrauen in die Natur.

Sammelt achtsam und mit Rücksicht

Nicht alle Pflanzen stehen überall in großen Mengen. Pflückt nur so viel, wie ihr wirklich braucht – und achtet darauf, die Pflanze nicht zu schädigen. Niemals ganze Bestände abernten.

Rhabarberblüten auf bunten Nudeln

Leicht, bunt und ein bisschen überraschend – genau das, was wir lieben! Die zarten Rhabarberblüten treffen auf cremige Sahne, crunchy Walnüsse und einen Hauch Parmesan und verwandeln einfache Nudeln in ein richtiges Geschmackserlebnis.

Was ihr braucht: *(für 2 bis 3 Personen)*
Für die Nudeln:
250 g bunte Nudeln
Salz fürs Kochwasser
Für die Rhabarberblüten:
6–8 große Rhabarberblüten (nur zarte geschlossene Blüten)
Etwas Butter
2 EL Zucker
Etwas Sahne
1 TL Zitronensaft
Salz
Parmesan
Walnüsse
Zubereitung:
Nudeln kochen:
1. Einen großen Topf mit Salzwasser zum Kochen bringen.
2. Die bunten Nudeln nach Packungsanweisung kochen.

Rhabarberblüten dünsten:
1. Rhabarberblüten vorsichtig von eventuellen Blatträndern befreien und kurz unter kaltem Wasser abspülen.
2. Butter in einer Pfanne bei mittlerer Hitze schmelzen.
3. Zucker und eine Prise Salz hinzufügen.
4. Die Blüten vorsichtig in die Pfanne legen und kurz andünsten, bis sie leicht weich sind, aber nicht zerfallen.
5. Mit Zitronensaft beträufeln.
6. Sahne zu den gedünsteten Blüten geben, vorsichtig erhitzen, nicht kochen lassen.
7. Die Sauce leicht eindicken lassen.

Anrichten:
Nudeln auf Teller verteilen. Rhabarberblüten-Sahne darübergeben. Mit gerösteten Walnüssen und frisch geriebenem Parmesan bestreuen.

Tipp: Für extra Crunch die Walnüsse leicht in einer Pfanne ohne Fett rösten, bevor ihr sie über das Gericht streut.

Parmesan und Walnüsse gleichen die Säure der Rhabarberblüten aus und verleihen dem Gericht Tiefe.

Felsenbirnen-Marmelade

Manchmal sind es die unscheinbaren Beeren, die den schönsten Geschmack in sich tragen. Aus der Fülle des Sommers – die Felsenbirne.

Was ihr braucht:
1,2 kg Felsenbirnen
500 g Gelierzucker (2:1)
1 EL Zitronensaft
Saubere Twist-off-Gläser

Zubereitung:

1. Felsenbirnen waschen und mit wenig Wasser im Topf weichkochen. Mit einem Kartoffelstampfer zerdrücken. Die Früchte durch ein Sieb oder eine Flotte Lotte passieren – um die Kerne zu entfernen. Die Kerne sind essbar, aber etwas hart.
2. Die entstandene Fruchtmasse abwiegen und – falls erforderlich – mit Wasser auf 1 kg Gesamtmenge auffüllen.
3. Den Gelierzucker und Zitronensaft zu den Früchten geben, alles gut verrühren. Unter ständigem Rühren zum Kochen bringen und mind. 4 Min. sprudelnd kochen lassen.
4. Heiß in Gläser füllen, gut verschließen und abkühlen lassen.

Tipp: Felsenbirnen lassen sich auch wunderbar mit anderen Früchten kombinieren, z. B. Johannisbeeren oder Himbeeren.

Schwarze Nüsse

Schwarze Nüsse, das sind grüne kandierte Walnüsse. Eine Delikatesse, die wunderbar zu Käse passt. Die in gut sortierten Feinkostläden angebotenen schwarzen Nüsse sind relativ teuer. Wenn man jedoch den Aufwand erst einmal sieht, den diese Nüsse machen, ist der hohe Preis mehr als gerechtfertigt.

Wer wie wir den Luxus hat, einen Walnussbaum zu besitzen oder einen in der Nähe hat, den er beernten darf, kann diese Köstlichkeit selbst herstellen. Allerdings ist dieses Unterfangen mit einiger Mühe verbunden.

Oben: Die Felsenbirnen-Marmelade erinnert im Geschmack an Kirschen bzw. Kirschlikör.
Unten: Schwarze Walnüsse sind das Ergebnis der Fermentation – eine absolute Spezialität!

Schwarze Nüsse selber machen ...
Dazu braucht ihr erst einmal grüne Walnüsse. Eine kleine Herausforderung ist es, einen Walnussbaum zu beobachten und zum richtigen Zeitpunkt zu beernten. Die Nüsse sollen ausgewachsen, also nicht zu klein sein, jedoch noch keine Schale im Inneren gebildet haben.

Um zu prüfen, ob die Walnüsse geeignet sind, schneidet ihr eine mit einem scharfen Messer in der Mitte durch. Konntet ihr sie gut durchschneiden und ist die Walnuss innen schön weich und weiß, steht der Ernte nichts mehr im Wege.

Hat sich im Inneren schon eine harte, hölzerne Schale gebildet, ist es leider zu spät. Da heißt es dann: Abwarten bis ins nächste Jahr!

Mancherorts werden die Nüsse auch Johanni-Nüsse genannt. Der Erntezeitraum fällt um Johanni herum in die zweite Junihälfte. Je nach Witterungseinfluss ist das jedes Jahr ein wenig anders.

Erntet nur einwandfreie Walnüsse ohne Flecken oder Schäden.

Wichtig: Vor der Weiterverarbeitung müssen die Walnüsse 10 Tage gewässert werden, um Gerb- und Bitterstoffe zu entfernen. Dafür genügend Zeit einplanen!

Was ihr braucht:
1 kg grüne Walnüsse
1 kg Zucker
0,5 l Wasser
1 Vanilleschote
1 Stange Zimt
Einige kleine Twist-off-Gläser

Zubereitung:
1. Die Walnüsse herrichten. Dazu werden die beiden Enden knapp abgeschnitten, so dass der Stengel und der Blütenansatz entfernt sind. Tragt dabei Handschuhe, sonst habt ihr tagelang braune Finger. Die austretende Gerbsäure hinterlässt Spuren auch auf Kleidung. Tragt dabei am besten eine Schürze oder alte Klamotten.
2. Nun jede Walnuss mehrmals durchstechen. Das geht mit einer Rouladennadel, einer Gabel oder einer dünnen Stricknadel.
3. Anschließend kommen die Walnüsse in eine Schüssel oder einen Eimer und werden mit kaltem Wasser bedeckt. Nehmt auch hierzu nicht euer bestes Geschirr. Es kann zu Verfärbungen kommen, die sich nicht mehr entfernen lassen. Das Ganze an einen kühlen Ort stellen.
4. **Die nächsten 10 Tage das Wasser zweimal am Tag wechseln.** Am Anfang ist das Wasser ziemlich dunkel von der Gerbsäure, mit der Zeit wird es heller und die Walnüsse werden dunkler.
5. An **Tag 11** ist es Zeit, den Zuckersirup zu kochen. Für 1 kg Nüsse braucht ihr 1 kg Zucker und 0,5 Liter Wasser. Zucker und Wasser verrühren und unter Rühren zum Kochen bringen. Langsam unter Rühren vor sich hinköcheln lassen, so lange, bis sich der Zucker aufgelöst hat und die Masse eine sirupartige Konsistenz hat. Die Walnüsse aus dem Wasser nehmen und kurz abwaschen. Die Vanilleschote mit der Zimtstange und den Walnüssen zum Sirup geben. Alles zusammen einmal gut durchrühren, den Topf vom Herd nehmen und das Ganze über Nacht beiseite stellen.
6. **Tag 12** Die Walnüsse aus dem Zuckersirup nehmen, die Zuckerlösung erneut aufkochen. Ein paar Minuten köcheln lassen, so wird der Zuckersirup dicker. Die Nüsse dazugeben. Einmal gut durchrühren, den Topf vom Herd nehmen und das Ganze über Nacht beiseite stellen.
7. **Tag 13** Die Walnüsse aus dem Zuckersirup nehmen, die Zuckerlösung erneut aufkochen. Ein paar Minuten köcheln lassen, so wird der Zuckersirup noch dicker. Die Nüsse dazugeben. Einmal gut durchrühren, den Topf vom Herd nehmen und das Ganze über Nacht beiseite stellen.
8. **Tag 14** Die Walnüsse aus dem Zuckersirup nehmen, die Zuckerlösung erneut aufkochen. Ein paar Minuten köcheln lassen, so wird der Zuckersirup noch dicker. Die Nüsse dazugeben. Einmal gut durchrühren, den Topf vom Herd nehmen und das Ganze über Nacht beiseite stellen.
9. **Tag 15** Die Twist-off-Gläser sterilisieren und bereitstellen.

10. Die Walnüsse im Zuckersirup erneut aufkochen und 10 bis 15 Min. langsam unter Rühren vor sich hinköcheln lassen. Heiß in die vorbereiteten Twist-off-Gläser füllen und sofort verschließen. Über Nacht abkühlen lassen.

Nun heißt es: Ab in den Keller mit den fertigen schwarzen Nüssen! Kühl und dunkel gelagert bleiben sie ein halbes Jahr stehen. Zu Weihnachten dürft ihr das erste Glas öffnen.

Info: Die Nüsse werden von Jahr zu Jahr besser. Ab dem 3. Jahr kommt es zu einer wahren Genuss-Explosion. Unsere haben nie so lange gehalten. Entweder waren sie zu gut oder zu wenig. Daran arbeiten wir noch! Erschwerend kommt hinzu, dass es nicht jedes Jahr Walnüsse gibt. Bei Spätfrösten fällt die gesamte Ernte aus.

JULI

Langsam werden die Tage wieder kürzer, die Hitzezeit hat jetzt aber Hochkonjunktur. Da tut das Mikroklima des Waldgartens so richtig gut. An heißen Tagen ist es besonders lohnenswert, die Hängematte im Schatten aufzusuchen und sich einfach über die Fülle zu freuen. Der Juli bringt uns kurze Pausen, bevor die übergroße Ernte kommt. Gönnt euch diese Pausen, genießt den Sommer und vor allem die schattigen Bereiche des Waldgartens.

Tätigkeiten im Juli:

- In langen Trockenzeiten sollte bedacht werden, dass insbesondere junge Bäume, die noch nicht tief wurzeln, Wassergaben benötigen. Diese sollten mindestens 20 Liter pro Baum betragen, damit das Wasser auch in die Tiefen sickern kann.
- Beete und Baumscheiben immer abgedeckt halten, es sollte keine nackte Erde sichtbar sein.
- Wer Anfang des Monats Kräuter zurückschneidet, kann später nochmal ernten.
- Herbst- und Wintergemüse säen
- Bei Erdbeeren die jungen Kindel topfen für die Anlage neuer Beete oder Auspflanzung im Waldgarten. Nach der Ernte Blätter zurückschneiden.
- Nachernteschnitt von Steinobst, Pflaumen und Kirschen

Ernte im intensiven Gemüsebereich: Frühkraut, Mangold, Zucchini, Rote Bete, Bohnen, Gurken …

Ernte im Waldgarten: Kläräpfel, Pflaumen, Kriecherl (Kirschpflaumen), Aprikosen, Julibirnen, restliche Beeren, Melde (Baumspinat) …

Der Sommer in der Baumscheibe zeigt Fülle und Vielfalt als Sinnbild für den Waldgarten insgesamt.

REZEPTE

Fladenbrot-Genuss am Feuer

Ein lauer Abend unter freiem Himmel. Wenn die Nächte ab Mai und Juni wieder lau werden, zieht es uns alle hinaus: raus aus dem Alltag, rein in die Natur, ans knisternde Feuer.

Die Feuerstelle glüht, Schmand und Käse treffen auf frisch geschnittene Zwiebeln und sonnengereifte Tomaten, und auf der heißen Feuerplatte backen lange, duftende Fladenbrote, bis der Käse goldbraun zerschmilzt.

Gemeinsam am Feuer sitzen, den Duft von Brot und Kräutern in der Nase, lachen, essen, genießen – genau das macht diese Abende unvergesslich. Ob mit Freunden, Familie oder einfach die Freude am Feuer: Hier wird jeder Bissen zum Erlebnis.

Spüre die Wärme, rieche den Rauch, genieße den Geschmack – und lass den Alltag draußen.

Was ihr braucht:
Für den Teig:
500 g Mehl
1 Päckchen Trockenhefe
300 ml lauwarmes Wasser
1 TL Salz
2 EL Olivenöl
1 TL Zucker
Für den Schmand:
200 g Schmand
1 Knoblauchzehe
Salz
Pfeffer
Zum Belegen:
2–3 Zwiebeln
2–3 Tomaten
150–200 g Käse
Frische Kräuter nach Geschmack

Zubereitung:
Teig:
1. Mehl in eine Schüssel geben, Salz dazu. Hefe im lauwarmen Wasser auflösen und zusammen mit dem Olivenöl zum Mehl geben. Zu einem geschmeidigen Teig kneten (ca. 5 bis 10 Min.).
2. Abgedeckt an einem warmen Ort 30 bis 40 Min. gehen lassen, bis sich das Volumen verdoppelt hat.

Belag vorbereiten:
1. Schmand mit dem kleingeschnittenen Knoblauch, etwas Salz und Pfeffer würzen.
2. Zwiebeln in Ringe schneiden, Tomaten in Scheiben, Käse reiben.

Fladen formen:
1. Teig in kleine Portionen teilen.
2. Jede Portion länglich ausrollen (ca. 20 bis 25 cm lang, 8 bis 10 cm breit).

Belegen:
1. Fladen mit Schmand bestreichen.
2. Zwiebeln und Tomaten gleichmäßig darauf verteilen.
3. Mit Käse bestreuen.
4. Nach Belieben Kräuter darüberstreuen.

Backen auf der Feuerplatte:
1. Feuerplatte vorheizen, etwas Öl darauf geben.
2. Fladen auf die heiße Platte legen und bei mittlerer Hitze 8 bis 12 Min. backen, bis der Käse geschmolzen und der Boden knusprig ist.
3. Direkt heiß genießen!

Tipp: Aus dem gleichen Teig lässt sich wunderbares Stockbrot machen. Am besten eignen sich Haselnussstöcke: Ca. 30 cm Rinde abschaben, Stock an der abgeschabten Fläche mit Olivenöl einölen, Teig drumwickeln und einzeln über der Glut backen. Das ist das Highlight für Kinder!

Jeder kann mithelfen und sein Brot direkt am Feuer genießen. So wird ein Abend am Feuer zu einem echten Erlebnis.

Laubmehl-Baguettes

Das Laub unserer Linden eignet sich hierbei besonders gut. Einfach im Juni/Juli pflücken und trocknen. Das getrocknete Laub in einen Mixer geben und fein vermahlen. Als Streckmehl für Getreide super.

Was ihr dazu braucht:
500 g Vollkornmehl, Dinkel oder Emmer
200 g Laubmehl
1 Würfel Hefe oder 1 Päckchen Trockenhefe
1 EL Salz, gerne Kräutersalz, Rosmarin- oder Fichtennadelsalz
Ca. 300 ml Wasser lauwarm

Zubereitung:
1. Alles in einer Teigschüssel gut vermischen, dann kneten und zugedeckt gehen lassen.
2. Nach ca. 30 Min. Baguettes formen und auf ein bemehltes Blech legen. Nochmals zugedeckt ca. 30 Min. gehen lassen.
3. In den kalten Ofen geben und bei 180 Grad ca. 35 bis 40 Min. backen.

Eingelegte Weinblätter

Beim Sommerschnitt anfallende zarte Weinblätter lassen sich wunderbar haltbar machen und später zum Füllen mit Reis, Kräutern oder Fleisch verwenden.

Was ihr dazu braucht:
Weinblätter
1 Liter Wasser
2 EL Salz

Zubereitung:
1. Die frischen Weinblätter waschen und die Stiele abschneiden.
2. Kurz in kochendem Wasser blanchieren (ca. 30 Sek.), dann kalt abschrecken.
3. Die Blätter in kleine Stapel (ca. 5 bis 10 Stück) aufrollen und in saubere sterile Gläser schichten.
4. Wasser mit Salz aufkochen, abkühlen lassen und über die Blätter gießen, bis alles bedeckt ist.
5. Gläser verschließen, kühl und dunkel lagern. Nach etwa 2 Wochen sind sie verzehrfertig.

Wichtig für die Haltbarkeit:
Steril arbeiten: Gläser und Deckel vorab abkochen.
Ausreichend Salzgehalt: Die Lake sollte etwa 2–3 % Salz enthalten (20–30 g Salz pro Liter Wasser).
Blätter vollständig bedeckt halten: Trockene Stellen führen schnell zu Verderb.
Kühl lagern: am besten im Keller oder Kühlschrank (unter 15 Grad)
Haltbarkeit: Mit sauberer Arbeitsweise und Salzlake sind die Weinblätter ungeöffnet mindestens 6 Monate, oft bis zu 1 Jahr haltbar. Nach dem Öffnen sollten sie im Kühlschrank aufbewahrt und innerhalb von 1 bis 2 Wochen verbraucht werden.

Zucchinisalat

Was ihr braucht:
1–2 Zucchini, je nach Größe
1 Zwiebel
1 Handvoll Rucolablätter
1 Frühapfel
3–4 Aprikosen (wenn vorhanden)
Essig, Öl, Salz
Zubereitung:
Die Zucchini fein raspeln, die Zwiebel klein schneiden und dazugeben, die Rucolablätter halbieren, damit sie nicht zu lang sind, den Apfel würfeln und die Aprikosen achteln. Mit Essig, Öl und etwas Salz anmachen.

Erfrischend, leicht, passt zu allem oder einfach einzeln genießen.

Stachelbeer-Chutney mit Feigen, Knoblauch und Zwiebeln

Ein aromatisch-süßsaures Chutney aus reifen Stachelbeeren, Feigen, Zwiebeln und Knoblauch – perfekt zu Käse, gegrilltem Fleisch oder einfach als raffinierter Brotaufstrich.

Was ihr braucht: *(für ca. 4 Gläser / 200 ml)*
500 g Stachelbeeren
200 g frische oder getrocknete Feigen (in kleine Stücke geschnitten)
2 Zwiebeln (fein gehackt)
2 Knoblauchzehen (gehackt)
200 g brauner Zucker
150 ml Apfelessig
1 TL Senfkörner
1 TL frisch geriebener Ingwer
½ TL Salz
Etwas Pfeffer
Zubereitung:
1. Zwiebeln und Knoblauch in einem großen Topf mit etwas Essig oder einem Spritzer Wasser glasig dünsten.
2. Stachelbeeren, Feigen Zucker, restlichen Essig, Senfkörner, Ingwer, Salz und Pfeffer hinzufügen.
3. Alles unter Rühren aufkochen und anschließend bei mittlerer Hitze 30 bis 40 Min. köcheln lassen, bis die Masse dicklich und glänzend wird.
4. Noch heiß in sterile Gläser füllen, sofort verschließen und auskühlen lassen.

Tipp: Das Chutney entfaltet sein volles Aroma nach etwa 2 Wochen Ruhezeit. Kühl und dunkel gelagert hält es sich mehrere Monate.

Rote-Bete-Rohkost mit Frühapfel

Was ihr braucht:
3 Rote Bete
1 Frühapfel
1 Karotte
1 Handvoll Sonnenblumenkerne geschält oder Walnüsse
Apfelessig, Öl, Salz, Zucker

Zubereitung:
Alles fein raspeln, Kerne zugeben und mit Apfelessig, Öl, Salz und Zucker verfeinern. Geht schnell, ist urgesund, als Beilage oder als sommerliche Mahlzeit perfekt.

Gefüllte Taglilien mit Frühkartoffeln

Im Sommer ist es wichtig, dass Mahlzeiten schnell zubereitet sind, sättigen, aber auch frisch schmecken. Die Taglilien eignen sich hier besonders gut. Egal in welcher Farbe, mit ihren dickfleischigen Blüten sind sie immer ein Genuss.

Was ihr braucht:
Einige Taglilienblüten
Frischkäse
Frische gemischte Kräuter aus dem Garten (Schnittlauch, Kerbel, Basilikum …)
1 kg Frühkartoffeln

Zubereitung:
1. Die Kartoffeln waschen und in ca. 50 Min. weichkochen. Danach in Scheiben schneiden, mit Kräutersalz leicht würzen.
2. Den Frischkäse mit den klein geschnittenen Gartenkräutern vermischen und in die Taglilien füllen.
3. Mit den Kartoffeln genießen.

Tipp: Auch die Blüten der Funkien schmecken total lecker, sie sind nur etwas kleiner.

AUGUST

Die Getreideernte ist in vollem Gange, diese wird von Jahr zu Jahr früher, ebenso wie die Blütezeiten der Obstbäume. Die Klimaveränderung lässt grüßen. Es ist der Erntemond, wie diese Zeit auch genannt wird. Am 15. August ist Mariä Himmelfahrt, der Kräutererntetag. Langsam sollten alle Kräuter für Gewürze und Tees eingebracht sein. Traditionell ist dieser Tag auch der Vogelbeerenerntetag für die weitere Verarbeitung. Im August können wir den Sommer noch in vollen Zügen genießen.

Tätigkeiten im August:

- Wintersalate und Feldsalat säen, Winterrettich und Herbstrübchen ebenso
- Herbstgemüse auspflanzen
- Die Herbstäpfel werden reif, auf Pflückreife achten und baldigst verarbeiten zu Saft und Most. Diese Äpfel sind noch nicht oder nur kurz lagerfähig.
- An den Obstbäumen faulige, pilzbefallene Früchte entsorgen
- Samen ernten von Blumen und Wildstauden und luftig trocknen, dann eintüten und beschriften!
- Lavendel ernten und mit Rückschnitt verbinden, luftig trocknen!
- Jetzt Obstgehölze mit Kompost düngen
- Gibt es abgeräumte Beete, Gründünger einsäen!

Ernte im intensiven Gemüsebereich: Tomaten, Bohnen, Zwiebeln, Kartoffeln …

Ernte im Waldgarten: Mirabellen, Pfirsiche, Jakobi-(Herbst-)Äpfel, Teekräuterernte, Birnen, Kornelkirschen, Aronia, Vogelbeere, Portulak, Kapuzinerkresse …

REZEPTE

Fermentierte Gurken mit frischem Dill

Für Vorrat und Genuss im Winter – knackig, würzig und probiotisch

Was ihr braucht:
1 kg kleine Gurken, frisch und knackig
1 Bund frischer Dill, gerne mit Blüten
3–4 Knoblauchzehen
1 EL Senfkörner
1 EL Pfefferkörner
1–2 Chillischoten
2 Haselnussblätter
2 Fermentiergläser / 500 ml / 2 Fermentiergewichte

Für die Salzlake:
20 g Salz / 1 l Wasser

Zubereitung:

1. Die Gurken gründlich waschen, den Blütenansatz entfernen. Die Gurken längs in Stücke schneiden. Knoblauch schälen und in Scheiben schneiden.
2. **Salzlake herstellen:** Salz in Wasser vollständig auflösen.
3. Gurken dicht in ein Glas schichten. Knoblauch und die Gewürze dazugeben. Die Dillzweige seitlich reinstecken und mit der Salzlake übergießen, sodass alles vollständig bedeckt ist.
4. Das Haselnussblatt auflegen und mit einem Fermentiergewicht beschweren. Das Glas verschließen.
5. **Fermentieren lassen:** Die Gläser bei Zimmertemperatur (18 bis 22 Grad) 5 bis 10 Tage fermentieren lassen.
6. **Abschmecken und lagern:** Nach 5 Tagen probieren. Sobald der gewünschte Geschmack erreicht ist, die Gläser in den Keller oder in den Kühlschrank stellen. Dort halten die Gurken mehrere Monate bis über den Winter. Mit der Zeit wird der Geschmack intensiver und würziger.

Tipp: Für besonders knackige Gurken eine Scheibe Meerrettich mit einlegen.

Kornelkirschen fermentieren – das vergessene Gold des Waldes

Es gibt Früchte, die unscheinbar am Wegesrand wachsen und doch ganze Geschichten in sich tragen. Die Kornelkirsche mit ihrem rubinroten Glanz ist eine davon. In manchen Gegenden nennt man sie auch „Dirndl". Sie war einst eine vertraute Zutat in Bauernküchen, doch mit der Zeit verschwand sie fast aus unserem Alltag. Wer sie fermentiert, holt sich ein Stück dieses alten Wissens zurück – und zugleich eine Überraschung für den Gaumen.

Kornelkirschen können mit Stein verarbeitet werden. Das macht die Verarbeitung deutlich einfacher:

- Kein Entsteinen nötig (spart Zeit und Nerven)
- Die Frucht bleibt stabiler und zerfällt nicht so schnell im Glas.
- Das Aroma wirkt runder und vollmundiger.

Was ihr braucht:
500 g Kornelkirschen
2 Lorbeerblätter
2 Knoblauchzehen
2 kleine Zweige Rosmarin
2 kleine Zweige Dost
6 Wacholderbeeren
2 Fermentiergläser / 500 ml / 2 Fermentiergewichte

Für die Salzlake:
30 g Salz / 1 l Wasser

Zubereitung:

1. Kornelkirschen gründlich waschen. Sie können mit Stein verarbeitet werden.
2. **Lake herstellen:** Das Salz im Wasser vollständig auflösen.
3. Die Kornelkirschen mit den Gewürzen in ein sauberes Fermentationsglas geben. Gewicht auflegen. Mit Salzlake aufgießen, bis alles bedeckt ist.
4. **Fermentieren lassen:** Das Glas mit Gärventil verschließen und 2 bis 3 Wochen bei Zimmertemperatur stehen lassen. Bildet sich Schaum, ist das ein gutes Zeichen für die Arbeit der Milchsäurebakterien.
5. **Reifen und lagern:** Nach 2 Wochen probieren: Die Kornelkirschen sollten frisch, säuerlich, würzig und

Von eingelegten Gurken profitieren wir bei jeder anständigen Brotzeit.

Kornelkirschen gibt es wild oder als Kultursorten. Wertvoll sind sie alle und dabei einzigartig lecker.

leicht prickelnd schmecken. Anschließend kühl und dunkel lagern (am besten im Kühlschrank oder Keller).

Haltbarkeit: mehrere Monate

Variation – Kornelkirschen in Öl

Nach der Fermentation können die Kornelkirschen abgegossen, abgespült und sanft trocken getupft werden. Danach gibt man sie in ein Glas, schichtet frische Kräuter dazu, z. B. Thymian, Rosmarin oder Oregano, und gießt alles mit gutem Olivenöl auf.

So erhalten die Kornelkirschen ein mediterranes Aroma, das wunderbar zu Käse, Antipasti-Platten oder auch zu gegrilltem Fleisch passt. Gleichzeitig konserviert das Öl die Früchte und macht sie länger haltbar.

„Sonnengeküsste Vielfalt im Glas"

Bunte, kleine Tomaten sind wie kleine Juwelen des Gartens – rot, gelb oder orange bringen sie nicht nur Farbe, sondern auch eine Fülle an Geschmack auf den Teller. Mit Knoblauch, duftendem Rosmarin und einem Hauch Apfelessig lassen sie sich wunderbar zu einer würzigen Köstlichkeit einkochen.

Dieses Rezept vereint Frische und Haltbarkeit: Die Tomaten behalten ihre lebendige Farbe und ihr Aroma, während die Gewürze ihnen eine mediterrane Note verleihen. Ein Vorrat für den Winter, der beim Öffnen jedes Glases ein Stück Sommer zurückbringt.

Würzig eingekochte kleine Tomaten

Was ihr braucht: *(für ca. 4 bis 5 Gläser à 250 ml)*
1,5 kg kleine bunte Tomaten
400 ml Apfelessig
160 g Zucker
1–2 EL Salz
800 ml Wasser
Für jedes Glas:
2 Knoblauchzehen
1 Lorbeerblatt
Pfefferkörner
1 Zweig Rosmarin

Zubereitung:
1. Tomaten waschen und mit einer Nadel an mehreren Stellen anstechen (damit sie nicht platzen).
2. Knoblauch schälen und in Scheiben schneiden.
3. Apfelessig, Wasser, Zucker und Salz in einem Topf kurz aufkochen.
4. Tomaten zusammen mit Knoblauch, Lorbeerblatt, Pfefferkörner und Rosmarin in sterilisierte Gläser schichten.
5. Mit dem heißen Sud auffüllen, sodass alles bedeckt ist.
6. Gläser gut verschließen und in einem Einkochtopf bei 90 Grad für 30 Min. einkochen.
7. Abkühlen lassen und dunkel lagern.

Haltbarkeit: ca. 1 Jahr

Tipp: Passt zu Antipasti, Käse, gegrilltem Fleisch oder einfach auf frisches Brot.

Tomaten-Pfirsich-Salat mit Büffelmozzarella

Süße Pfirsiche und sonnengereifte Tomaten – zwei Sommerfrüchte, die überraschend gut zusammenpassen. Mit cremigem Büffelmozzarella, Winterheckenzwiebelschlotten und etwas Olivenöl entsteht ein leichter Salat, der nach Sonne und Urlaub schmeckt. Wenige Zutaten, große Wirkung – so einfach geht Sommer auf dem Teller.

Was ihr braucht: *(pro Teller)*
Einige bunte Tomaten
2–3 Pfirsiche
1 Kugel Büffelmozzarella
2 Winterheckenzwiebelschlotten
Olivenöl
Etwas Essig
Salz
Pfeffer

Zubereitung:
Tomaten und Pfirsiche in Spalten schneiden. Winterheckenzwiebeln in Streifen schneiden. Alles auf einem Teller anrichten. Mit Olivenöl und Essig beträufeln. Nach Geschmack mit Salz und Pfeffer abrunden.
In die Mitte die Mozzarella-Kugel legen und leicht aufreißen – sofort servieren.

Herbstliche Kürbis-Pfirsich-Birnen-Pizza

Was ihr braucht:
Für den Teig:
500 g Dinkelvollkornmehl
1 Päckchen Trockenhefe
1 EL Salz
300 ml lauwarmes Wasser
1 Schuss Olivenöl
Für den Belag:
1 Becher Saure Sahne
(alternativ Schmand oder Crème fraîche)

1 oder 2 Zwiebeln (rot oder weiß – nach Belieben)
Hokkaido-Kürbis
Birnen
Pfirsiche
Pfeffer, Salz
Gorgonzola-Käse
Thymian (vorzugsweise frisch, alternativ getrocknet)
Optional: roher Schinken, z. B. Parma, Serrano oder Schwarzwälder
Menge von Kürbis, Birnen und Pfirsichen nach Belieben und Größe der Pizza

Zubereitung:

1. Aus angegebenen Zutaten Hefeteig herstellen und ca. 15 Min. zugedeckt gehen lassen.
2. Den Teig mit feuchten Händen auf dem Blech verteilen.
3. Auf den Pizzateig Saure Sahne verstreichen.
4. Zwiebel halbieren und in Scheiben (halbe Zwiebelringe) schneiden. Zwiebel auf Teig verteilen.
5. Kürbis, Birnen und Pfirsiche in dünne Scheiben schneiden und nach Belieben auf dem Pizzateig auslegen.
6. Mit Salz und Pfeffer bestreuen.
7. Gorgonzola-Käse in kleine Stücke schneiden und auf der Pizza verteilen.
8. Thymian von den Stengeln ablösen und auf die Pizza streuen. Etwas Thymian für später aufheben.

Optional: Ca. 5 Min. vor Ende der Backzeit Pizza kurz aus dem Ofen nehmen und Schinken darauf verteilen

9. Den Rest des Thymians auf der fertig gebackenen Pizza verteilen.
10. Ofen auf 200 Grad vorheizen, Pizza darin 20 oder 25 Min. backen.
11. Pizza ist fertig, wenn der Teigrand braun gefärbt ist.

Diese leckere Rezeptidee wurde uns von Jeannine Tieling aus Landshut zur Verfügung gestellt.

Rucolapesto

Rucola, ist er erst einmal etabliert, wächst er unheimlich üppig. Diese Fülle kann im Pesto besonders gut verarbeitet werden.

Was ihr braucht:
1 Schüssel voll Rucola
1 Handvoll Walnüsse
1 EL Salz
1 Tasse Öl
Etwas Parmesan nach Wahl, es geht aber auch ohne

Zubereitung:
Alles in den Mixer, mit dem Stößel etwas nachhelfen, damit auch alle Blätter gemixt werden. In Gläser füllen, oben etwas mit Öl aufgießen, um die Haltbarkeit zu erhöhen, und ab in den Kühlschrank.

Tipp: Will man Rucolapesto länger aufbewahren, ab in den Gefrierschrank damit. Dann kann man im Winter auch Pesto genießen.

Zwiebel-Apfel-Aufstrich

Was ihr braucht:
2 Zwiebeln
2 Äpfel
2 Tassen geschrotetes Getreide
Öl, Salz, Pfeffer
Wasser

Zubereitung:

1. Eine Pfanne mit etwas Öl erhitzen. Die klein geschnittenen Zwiebeln anrösten, die klein geschnittenen Äpfel dazugeben. Ist alles gut angedünstet, kann das geschrotete Getreide dazugegeben werden. Auch dieses etwas mitrösten, dann mit Wasser aufgießen. Das Getreide quillt auf und die ganze Masse wird dicklich. Mit Salz und Pfeffer nach Geschmack würzen.
2. Die Masse wird beim Auskühlen noch etwas fester. Ein wunderbarer Aufstrich, dem Zwiebelschmelz nachempfunden, doch ohne Fett und Palmöl.

Bunte Gemüsepfanne

Was ihr braucht:
1 Zwiebel
1 mittelgroße Zucchini
2 Karotten
1 Brokkoli bzw. eine Handvoll Brokkoliknospen
3 Stiele Mangold
Frische Kräuter: Dost, Rosmarin, Thymian, Schnittsellerie …
Salz, Szechuanpfeffer

Zubereitung:
In einer großen Pfanne etwas Öl erhitzen und die klein geschnittene Zwiebel anbräunen. Die Zucchini grob in Streifen hobeln, die Karotten in dünne Scheiben hobeln, die Brokkoliknospen etwas kleiner schneiden, den Mangold in dünne Streifen schneiden und alles in der Pfanne andünsten, bis es weich ist. Etwas Wasser in der Pfanne beschleunigt das Dünsten. Nun Salz, Szechuanpfeffer und die klein geschnittenen Kräuter darüberstreuen. Alles gut durchmischen, abschmecken, servieren.

Tipp: Pfannengemüse geht immer. Das Gemüse kann variieren, mit Tomaten wird es flüssiger, mit Sauerrahm wird es gebundener. Ist kein Mangold da, können Brennnesselspitzen verwendet werden. Giersch ist geschmacklich den Karotten sehr nahe und kann diese optimal geschmacklich ersetzen. Auch Pilze wie Shiitake und Austernseitlinge sind super lecker in gemischten Pfannengerichten. Probiert es aus, variiert, genießt.

Brombeer-Tarte mit Amaretto

Wenn im Spätsommer die Brombeerhecken vollhängen und man kaum hinterherkommt mit dem Pflücken, ist diese Tarte genau das Richtige.

Die Zutaten sind einfach, vieles davon hat man ohnehin da: ein paar Eier vom eigenen Hühnerstall, Joghurt aus der letzten Milch, ein Rest Sahne, etwas Butter – und natürlich Brombeeren, frisch vom Strauch.

Der Boden bekommt durch den Amaretto ein feines Mandelaroma, das wunderbar zu den Beeren passt. Alles zusammen ergibt eine frische Tarte, ohne großen Aufwand.

Was ihr braucht:
Für den Mürbeteig:
100 g Zucker
200 g Butter
300 g Mehl
1 Ei
1 Schuss Amaretto
Für die Füllung:
9 Blatt Gelatine (alternativ Agar-Agar nach Packungsanleitung)
600 g Brombeeren
120 g Rohrohrzucker
2 TL Vanillezucker
400 g Naturjoghurt
400 g Sahne
8 EL Orangensaft, frisch gepresst
4 TL Orangenabrieb
Für die Dekoration:
Brombeeren
Minzeblätter

Zubereitung:
Butter, Zucker, Mehl und Ei rasch zu einem glatten Teig verkneten. Den Teig zu einer Kugel formen, in Frischhaltefolie wickeln und ca. 30 Min. im Kühlschrank ruhen lassen.

Boden backen:

1. Backofen auf 180 Grad Ober-/Unterhitze vorheizen. Eine Springform einfetten.
2. Den Teig ausrollen, in die Form legen, den Rand leicht andrücken und den Boden mehrmals mit einer Gabel einstechen. Ca. 20 bis 25 Min. goldgelb backen, dann vollständig auskühlen lassen.

Füllung zubereiten:

1. Die Blattgelatine in kaltem Wasser einweichen. Die Sahne steif schlagen und in den Kühlschrank stellen.
2. Die Brombeeren mit Zucker, Vanillezucker und Orangensaft in einem Topf kurz aufkochen, 5 Min. köcheln lassen, dann pürieren und etwas abkühlen lassen. Gelatine ausdrücken, in der noch warmen Fruchtmasse auflösen. Orangenabrieb und Joghurt einrühren. Sahne unterheben, sobald die Masse leicht zu gelieren beginnt.

Tarte füllen und kühlen:

Die Brombeercreme auf den ausgekühlten Boden geben, glatt streichen und ca. 4 Stunden kalt stellen.

Dekorieren:

Vor dem Servieren mit frischen Brombeeren, Minzeblättern und frischen Blüten belegen.

SEPTEMBER

Es herbstelt. Die ersten Nebel steigen auf, die Pilzsaison beginnt. Die Nächte werden kühler und alles wird wieder feuchter. Langsam beginnen die Nüsse zu fallen. Die Eichhörnchen werden fleißig. Die Vögel singen weniger, nur das Rotkehlchen ist vermehrt zu hören und als unser Begleiter im Garten gegenwärtig. Langsam heißt es, Abschied nehmen vom Sommer und sich wieder mehr nach innen zu richten. Die Herbst-Tag-und-Nacht-Gleiche ist wie ein Schalter für die Natur, der umgelegt wird in Richtung Winter. Aber erst genießen wir so richtig den bunten Herbst.

Tätigkeiten im September:

- Regelmäßig Tomaten, Paprika, Auberginen, Kürbis und Co. abernten, so dass neue Früchte nachreifen können. Bei Tomaten die obersten Triebe entfernen, so dass noch alles abreifen kann.
- Herbstäpfel und Birnen regelmäßig beernten, ebenso die Zwetschgen
- Ein letztes Mal die Wiese mähen und abräumen. Es können die Beerensträucher damit gemulcht werden. Bei Obstbäumen die Baumscheiben langsam abräumen, es könnten sich, besonders bei Jungbäumen, zu viele Mäuse einnisten.
- Die Himbeeren legen nochmal nach, regelmäßig beernten, die Herbsthimbeeren sind besonders gefährdet für Fäulnis.
- Blumenzwiebel für Frühlingsblüher besorgen und in die Baumscheiben pflanzen, besonders schön und wühlmaussicher sind Narzissen, Schneeglöckchen, Krokus, Zierlauch, Hyazinthen und Traubenhyazinthen.
- Blühflächen und Blumenwiesen können jetzt angesät werden (für mehrjährige Mischungen).

Ernte im intensiven Gemüsebereich: Paprika, Fleischtomaten, Weißkohl, Staudensellerie, Kürbis, Trockenbohnen, Zuckermais, späte Kartoffeln …
Ernte im Waldgarten: Zwetschgen, Äpfel, Birnen, erste Haselnüsse, Walnüsse, Maronen, Herbsthimbeeren, Trauben, Feigen

REZEPTE

Kleine Geschichte zu den „Auszogene nach Waldgartenart"
Der Herbst hatte das Dorf längst in sein sanftes Grau getaucht. Morgens hing noch der Nebel über den Wiesen, und die Obstbäume standen da wie alte Wächter, deren Kronen voll von goldenen Birnen hingen. Trauben rankten sich um den Zaun. Im Garten leuchteten die Physalis, kleine Laternen im welken Gras, als wollten sie die letzten Sonnenstrahlen festhalten.

In der warmen Stube aber roch es nach Schmalz, süß und verheißungsvoll. Die Auszogenen lagen auf dem Küchentuch, frisch aus dem Kessel gehoben, rund und knusprig, in der Mitte dünn wie ein Fenster aus Teig. Die Großmutter pflegte zu sagen, man müsse sie mit Geduld ausziehen, sonst wollten sie nicht tanzen im heißen Fett.

Heute aber blieben sie nicht leer, wie früher, wenn es nur den Staub aus Puderzucker dazu gab. Heute wurden sie gefüllt – mit Sahne, die weich und luftig war, und mit den Früchten des Gartens: Birnenstreifen, süß und doch ein wenig herb, helle Trauben mit dem Glanz des Morgentaus und Physalis, die schmecken wie ein kleiner Sonnenstrahl im Herbst.

Und als alle am Tisch saßen, draußen schon die Dämmerung kam und die ersten Nebelschwaden über die Felder zogen, da biss man in dieses Gebäck und wusste: Der Herbst mag still und vergänglich sein – aber er trägt einen Schatz in sich, goldbraun und süß wie die Auszogenen nach Waldgartenart.

Auszogene nach Waldgartenart

Was ihr braucht:
Für den Teig:
500 g Mehl
25 g Hefe (oder 1 Päckchen Trockenhefe)
250 ml lauwarme Milch
30 g Zucker
2 Eier
30 g weiche Butter

1 Prise Salz
2 kg Butterschmalz zum Ausbacken
Puderzucker zum Bestäuben

Für die Füllung:
250 ml Sahne
1 EL Puderzucker
Obst: 1 Birne, ein paar Brombeeren, eine Handvoll Physalis oder nach Wahl

Zubereitung:
1. Die Hefe in der lauwarmen Milch mit 1 TL Zucker auflösen und 10 Min. gehen lassen.
2. Mehl in eine Schüssel geben, in die Mitte eine Mulde drücken, Hefemilch hineingießen.
3. Zucker, Vanillezucker, Salz Butter und Eier hinzufügen, alles zu einem glatten Teig verkneten (ca. 8 bis 10 Min.). Der Teig sollte weich sein und Blasen schlagen.
4. Abgedeckt an einem warmen Ort 1 Stunde gehen lassen, bis der Teig sich verdoppelt hat.

Formen und ausziehen:
1. Den Teig in 8 Stücke teilen und zu kleinen Laibchen schleifen, auf ein bemehltes Tuch setzen und mit einem Tuch abdecken. Die Laibchen dürfen keine Kruste bekommen.
2. Mit gefetteten Fingern die Laibchen vorsichtig ausziehen: Der Rand soll dick bleiben, die Mitte hauchdünn.
3. Die Teiglinge zugedeckt 10 bis 15 Min. ruhen lassen.

Das Ausbacken:
1. Das Butterschmalz in einer tiefen Pfanne oder Fritteuse auf ca. 190 Grad erhitzen.
2. Die Auszogenen nacheinander hineingleiten lassen und goldbraun ausbacken (je Seite ca. 2 Min.).
3. Auf Küchenpapier abtropfen lassen.

Füllung & Früchte:
1. Sahne mit Puderzucker steif schlagen.
2. Birnen in Spalten schneiden, Trauben und Physalis halbieren.
3. Kurz vor dem Servieren die ausgekühlten, aber noch leicht lauwarmen Auszogenen vorsichtig in der Mitte mit Sahne füllen und mit Früchten dekorieren.
4. Mit Puderzucker bestäuben.

Sofort servieren, solange der Teig außen knusprig und innen weich ist.

Frische Feigen auf Parmaschinken und Fenchelsalami

Mit frischen Feigen aus dem Garten. Einfach, aromatisch und ideal als Vorspeise oder als kunstvolle Begleitung zu einem Glas trockenen Wein.

Was ihr braucht: *(4 Portionen)*
16 Scheiben Schinken hauchdünn geschnitten
16 Scheiben Fenchelsalami
4 vollreife Feigen
Etwas Rucola
Nachtkerzenblüten
Schwarzer Pfeffer aus der Mühle
Etwas Minze
Saft von 1 Zitrone
1 EL Honig
4 EL Olivenöl
Wurzelbrot

Zubereitung:

1. Parmaschinken, Fenchelsalami und Rucola auf einem großen Brett schön anrichten.
2. Die Feigen mittig zerreißen, auf den Schinken geben.
3. Minze kleinschneiden, Zitrone auspressen.
4. Olivenöl mit Zitronensaft, Honig und Minze verrühren, abschmecken und über die Feigen träufeln.
5. Mit schwarzem Pfeffer würzen.

Dazu schmeckt wunderbar frisches Laubmehlbrot!

Fermentierte gelbe Paprika mit Lauchzwiebeln und Knoblauch

Ein einfaches, aromatisches Ferment, das durch die natürliche Milchsäuregärung eine angenehme Säure entwickelt. Die gelben Paprika bringen Süße und Farbe, Lauchzwiebeln sorgen für Frische und Knoblauch verleiht Tiefe.

Was ihr braucht:
500 g gelbe Paprika
2–3 Lauchzwiebeln
2–3 Knoblauchzehen
1–2 Haselnussblätter
2 Fermentiergläser / 500 ml / 2 Fermentiergewichte
Für die Salzlake:
20 g Salz / 1 l Wasser

Zubereitung:

1. Paprika waschen, entkernen und in mundgerechte Stücke schneiden. Lauchzwiebeln in 2 bis 3 cm lange Stücke schneiden. Knoblauchzehen schälen und in Scheiben schneiden.
2. **Salzlake herstellen:** Salz in Wasser vollständig auflösen.
3. Paprika, Lauchzwiebeln und Knoblauch dicht in ein sauberes Fermentierglas schichten. Mit Salzlake vollständig bedecken, so dass kein Gemüse herausschaut.
4. Das Haselnussblatt auflegen und mit einem Fermentiergewicht beschweren. Das Glas verschließen.
5. **Fermentieren lassen:** Die Gläser bei Zimmertemperatur (18 bis 22 Grad) 5 bis 10 Tage fermentieren lassen.
6. **Abschmecken und Lagern:** Nach 5 Tagen probieren: Das Ferment sollte leicht sauer und aromatisch schmecken. Je länger es steht, desto intensiver wird das Aroma. Wenn der gewünschte Geschmack erreicht ist, das Glas im Kühlschrank lagern. Dort hält es sich mehrere Monate.

Serviervorschläge:

- Als frischer säuerlicher Beilagensalat zu Fleisch oder Gegrilltem
- In Wraps oder Sandwiches als aromatische Einlage
- Fein gehackt als Topping für Bowls, Suppen oder Eintöpfe

Rotweinzwetschgen

Der Zwetschgenbaum hängt dieses Jahr wieder so voll, dass man gar nicht weiß, wohin mit all den Früchten. Kuchen, Saft, Marmelade und Crumble – alles schon gemacht. Aber keine Sorge: Dieses Rotwein-Zwetschgen-Rezept ist die perfekte Lösung, um die süße Flut in köstliche Gläser zu verwandeln, die euch durch den Winter begleiten.

Was ihr braucht:
2 kg Zwetschgen
1 Flasche 0,75 l Rotwein
1 kg Zucker
1 Zimtstange
½ TL Lebkuchengewürz (am besten von „Sonnentor")
1 Schuss Rum
Einige sterilisierte Twist-off-Gläser

Zubereitung:
1. Zwetschgen waschen, entsteinen und in einen großen Topf geben.
2. Rotwein, Zucker, Zimtstange und Lebkuchengewürz hinzufügen. Alles gut verrühren.
3. Bei mittlerer Hitze ca. 5 bis 10 Min. sanft köcheln lassen. Dabei stehen bleiben evtl. Schaum abschöpfen und den richtigen Zeitpunkt abpassen. Die Zwetschgen sollen nicht zu fest sein, aber auch nicht zerfallen. Deswegen aufpassen!
4. Den Topf vom Herd nehmen, den Rum zufügen. Die Rotwein-Zwetschgen heiß in die Twist-off-Gläser füllen, verschließen und abkühlen lassen.

Tipp: Wenn zu viel Sud übrig ist, mit der richtigen Menge Gelierzucker zu Gelee einkochen.

Baked Beans

Wir machen dieses Pfannengericht mit nicht ganz reifen Trockenbohnen oder eben zu lang am Strauch gehangenen Bohnen, die schon zu fädig sind und einen gut ausgebildeten Kern haben. So ein Bohnengericht ist unheimlich nahrhaft und macht stark! Denken wir nur an die Western mit Bud Spencer und Terence Hill! Aber Spaß beiseite, wer Bohnen isst, braucht kein Fleisch, und Bohnen sind ideale Selbstversorger-Kohlenhydrate, die im Waldgarten perfekt wachsen und wovon auch noch die Bäume durch die extra Portion Stickstoff, die von den Knöllchenbakterien der Bohnen produziert werden, profitieren. Also, in Zukunft Bohnen in die Baumscheiben, dann werden alle satt, die Bäume und wir.

Was ihr braucht:
2 Tassen voll dicker Bohnen
1 Zwiebel
2–3 Fleischtomaten
Salz, Pfeffer (oder Szechuanpfeffer), eine Prise Chili
1 Apfel
1 kg Kartoffeln

Zubereitung:
1. Die Bohnen vor dem Kochen mind. 4 bis 5 Stunden in Wasser einweichen. Dieses Wasser später wegschütten. Die Bohnen also abseihen und in frischem Wasser 30 bis 45 Min. kochen, bis sie weich sind. Nebenbei auch gleich noch separat die Kartoffeln kochen.
2. Danach in einer mittleren Eisenpfanne die kleingehackte Zwiebel in etwas Butter oder Öl andünsten, die gekochten, abgeseihten Bohnen dazugeben und auch leicht mit anbräunen. Die klein gewürfelten Fleischtomaten und den Apfel dazugeben und würzen. Alles gut eindicken lassen, abschmecken, fertig. Derweil die Kartoffeln pellen und mit den fertigen Baked Beans servieren. Dazu passen wunderbar Kresseblüten und weitere essbare Blüten wie Malve, Ringelblume, Sonnenblumenblätter und Co.

Schokobirnen-Nussaufstrich

Der gesunde Schokoaufstrich

Was ihr dazu braucht:
1 Handvoll Schokonips (gibt's im Rohkosthandel), alternativ eine Tafel Bitterschokolade oder einfach Kakaopulver
2 Handvoll getrocknete Birnen
3 Handvoll Walnüsse und/oder Haselnüsse
3 EL voll weiche Butter, alternativ Kokosöl

Zubereitung:
Alle Zutaten in den Mixer geben und so lange mixen, bis eine cremige Masse entsteht. Ein Brotaufstrich, den Kinder lieben!

OKTOBER

Jetzt ist er richtig da, der Herbst. Der Halloweenmonat. Die Blätter werden bunt, die Nüsse fallen in den Herbststürmen so richtig von den Bäumen, die große Apfelerntezeit beginnt. Alles muss ins Haus, erste Fröste drohen. Jetzt heißt es, noch alles nutzen, was da ist, und die Speisekammer voll machen. Fehlendes von Direktvermarktern aus der Region aufstocken. Jetzt also nochmal richtig ernten und einfahren und dann kann die ruhigere Zeit kommen. Die ruhigen Abende vor allem, die man mit Glühmost und Kuscheldecke, einer Schale voll Obst und Nüssen so richtig genießen kann.

Tätigkeiten im Oktober:

- Alles ernten, was noch an den Bäumen hängt
- Den Gemüsegarten abräumen bis auf die Wintergemüse. Beete mit dem letzten Rasenschnitt und Laub gut abmulchen. Noch vorhandenes Gemüse und Salate mit Vlies schützen.
- Alle Wurzelgemüse bis auf die Winterrübchen ernten, sonst ernten die Mäuse.
- Dürre Blütenstiele von Stauden und Co. für die Insekten und Samen für die Vögel stehen lassen und erst im März wegschneiden
- Rhabarber jetzt teilen und pflanzen
- Kübelpflanzen einräumen
- Obst-Lager regelmäßig auf Fäulnis kontrollieren, gerade am Anfang kann das viel sein.

Ernte im intensiven Gemüsegarten: Weißkohl, Rotkohl, Wirsing, die letzten Kürbisse, Tomaten, Paprika, Gurken und Co. noch vor dem ersten Frost

Ernte im Waldgarten: Lageräpfel, Birnen, Quitten, Meerrettich, Hagebutten, Weißdorn, Kiwi, Kaki, Szechuanpfeffer …

REZEPTE

Quittenlikör mit Herbsthimbeeren

Schnell gemacht, leicht in der Umsetzung, nur etwas Geduld ist mitzubringen, bis man die vollen Aromen genießen kann.

Was ihr braucht:

0,7 l 40 %iger Doppelkorn oder Wodka
4 große vollreife Quitten
2 Handvoll Herbsthimbeeren
0,7 l Wasser
350 g Zucker
1 großes Einmachglas

Zubereitung:

1. Schneidet die rohe Quitte mit Schale und Kernhaus einfach etwas kleiner und gebt die Stücke mit den Himbeeren in ein großes Einmachglas. Nun einfach mit dem Doppelkorn oder Wodka auffüllen. Alles muss gut bedeckt sein, nichts darf oben rausschauen. Stellt das Glas nun einfach für mind. 4 Wochen auf das Fensterbrett. Hin und wieder etwas schütteln, mischt das Ganze gut durch.
2. Nach ca. 4 Wochen gebt ihr alles in ein Sieb und fangt den aromatisierten Alkohol in einer Schüssel auf. Gut abtropfen lassen. Derweil das Wasser mit halber Menge Zucker in einem Topf leicht erhitzen, bis der Zucker sich aufgelöst hat. Die erkaltete Zuckerlösung zum Alkohol geben und gut durchrühren. Nun kann in Flaschen abgefüllt werden. Nach weiteren 2 bis 4 Wochen ist der Likör perfekt und hat sein volles Aroma entwickelt.

Brennnesselknödel mit Wildgulasch

Die Brennnessel – ein echter Dauerbrenner im Selbstversorgerjahr. Kaum eine Pflanze ist so vielseitig und gleichzeitig so unterschätzt. Sie treibt früh im Jahr aus, kann mehrmals geschnitten werden und liefert das ganze Jahr über wertvolle grüne Blätter.

Junge Triebe landen in der Küche – als Spinat, im Knödel oder im Kräuteromelett. Getrocknet wird die Brennnessel zu einem mineralstoffreichen Tee, im Garten dient sie als nährstoffreicher Mulch oder als Jauche.

Ihre Samen sind wahres Superfood: reich an Eiweiß, Vitaminen und Energie.

Dazu passt Wildfleisch – ursprünglich, nährstoffreich und aus freier Natur. Es stammt von Tieren, die in unseren Wäldern leben, sich frei bewegen. Kein Mastfutter, keine weiten Transportwege – dafür ehrlicher Geschmack, wenig Fett und wertvolles Eiweiß. Wer Wild aus heimischer Jagd verarbeitet, nutzt eine nachhaltige, regionale Quelle, die im Rhythmus der Jahreszeiten steht.

Gemeinsam ergeben Brennnesselknödel und Wildgulasch ein Gericht, das Bodenständigkeit und Selbstversorgung in ihrer besten Form vereint – einfach, kraftvoll und tief verbunden mit Wald und Wiese.

Was ihr braucht: *(für 4 Personen)*

Für das Wildgulasch:

1 kg Wildfleisch (gemischt Reh, Hirsch und Wildschwein) in Würfel geschnitten
5 Zwiebeln
2 Knoblauchzehen
3 EL Tomatenmark
1 TL Zucker
300 ml Rotwein / 500 ml Wildfond
2 Lorbeerblätter
5 Wacholderbeeren, leicht zerdrückt
3 Pimentkörner, leicht zerdrückt
2 Nelken
Thymian, Rosmarin nach Geschmack
Salz und Pfeffer
Butterschmalz

Für die Brennnesselknödel:

250 g Knödelbrot
4 Eier
150 ml Milch
1 Schüssel Brennnesselspitzen
Salz, Pfeffer, Muskat

Zubereitung Wildgulasch:

1. Zwiebeln und Knoblauch fein hacken.
2. In einem Topf das Butterschmalz erhitzen und das Fleisch rundum kräftig anbraten.
3. Zwiebeln und Knoblauch zufügen, kurz mitrösten, dann Tomatenmark und Zucker einrühren und leicht karamellisieren lassen.
4. Mit Rotwein ablöschen, kurz einkochen lassen.
5. Wildfond und Gewürze zugeben.
6. Zugedeckt etwa 1,5 bis 2 Stunden sanft schmoren lassen, bis das Fleisch zart ist.
7. Mit Salz und Pfeffer abschmecken. Falls die Sauce zu dünn ist, leicht einkochen lassen.

Zubereitung Brennnesselknödel:

1. Brennnesselspitzen mit kochendem Wasser überbrühen, etwas stehen lassen, kalt abschrecken, gut ausdrücken und fein hacken.
2. Milch leicht erwärmen, über das Knödelbrot gießen. Das Ganze ca. 15 Min. ziehen lassen.
3. Eier, Brennnesseln und die Gewürze hinzufügen. Alles gut vermengen.
4. Nochmals ca. 15 Min. ruhen lassen.
5. Mit feuchten Händen Knödel formen und in leicht siedendem Salzwasser ca. 20 Min. ziehen lassen.

Anrichten:

Die heißen Brennnesselknödel mit Wildgulasch auf einem Teller anrichten. Mit Radieschensprossen garnieren.

Die beste Zeit für dieses Gericht ist der Übergang in den Herbst – etwa von August bis Oktober.

Die Brennnesseln treiben mehrmals im Jahr aus. Nach dem ersten Schnitt im Frühjahr erscheinen im Spätsommer frische zarte Triebe – perfekt für die Küche. Im Herbst sind sie kräftig, aber noch fein im Geschmack, wenn man die oberen jungen Blattspitzen erntet.

Das Wildfleisch hat genau dann Saison: Ab September beginnt die Hauptjagdzeit für Reh, Hirsch und Wildschwein. Das Fleisch ist aromatisch, kräftig und passt hervorragend zu den erdigen grünen Aromen der Brennnesseln.

So vereint dieses Gericht zwei Naturgeschenke aus derselben Jahreszeit – junges Grün von der Wiese und Wild aus dem Wald. Es ist ein typisches Spätsommer- und Herbstgericht, das den Übergang in die kühlere Jahreszeit kulinarisch feiert.

Sellerieschnitzel mit Karottengemüse und Kapuzinerkresse

Kochen ist für mich weit mehr als nur die Zubereitung von Speisen – es ist eine Einladung, mit allen Sinnen zu genießen, kreativ zu werden und den Rhythmus der Natur zu schmecken.

Dieses Rezept ist ein Dank an die kleinen Schätze aus der Erde: an den aromatischen Sellerie, die süßen Karotten und die feinen, pfeffrigen Blätter der Kapuzinerkresse.

Es zeigt, wie aus einfachen Zutaten etwas Besonderes entstehen kann – mit Liebe, Geduld und einem offenen Herzen. Ich lade euch ein, es auszuprobieren – langsam zu kochen, den Duft zu genießen und vielleicht beim Anrichten kurz innezuhalten. Denn genau da, zwischen Kochtopf und Teller, liegt der Zauber des Alltags. *Andrea Leuoth-Münzberger*

Was ihr braucht: *(für 4 Personen)*

Für die Sellerieschnitzel:

1–2 Knollensellerie (je nach Größe)
4 Eier
Salz
Pfeffer
Mehl
Semmelbrösel
Butterschmalz

Für das Karottengemüse:

1 kg Karotten
Butter
250 ml von der Selleriebrühe
Salz
Pfeffer
1 TL Honig
Etwas Zitronensaft
Eine Handvoll frische Kapuzinerkresseblätter

Zubereitung:

1. Den Sellerie schälen und in etwa 1 cm dicke Scheiben schneiden. In leicht gesalzenem Wasser ca. 10 Min. vorkochen, bis er leicht weich ist, aber noch Biss hat. Abgießen, dabei das Selleriewasser auffangen.
2. Die Selleriescheiben zuerst in Mehl wenden, dann durch verquirlte Eier ziehen und schließlich in Semmelbröseln wenden.
3. In einer Pfanne das Butterschmalz erhitzen und die Sellerieschnitzel goldbraun braten.
4. In der Zwischenzeit die Karotten schälen und in Scheiben schneiden. In einem Topf Butter schmelzen, Karotten dazugeben und kurz dünsten. Mit Selleriewasser ablöschen, würzen, den Honig und Zitronensaft zufügen. Das Gemüse bei mittlerer Hitze garen, bis es weich, aber noch knackig ist. Die Kapuzinerkresseblätter kleinschneiden und unterheben.
5. Das restliche Ei in der Pfanne stocken lassen.
6. Sellerieschnitzel auf Teller anrichten, das Karottengemüse daneben geben. Das Ei aufteilen.
7. Mit Kapuzinerkresseblüten dekorieren – sie bringen eine leicht scharfe, frische Note ins Gericht.

Fire Cidre – um gesund durch den Winter zu kommen

Wusstet ihr, dass ein Fire Cidre ganz leicht herzustellen ist und der perfekte Kick für euer Immunsystem im Schniefnasenmonat bei Nebelbrühe ist? Vollgepackt mit antibakteriellen und antiviralen Inhaltsstoffen, ätherischen Ölen, Vitaminen und sekundären Pflanzenstoffen ist der Cider wie eine Medizin im Vorfeld.

Unpasteurisierter Apfelessig und Honig machen die Mischung komplett. Das sind Zutaten, die sich in einem bestehenden Waldgarten, der intensiv genutzt wird, absolut nebenbei machen lassen. Ein paar extra Zutaten können mit dabei sein, müssen aber nicht.

Ein Dank hierbei an meine liebe Kollegin und regionale Mitstreiterin Julia Wegler (mehr zu ihr im Anhang).

Was ihr braucht:
1–2 Orangen
2 Zitronen
1 Zwiebel
1–2 Knoblauchzehen
1 scharfe Chilischote
100 g Ingwer/Kurkumawurzel,
alternativ Nelkenwurzwurzeln
1 Handvoll Hagebutten
1 Handvoll Kapuzinerkresseblüten und Samen
2 Stangen Zimt
4 EL Thymianblätter oder 3 dickere Zweige
2 Zweige Rosmarin
Ca. 12 Blätter Salbei
1 EL Pefferkörner oder Szechuanpfefferkörner frisch vom Strauch
1 EL Anis (alternativ Gewürzfenchelsamen)
1 EL Ysopblätter oder 2 Zweige
500 ml unpasteurisierter Apfelessig
150 g flüssiger Honig

Wenn vorhanden, können gerne noch Echinaceablüten/-blätter/-wurzeln und Zistrosenblätter/Zweig beigefügt werden oder kleingehackte Meerrettichwurzel.

Der Fire Cidre kann individuell variiert werden. Am besten in der warmen Küche, aber nicht in Sonnenbestrahlung ungefähr 4 Wochen stehen lassen. Danach kann er abgeseiht und im Kühlschrank aufbewahrt werden. Täglich 1 EL voll in lauwarmes Wasser gegeben und getrunken, stärkt er unsere Abwehrkräfte und wir kommen gut durch den Winter.

Tipp: Natürlich kommen Orangen und Zitronen bei uns aus dem Süden. Und für den Ansatz von „Heilmitteln" sollten sie immer in Bio-Qualität gekauft werden. Nur vereinzelt gedeihen bei uns Zitronensträucher als Kübelpflanzen, und nicht jeder hat den Platz, sie optimal zu überwintern. Es gibt die winterharte Dreiblattzitrone, eine Unterart, auch als Passauer Pomeranze bekannt. Es handelt sich hier um Bitterorangen, wie sie auch in England kultiviert werden und von der typisch englischen Orangenmarmelade her bekannt sind. Ihre Kulturzeit ist ziemlich lang und meist blühen sie erst nach 15 Jahren und fruchten entsprechend. Doch ihre Inhaltsstoffe machen den Anbau und die Geduld, die es braucht, wert.

Walnussbrot

Aus meinem eigenen Garten stammen die kraftvollen Walnüsse, die diesem Brot seinen unverwechselbaren Charakter verleihen. In Kombination mit Weizen- und Roggenmehl entsteht ein rustikales, herzhaftes Brot, das nach warmem Ofen duftet. Jeder Bissen erzählt von sonnigen Tagen unter den Bäumen und der einfachen Freude, selbstgebackenes Brot zu genießen.

Was ihr braucht:
900 g Weizenmehl
150 g Roggenmehl
2 TL Zucker
4 TL Salz
2 EL Olivenöl
600 ml Wasser
1 Würfel Hefe
200–250 g Walnüsse

Zubereitung:

1. Die Hefe in lauwarmem Wasser mit dem Zucker auflösen und 10 Min. stehen lassen.
2. Mehl, Salz und Olivenöl in einer großen Schüssel mischen. Die Hefemischung hinzufügen und alles zu einem glatten Teig verkneten.

3. Die groben Walnussstücke unter den Teig kneten. Den Teig abgedeckt an einem warmen Ort ca. 1 bis 1,5 Stunden gehen lassen, bis er sich sichtbar vergrößert hat.
4. Den Teig auf eine bemehlte Fläche geben, zu einem Laib formen und auf ein mit Backpapier ausgelegtes Blech legen. Nochmals 20 bis 30 Min. gehen lassen. Das Brot mehrmals einschneiden, für eine schöne Kruste.
5. Den Ofen auf 250 Grad Ober-/Unterhitze vorheizen.
6. 10 Min. bei 250 Grad backen (mit gut Wasserdampf), dann Temperatur auf 200 Grad reduzieren und in weiteren ca. 35 Min. fertig backen.
7. Das Brot ist fertig, wenn es goldbraun ist und beim Klopfen auf die Unterseite hohl klingt.
8. Auskühlen lassen und einfach nur mit Butter genießen.

Nudelsoßen-Variationen je nach Ernteresten

Kann man zu viel Nudelsoßen im Haus haben? Ich glaube nicht! Deshalb ist es immer sinnvoll, bevor Gemüse verdirbt, Nudelsoßen einzukochen. Immer anders, immer lecker. Dazu wird einfach verwendet, was da ist, plus vielen Kräutern aus dem Garten.

Was ihr braucht: *Was die Kiste hergibt, z. B.:*
1 Zwiebel
1 unreifer Kürbis oder 2 kleine Zucchini
2 Karotten
1–2 Kohlblätter oder Brokkoli
2–3 Paprika
1 Aubergine
1 Peperoni, wer es schärfer mag 1 Chili
Gerne noch 2 Mangoldblätter oder ein paar Brennnesselspitzen
1 Apfel und 1 Birne
10 mittelgroße Tomaten oder mehr
Kräuter wie Schnittsellerie, Thymian, Rosmarin, Dost, Melisse und/oder Giersch
Salz

Zubereitung:
Immer zuerst die Zwiebel gut anbräunen in Olivenöl, danach alle weiteren klein geschnittenen Zutaten beigeben und mit den Tomaten gut andünsten, bis diese flüssig werden. 1 EL Salz und die Kräuter zugeben. Darauf achten, dass alles schön weich gekocht ist, dann servieren oder heiß in Gläser füllen als Vorrat, sofort verschließen und auf den Kopf stellen. Nach ca. 20 Min. kann wieder umgedreht werden. Bitte immer beschriften und mit Jahreszahl versehen!

Tipp: Aus so einer Nudelsoße ist auch ganz schnell ein Chutney gemacht. Dazu einfach etwas Essig zugeben, 1 bis 2 TL scharfer Senf, etwas Zucker oder Sirup, eingefrorene Johannisbeeren und/oder Quitten und vielleicht noch eine Peperoni mehr. Fertig ist die süß-sauer-scharfe Variation.

NOVEMBER

Nebelmond, alles zieht sich ins Haus zurück. Ab Allerheiligen gehört alles den Naturgeistern, heißt es. Trotzdem gibt es noch einiges zu ernten im Waldgarten. Es ist so herrlich, durch das Herbstlaub zu gehen, Rückschau auf die getane Arbeit zu halten, zufrieden mit sich selbst zu sein und den Eichelhähern und Krähen bei ihren lautstarken Unterhaltungen zu lauschen. Sind genug Rückzugsmöglichkeiten für Igel im Garten?

Tätigkeiten im November:

- Laubhaufen mit den Totholzhaufen kombinieren, darauf achten, dass genug Nützlingsbiotope im Garten sind.
- Mit Laub die Beete abdecken oder neue Kartoffelmulchbeete anlegen, um Ende April die Kartoffeln darin zu legen, auch der Komposthaufen sollte mit Laub abgedeckt werden.
- Solange der Boden nicht gefroren ist, können noch Stauden, Bäume und Sträucher gepflanzt werden.

Ernte im intensiven Gemüsebereich: Lauch, Grünkohl, Rosenkohl, Radieschen, Herbstrübchen, Feldsalat, Zuckerhut- und Endiviensalate …

Ernte im Waldgarten: Mispel, Kakipflaumen, Schlehen, Berberitzen, Klettenwurzel, Topinambur …

Oben: Die allerletzten Reste-Ernten können wir im Oktober einfahren.
Unten: Die Mispel ist im November eine der letzten Früchte im Waldgarten.

REZEPTE

Einfacher, schneller Apfelkuchen

Megasaftig aus gemischten Lageräpfeln

Dieser einfache, schnelle Apfelkuchen ist seit Jahren ein Lieblingsrezept in meiner Küche – besonders dann, wenn Lageräpfel verarbeitet werden wollen. Er ist wunderbar saftig, duftet nach Zimt und Vanille und gelingt wirklich immer. Ob zum Nachmittagskaffee oder als Dessert mit einem Klecks Sahne – dieser Kuchen macht einfach glücklich.

Ein paar Löffel Reneklodenmarmelade aus der Vorratskammer, warm auf den noch heißen Kuchen gestrichen – das ist der kleine Zauber, der ihn unwiderstehlich macht.

Ob mit einem Hauch Puderzucker, einem Klecks Sahne oder einer Kugel Vanilleeis – dieser Apfelkuchen schmeckt immer wie ein Stück Zuhause.

Deswegen pflanzt's Bäume!

Denn was gibt es Schöneres, als eigene Äpfel zu ernten – und daraus so einen saftigen Kuchen zu zaubern?

Viel Freude beim Nachbacken und Genießen!

Was ihr braucht:

1 kg entkernte und geschnitzelte Äpfel (gemischte Lageräpfel)
110 g Zucker
125 g Butter
3 Eier
250 g Mehl
½ Päckchen Backpulver
1 TL Vanillezucker
1 TL Zimt
1 Handvoll Rosinen
1 Handvoll gehackte Walnüsse
Ein paar Löffel Renekloden-Marmelade zum Bestreichen

Zubereitung:

1. Butter und Zucker schaumig rühren, dann die Eier einzeln unterrühren.

2. Vanillezucker und Zimt dazugeben.
3. Mehl mit Backpulver mischen und unterrühren.
4. Die geschnitzelten Äpfel und Rosinen unterheben.
5. Eine Springform fetten und den Teig einfüllen.
6. Die Walnüsse oben aufstreuen.
7. Im vorgeheizten Ofen bei 200 Grad ca. 45 Min. backen – Stäbchenprobe machen.
8. Renekloden-Marmelade leicht erwärmen und sofort auf den heißen Kuchen streichen. Das ergibt einen schönen Glanz und eine fruchtige Note.

Tipp: Der Kuchen bleibt durch die Äpfel und die Marmeladenschicht besonders saftig und hält sich mehrere Tage frisch.

Walnusspesto – herzhaft, nussig und schnell gemacht

Manchmal sind es die einfachen Dinge, die das Leben verfeinern – wie dieses Walnusspesto.

Nussig, würzig und mit einem Hauch von Frische – perfekt, um Pasta, Brot oder Gemüse in etwas Besonderes zu verwandeln.

Dieses Rezept ist schnell gemacht, lässt sich wunderbar verschenken und bringt ein Stück Herbstfreude auf den Tisch.

Viel Spaß beim Ausprobieren und Genießen!

Was ihr braucht:

200 g Walnüsse (geschält)
200 ml Olivenöl
1–2 Knoblauchzehen
80 g Parmesan
Etwas Salz und etwas Pfeffer
Ein Spritzer Zitronensaft

Zubereitung:

1. Walnüsse in einer Pfanne ohne Fett leicht anrösten, bis sie duften.
2. Die Nüsse abkühlen lassen und zusammen mit dem Knoblauch und Parmesan in einen Mixer geben.
3. Nach und nach das Olivenöl zugießen, bis eine cremige, aber noch leicht stückige Konsistenz entsteht.
4. Mit Salz, Pfeffer und einem Spritzer Zitronensaft abschmecken.
5. In ein sauberes Glas füllen, mit etwas Olivenöl bedecken und im Kühlschrank aufbewahren.

Tipp: Schmeckt köstlich zu Pasta, auf frischem Brot, als Dip oder zum Verfeinern von Suppen und Gemüsegerichten.

Hasselback-Rote-Bete mit Walnusspesto

Rote Bete wird oft unterschätzt – dabei entfaltet sie, richtig zubereitet, eine herrlich erdige Süße und beeindruckende Farbtiefe.

In dieser Variante wird sie wie die klassische schwedische Hasselback-Kartoffel eingeschnitten und im Ofen geröstet. Das macht sie außen knusprig, innen zart, und in Kombination mit einem nussig frischen Walnusspesto entsteht ein Gericht, das sowohl optisch als auch geschmacklich überzeugt – perfekt als Beilage, Vorspeise oder Hauptgericht.

Was ihr braucht: *(für 4 Personen)*
4 mittelgroße Rote Bete, roh
Olivenöl
1 TL grobes Meersalz
Pfeffer
Walnusspesto
Ziegenjoghurt

Zubereitung:
1. Den Ofen auf 200 Grad Ober-/Unterhitze vorheizen.
2. Rote Bete gründlich waschen und schälen. Jede Knolle im Abstand von ca. 2 bis 3 mm einschneiden – so tief, dass die Scheiben unten noch zusammenhalten.
3. Die eingeschnittenen Knollen auf ein mit Backpapier ausgelegtes Blech setzen. Mit Olivenöl beträufeln, auch die Innenräume der Schnittflächen, salzen und pfeffern.
4. Die Rote Bete bei 200 Grad Ober-/Unterhitze ca. 45 bis 60 Min. backen, bis sie weich sind.
5. Ziegenjoghurt auf 4 Teller streichen und je eine Rote Bete daraufsetzen. Mit Walnusspesto und ein paar Wildpflanzen anrichten.

Oben: Hasselback-Rote-Bete mit Walnusspesto
Unten: Kartoffelsuppe mit getrockneten Steinpilzen

Kartoffelsuppe mit getrockneten Steinpilzen

Wenn das Laub unter den Füßen raschelt und die Tage kürzer werden, duftet es in der Küche nach kräftigen Suppen, würzigen Pilzen und frischem Brot.

Dieses Rezept für eine Kartoffelsuppe mit getrockneten Steinpilzen ist ein Stück Heimat im Suppenteller – einfach, ehrlich und voller Geschmack.

Was ihr braucht: *(für 4 Personen)*
30 g getrocknete Steinpilze
800 g Kartoffeln
2–3 Zwiebeln
2 Knoblauchzehen
2–3 Karotten
1 Stück Sellerie
150 g Speck
Butterschmalz
1 l Gemüsebrühe
Salz
Pfeffer
Muskat
1 TL Dost
1–2 EL Essig
Etwas Saure Sahne

Zubereitung:

1. Die getrockneten Steinpilze in einer Schüssel mit etwa 250 ml heißem Wasser übergießen und 15 Min. ziehen lassen. Danach abgießen, das Einweichwasser aufbewahren (Es gibt Aroma!), die Pilze etwas ausdrücken.
2. Kartoffeln, Karotten und Sellerie schälen und würfeln. Zwiebeln und Knoblauch klein hacken. Speck in kleine Stücke schneiden.
3. In einem großen Topf Butterschmalz erhitzen. Zwiebeln, Knoblauch und Speck glasig dünsten. Danach das restliche Gemüse und die Steinpilze hinzufügen. Mit Gemüsebrühe und Pilz-Einweichwasser aufgießen, aufkochen und ca. 20 Min. bei mittlerer Hitze köcheln lassen, bis das Gemüse weich ist.
4. Mit den Gewürzen und Essig abschmecken. Etwas Saure Sahne glattrühren und unter die Suppe ziehen.

Tipp: Zu dieser Suppe schmecken auch Kulturpilze wirklich wunderbar: getrocknete Austernseitlinge oder aber auch frische Shiitake, direkt aus der Kultur.

Mispelfruchtaufstrich

Die Mispel ist eine absolute Urfrucht. Sie wird durch Frost oder längere Lagerung weich, ist dann innen braun und optisch nicht wirklich schön, doch der Geschmack ist dann erst so richtig ausgereift. Ihr müsst also die Frucht auseinanderschneiden, um zu sehen, ob sie schon verarbeitbar ist oder nicht. Wer mit den Früchten bereits vertraut ist, der spürt es bereits beim Anfassen, denn die reifen Früchte sind weich. Sie hängen meist noch nach dem Laubfall an den großen Sträuchern und laden uns ein, sie zu verwenden.

Was ihr braucht:
1,5 kg reife Früchte
1 Päckchen (500 g) Gelierzucker 2:1 oder alternativ nur mit Birnenzucker (Birnenmehl) süßen
1 Zimtstange
2–3 Nelken
Kleinere Twist-off-Gläser

Zubereitung:
Die Mispeln kurz im Kartoffeldämpfer garen, um sie dann leichter zerdrücken und durch die Flotte Lotte drehen zu können. Nun haben wir das reine Fruchtmus, das wir nach Lust und Laune süßen können oder nicht. Wer es fester mag, kann mit Gelierzucker einkochen. Die Gewürze in einem Säckchen mitkochen, um sie dann bequem wieder entnehmen zu können. Heiß in die Gläser füllen und sofort verschließen.
20 Min. auf dem Kopf stehen lassen. Danach umdrehen und beschriften.

Eingelegte Schlehen

Wenn der Frost die Schlehen zart macht, beginnt die Zeit zum Einlegen. In Salzlake verwandeln sich die herben Früchte in würzige Begleiter für die Vorratskammer.

Was ihr braucht:
500 g Schlehen gewaschen
(nach dem ersten Frost geerntet)
1 l Wasser
250 g Salz
4 Zweige Thymian
2 Lorbeerblätter
2 Gewürznelken
Saubere Twist-off-Gläser

Zubereitung:

1. Wasser mit Salz und den Gewürzen aufkochen, ca. 5 Min. ziehen lassen und abkühlen lassen.
2. Schlehen in die Gläser füllen. Die abgekühlte Gewürzlake über die Schlehen gießen und verschließen.
3. An einem kühlen und dunklen Ort für mind. 4 bis 6 Wochen ziehen lassen.

Tipp: Vor dem Verzehr kurz wässern. Wer mag, kann die fertigen Schlehen vor dem Servieren kurz in Olivenöl wenden und mit etwas Zitronenabrieb und Chili verfeinern – ein rustikal-feiner Snack!

Verwendung:

- Als pikante Beilage zu Käse, Wurst oder Wildgerichten
- In Salaten
- Als raffinierte Alternative zu Oliven auf Antipasti-Platten und Pizza

DEZEMBER

Es weihnachtet. Alles duftet nach Gewürzen. Alles ist eingelagert, im Haus schön dekoriert, die Abende wunderbar lang, warm und gemütlich. Wie ein Hamster haben wir uns eigenen Vorrat angelegt, sind sicher, unabhängig und frei in der Entscheidung, einkaufen fahren zu „müssen". Das Jahr neigt sich dem Ende zu und wir kommen zu unserer wohlverdienten Ruhe.

Tätigkeiten im Dezember:

- Im Lager auf faule Früchte achten und aussortieren
- Rindenanstrich bei Obstgehölzen schützt vor Frostrissen und erschwert Schädlingen die Überwinterung unter der Rinde. Kranke Triebe und Fruchtmumien entfernen.
- Ansonsten den Garten ruhen lassen
- Ist der Boden noch frostfrei, kann immer noch gepflanzt werden!

Ernte im intensiven Gemüsebereich: Wintergemüse aus dem Gewächshaus oder Frühbeet, Grünkohl, Rosenkohl, Winterlauch, Winterrübchen

Ernte im Waldgarten jetzt und das ganze Jahr über: Ewiger Kohl, Russischer Kohl, Wildkräuter je nach Wetterlage

Ansonsten bedienen wir uns jetzt aus dem gut gefüllten Lager.

Oben: Auch im Winter steht immer frisches Obst auf dem Tisch durch Lagerobst.
Unten: Der Raureif zaubert kleine Wunder in den Garten.

REZEPTE

Winterliche Käse-Lauch-Suppe mit Hackfleisch

Winterzeit ist Suppenzeit!

Wenn es draußen kalt und ungemütlich ist, wärmt nichts besser ale eine dampfende Schüssel Suppe.

Diese **Käse-Lauch-Suppe** mit Hackfleisch ist ein absoluter Klassiker: cremig, würzig und wunderbar sättigend. Außerdem gelingt sie garantiert, auch wenn's mal schnell gehen muss. Perfekt für Familie, Freunde oder einfach für euch selbst.

Was ihr braucht:
500 g Hackfleisch
3 Stangen Lauch
2 EL Öl oder Butter
1 Liter Gemüsebrühe
200 g Schmelzkäse
200 g Kräuterschmelzkäse
Salz
Pfeffer
Etwas frisch geriebene Muskatnuss

Zubereitung:

1. Lauch putzen, gründlich waschen und in feine Ringe schneiden.
2. Hackfleisch in einem großen Topf mit etwas Öl oder Butter kräftig anbraten, bis es schön krümelig und braun ist. Mit Salz und Pfeffer würzen.
3. Lauch dazugeben und kurz mitdünsten.
4. Mit der Gemüsebrühe aufgießen und ca. 10 Min. leicht köcheln lassen, bis der Lauch weich ist.
5. Schmelzkäse einrühren. Alles bei mittlerer Hitze köcheln lassen, bis der Käse geschmolzen ist und eine sämige Suppe entsteht. Mit Salz, Pfeffer und Muskat abschmecken.

Tipp: Dazu passt knuspriges Baguette oder rustikales Bauernbrot.

Wurzel-Tarte

Winter ist Wurzelzeit! Jedenfalls so lange man in den Boden kann, was die wilden Wurzeln anbelangt.

Was ihr braucht:

3–4 Nachtkerzenwurzeln
2–3 Karotten
1 Pastinake oder 2–3 wilde Pastinakenwurzeln
2 Topinambur
200 g Saure Sahne
3 Eier
Salz, Pfeffer
Quiche- oder Auflaufform

Zubereitung:

1. Alle Wurzeln gut waschen/abbürsten und mit dem Sparschäler in Streifen schälen. Diese seitlich schichtweise in die Form füllen, bis alles bedeckt ist und nichts mehr „umfallen" kann.
2. Nun die Eier mit der Sauren Sahne, Salz und Pfeffer verquirlen und über die Wurzeln gießen.
3. Ab in den Ofen bei 180 Grad für ca. 40 Min.

Dazu passt ein leckerer Wintersalat von Chinakohl, Endivie oder Zuckerhut mit Äpfeln aus dem Lager.

Kletzenbrot (Früchtebrot)

Gerade im Winter ist das Kletzenbrot eine seelische Wärmflasche. Süß, sättigend, gemütlich. Ich backe immer auf Vorrat und friere die kleinen Laibe gerne ein, um sie jederzeit griffbereit zu haben.

Was ihr braucht:

125 g getrocknete Birnen (Kletzen)
125 g getrocknete Zwetschgen, Pflaumen oder Mirabellen
125 g getrocknete Aprikosen
125 g getrocknete Feigen

Oben: Die Wurzel-Tarte, ein einzigartiges Waldgarten-Gericht
Unten: Die Kletze ist eine Mostbirne voller Gerbstoffe. Getrocknet im Kletzenbrot verarbeitet, bietet sie eine wahre Geschmacksexplosion in Kombination mit Nüssen.

125 g Haselnüsse
125 g Rosinen
25 g Zitronat
25 g Orangeat, alternativ in Zucker eingelegte Zierquitten (Nordische Zitronen)

Für den Teig:

500 g Weizen oder Dinkelvollkornmehr
2 TL Zimt
Je 1 Messerspitze gemahlene Nelken, gemahlener Anis, Fenchel und Steinsalz
¼ l Einweichwasser
30 g Hefe
50 g Honig
2 EL Rum (40 %ig)

Zum Bestreichen:

Honigwasser (2 EL Honig in 10 EL Einweichwasser)

Zubereitung:

1. Die Trockenfrüchte in einer Schüssel mit dem Wasser 4 bis 6 Stunden einweichen. Danach Früchte in ein Sieb gießen, Wasser auffangen und gut abtropfen lassen. Die Früchte grob schneiden. Frisch gemahlenes Mehl mit den Gewürzen mischen. Hefe im Einweichwasser auflösen, in Mehlmitte gießen und mit Mehl bedeckt ca. 15 Min. gehen lassen.
2. Honig und Rum zum gegangenen Vorteig geben und alles zu einem glatten Teig kneten. Dann ganze Haselnüsse, gewaschene Rosinen, feingeschnittenes Zitronat/Orangeat und eingeweichte, abgetropfte und geschnittene Früchte dazugeben. Alles gut vermengen, mit Mehl bestäuben und mit einem Tuch bedeckt über Nacht gehen lassen.
3. Am nächsten Tag 3 bis 4 Laibe formen, auf ein gefettetes Backblech legen, mit Honigwasser bestreichen. 1 Stunde gehen lassen und dann bei 175 Grad auf der zweiten Schiene von unten 50 bis 60 Min. backen. Während des Backens einige Male mit Honigwasser bestreichen. Das Brot ist gar, wenn es beim Klopfen auf die Unterseite hohl klingt. Auf einem Gitter auskühlen lassen.

Glühmost

Most anzusetzen aus dem frisch gepressten Saft war früher gang und gäbe. Heutzutage hat sich das etwas gelegt, es wurde sogar fast vergessen. Mostwettbewerbe standen fest auf dem Programm der Gartenbauvereine. Ich hoffe sehr, dass dieser Brauch wiederbelebt wird, denn Most ist eine feine Sache, besonders wenn er warm als Glühmost mit Gewürzen und etwas Sirup getrunken wird. Ihr braucht nicht so viel Most? Macht nichts, Essig braucht ihr sicherlich, denn wenn der Most gut gelungen ist, dann wird mithilfe der Essigmutter dieser nach Weihnachten bzw. im Sommer danach auch wunderbarer Essig zur Verarbeitung eures Gemüses und für Salate.

Aber nun zuerst zu eurem leckeren Glühmost, den ihr so wohl auf keinem Weihnachtsmarkt bekommen könnt.

Was ihr braucht:

½ l Apfelmost (wir mischen auch gerne Apfel und Quitte mit etwas Birnensaft zum Gären in den Gärkessel)
50 ml Holunderblütensirup
50 ml Schlehensirup
1 Zimtstange
2–3 Nelken ganz

Zubereitung:

Alles in einen kleinen Emailletopf geben und auf den Holzofen stellen, heiß genießen.

Tipp: Wer das Ganze etwas stärker möchte, kann den Schlehensirup mit Holunder-Wunder (Holundersaft in Rum) tauschen, und wer das Ganze auch für Kinder ohne Alkohol möchte, nimmt einfach Apfelsaft statt Most.

Apfelmeerrettich-Aufstrich

Dieser süß-scharfe Aufstrich ist auch lecker zu Rindfleischgerichten. Ich liebe ihn aber auf's Brot. Er stärkt unser Immunsystem, beugt Erkältung vor und kurbelt den Stoffwechsel an.

Was ihr braucht:
2–3 Äpfel, am besten säuerliche
150 g geriebener Meerrettich
125 ml Apfelessig
3 EL Honig
1 TL Lebkuchengewürz

Zubereitung:

1. Die Äpfel vierteln und das Kernhaus entfernen, den Meerrettich in grobe Stücke schneiden und in den Mixer geben. Wenn man den Apfelmeerrettich einkochen möchte, dann die gemixten Äpfel und Meerrettich in einen Topf geben, restliche Zutaten hinzufügen und langsam unter Rühren erhitzen. Heiß in Gläser füllen und sofort verschließen.
2. Der Aufstrich kann allerdings auch roh belassen werden, das heißt, alle Zutaten im Mixer vermengen und danach in kleine Gläser füllen. Die nicht sofort gebrauchten Gläser in den Gefrierschrank geben. Roh hält sich der Aufstrich dank Meerrettich ca. 2 Wochen im Kühlschrank. Natürlich ist er roh auch etwas schärfer und heilsamer!

Bratapfel

Eine sehr bekannte Delikatesse und trotzdem viel zu wenig beachtet.

Was ihr braucht:
Eine kleine Auflaufform
4 Äpfel, mit dem Kernhausausstecher entkernt
100 g gemahlene Nüsse und klein geschnittene Trockenfrüchte (Birnen, Pflaumen etc.)
Etwas Sahne und Honig
Butter für die Auflaufform und zum Bestreichen der Äpfel

Zubereitung:

1. Die Auflaufform mit der Butter in den Ofen auf kleiner Temperatur geben, damit die Butter schmilzt.
2. Derweil die gemahlenen Nüsse und klein geschnittenen Trockenfrüchte in einer Schüssel mit etwas Sahne und Honig gut vermischen. Die Masse mit den Fingern in die bereits entkernten Äpfel drücken.
3. Die gefüllten Äpfel in der zerlaufenen Butter wälzen und in die Auflaufform stellen. In 30 Min. bei ca. 175 Grad backen.

Apfelstrudel

Apfelstrudel erfordert etwas Zeit in der Zubereitung. Deswegen gibt es ihn bei uns hauptsächlich im Winter. Er ist unumstößlicher Liebling meiner Jungs und deswegen nehme ich mir gerne die Zeit, um ihn selbst zuzubereiten. Ist mal nicht so viel Zeit, muss fertiger Strudelteig herhalten, doch hält sich dann auch die Begeisterung in Grenzen.

Was ihr braucht:
Für den Teig:
250 g Mehl
2–3 EL Öl
1 Prise Salz
Gut 125 ml lauwarmes Wasser
½ EL ÖL zum Bestreichen
Für die Füllung:
1,5 kg säuerliche Äpfel (Boskoop, Ontario oder Glockenapfel)
50 g Rosinen
50 g gehackte Hasel- oder Walnüsse
Etwa 100 g Zucker mit Zimt vermischt
Für die Zubereitung:
250 g Sauerrahm
125 g Butter zerlassen
¼ l heiße Milch mit 1 EL Zucker zum Aufgießen
Zubereitung:

1. Am besten eignet sich für die Herstellung von Apfelstrudel ein Backbrett.
2. Strudelteig herstellen, gut durchkneten und ruhen lassen.
3. Äpfel vierteln und in ganz dünne Scheiben schneiden, mit Rosinen, gehackten Nüssen und Zimtzucker in einer Schüssel vermischen.
3. Derweil die große Reine mit der Butter in den Ofen schieben, damit diese zerläuft.
4. Den Strudelteig in 4 Teile schneiden und den ersten Teil auf bemehltem Backbrett ganz dünn auswalken. Mit dem Sauerrahm bestreichen und mit der Apfelmischung bestreuen. Vorsichtig zusammenrollen und in die Bratreine mit der zerlassenen Butter legen.
5. Mit den 3 weiteren Teilen genauso verfahren. Danach die heiße Milch mit dem aufgelösten Zucker über die Strudel gießen und die Strudel in den vorgeheizten Ofen schieben, bei 180 Grad. ca. 45 Min. backen und heiß servieren.
6. Manche mögen gerne eine Vanillesoße dazu. Der Apfelstrudel kann aber auch als Nachspeise kalt oder zum Sonntagskaffee mit etwas Sahne genossen werden.

Nachwort

Einen Waldgarten anzulegen, bedeutet für die Zukunft vorzusorgen und enkeltauglich zu gärtnern. Natürlich gehört es dazu, sich Wissen anzueignen, das kommt aber auch gerne einfach beim Tun. Von 0 auf 100 Selbstversorger sein? Nein, das geht nicht, tut mir leid. „Ich werde das dann machen, wenn ich es brauche!", hör ich oft, aber leider wird das nicht funktionieren. Wir müssen es jetzt tun:

- Jetzt Bäume pflanzen
- Jetzt Wildgemüse und Stauden pflanzen
- Jetzt ernten und verarbeiten üben
- Jetzt Geerntetes verwenden!

Besonders für unsere Kinder und Enkelkinder ist ein Aufwachsen in einem Garten, den man mit allen Sinnen genießen kann, elementar. Wie soll ein Kind lernen, wo das Essen eigentlich herkommt, wenn alles immer zu jeder Zeit im Supermarkt eingepackt gekauft wird? Ich könnte Seiten füllen mit Kinderanekdoten, damit, was ich in meinen Ferienprogrammen und Kinderführungen oft zu hören bekomme. Und ich wünsche mir, dass alle Kinder so aufwachsen dürfen, wie wir aufgewachsen sind. Unterwegs in Wald und Wiese, schlemmernd im Garten sitzen und den Vögeln, Schmetterlingen, Hummeln und Iltissen bei ihrer Arbeit zuschauen. Sich eigene Pfeile aus Weidenzweigen schnitzen und mit dem provisorischen Bogen wild in die Gegend schießen. Schnecken-Rallyes veranstalten und mit Lehm ganze Dörfer bauen. Barfuß im Hühnerdreck laufen und sich mit Löwenzahnblüten schminken. Das ist Kindheit. Wie oft bin ich von den Bäumen gefallen, weil ich noch diese eine Pflaume haben wollte? Die Schaukel im Klarapfelbaum werde ich nie vergessen. Wo können Kinder heutzutage dies noch erleben? Wir sollten wieder Lebensräume für alle schaffen. Nun, natürlich können wir die Gemeinde beauftragen, dies zu tun, aber wir sollten bei uns, in unseren eigenen Räumen beginnen. Und wenn es nur kleine Bäume oder Säulenbäume sind, dazu Beerensträucher, Lavendel und Melisse, Meerrettich, ausdauernde Kresse und Malven, Rucola und Minzen, Petersilie und Schnittsellerie. Es ist doch so einfach. Schaffen wir uns einfach wieder Paradiese zum Wohlfühlen für alle, mit Leckereien, die uns guttun und uns wieder erden und gesund halten.

Meine Vision – Allmende-Seelen-Gärten in jeder größeren Ortschaft

Grundidee: Was wäre, wenn wir einfach rund um unseren Siedlungsraum Gärten hätten, ökologische Räume, von denen wir profitieren, Essen ernten oder wöchentliche Kisten beziehen könnten, Bäume für unsere Kinder, Tiere oder den Frieden pflanzten, und wir wüssten, dass sie immer gut gepflegt würden? Wenn es dort Nutztiere gäbe, mit denen Kinder in Kontakt treten könnten und Erfahrungen rund um die vielfältige Natur machten? Wenn es dort Raum gäbe zu feiern, zu lachen und einfach zu sein, ohne weit in den Urlaub fahren zu müssen? Ein sicherer Naturraum!

Im Mittelalter gab es Flächen rund um Siedlungen, die allgemein für jeden nutzbar waren, die sogenannten Allmenden. Dort trieb man sein Vieh zum Weiden, dort standen Obstbäume, von denen man sich bedienen konnte, jeder nahm sich nur so viel, wie er eben brauchte (im Optimalfall). Solche Flächen sollte es also wieder geben. Gemeinschaftsgärten sind schon mal ein schöner Anfang, die Weiterführung ist dann die Solidarische Landwirtschaft. Doch ein Seelengarten beinhaltet mehr: nicht nur Gemüse und Blumen, sondern auch Wildgemüse, Wildobst, Kulturobst, geschichtet und gestapelt wie im permakulturellen Obstwaldgarten. Und warum dann *Seelen*garten und nicht *Wald*garten?

Weil wir zusätzlich einen Platz für die Seele brauchen, nicht nur einen, um Essen zu produzieren. Sinn dahinter ist ein ganzheitlicher Ansatz: Körper, Geist und Seele, die gehören nämlich zusammen. Und dass wir jetzt inmitten des Klimawandels mehr Bäume brauchen, ist auch ein Faktor. Dass Bäume, genau wie die Friedensbaumaktion, aber auch Kindsbäume sein können (ein Baum für jedes neugeborene Kind) oder Gedenkbäume (ein Baum für einen Verstorbenen, für eine nicht geborene Seele, Sternenkinder, für ein geliebtes Haustier …), die aber nicht nur Kulturbäume sein können, sondern auch Bäume, die uns Nahrung liefern, die uns ein Kleinklima aufbauen, die uns Schatten spenden, die ein Teil einer Obstbaumlebensgemeinschaft sind, das sollten wir mit bedenken bzw. visionieren. Das heißt im Klartext: Jeder Baum in so einem Seelengarten ist ein besonderer Baum, der für Tod und Leben stehen kann. In einem Seelengarten kann man einfach nur verweilen, auf einer Bank sitzen und die Vögel beobachten und hören, das Brummen der Insekten genießen oder eben einfach nur über das Leben nachdenken.

Dass sich so ein Seelengarten nicht von alleine aufbaut und erhält, das weiß jeder Gärtner. Es ist also eine Person vonnöten, die sich darum kümmert, die pflanzt und pflegt, die die Ernte kontrolliert und organisiert, wo geerntet werden kann, oder erntet und zur Verfügung stellt.

Es kann verschiedene Möglichkeiten geben, wie so ein Seelengarten geführt wird. Als Verein, als Angebot von einer Gemeinde für die Bewohner, als Genossenschaft oder als Teil einer Gemeinschaft oder als Stiftung. Frei für alle oder nur frei für Mitglieder. Das ist freie Entscheidungssache der Betreuer.

Um die vielfältigen Tätigkeiten zu erlernen, die man als Leiter so eines Gartens braucht, bietet die Selbstversorger-Akademie die entsprechende Ausbildung zum Allmende-Gärtner an (mehr dazu weiter hinten).

Es ist am besten, Bäume im Herbst zu pflanzen, die entsprechenden Spender für Kindsbäume, Gedenkbäume, Friedensbäume, Klimabäume usw. sind zu organisieren, eine Einkaufsliste der Bäume zu erstellen und diese entsprechend zu gegebener Zeit zu kaufen und zu pflanzen und nach Wunsch mit einem Gedenktäfelchen zu versehen. Das kann ein großer Gemeinschaftsaktionstermin sein.

Der Aufbau so eines Seelengartens kann sich über Jahre hinziehen, und die Öffentlichkeitsarbeit ist nicht zu übersehen. Menschen sollten immer feinfühlig betreut werden können und ins Projekt mit einbezogen werden, wenn ebendies gewünscht ist.

Das Projekt Seelengarten ist ein Projekt, das nicht starr ist, es muss flexibel sein und sich den entsprechenden Umständen anpassen können.

Ziel ist es, eine Fläche zu schaffen, die Körper, Geist und Seele mit einbezieht, die vielen Menschen und Tieren von Nutzen sein kann, mit hoher Vielfalt und Ökologie, und immer ökologisch bewirtschaftet wird. Das Obst sollte naturgegeben sein, aber natürlich gepflegt werden, regelmäßiger Schnitt der Obstbäume und Beerensträucher zur Erhaltung ist also nötig. Die Wege sollten regelmäßig freigemäht werden, damit die Menschen durchgehen können, die Baumscheiben gepflegt sein mit einer vielfältigen Kräuter-, Stauden- und Beerenvielfalt, Wildgemüse gekennzeichnet und Kulturgemüse kultiviert werden. Des Weiteren wichtig: ein Häuschen für Werkzeug, Gemeinschaftszubehör zum eventuellen gemeinschaftlichen Kochen und Zusammensitzen, und ein Verkaufsstand für das Anbieten der Ernte oder der daraus verarbeiteten Produkte. Nicht immer kann alles so abgegeben werden, besonders schnell verderbliche Beeren müssen eben dann verarbeitet werden, Äpfel und Birnen können zu Saft und Most weiterverarbeitet werden usw.

Ein Seelengarten ist immer gemeinnützig und ökologisch – ein vielfältiger Lebensraum für wirklich alle.

Am Anfang war nichts

Das ist der Normalzustand. Am Anfang steht eine Wiese, ein Acker, evtl. mit Glück ein älteres Gartengrundstück mit Obstbaumbestand oder Wildnis. Vorgegangen werden kann so, dass wir zuerst auf das Klima achten, schauen, wie der Boden beschaffen ist. Ist das Grundstück frei zugänglich? Kann es mit Hilfe von Maschinen bewirtschaftet werden oder per Hand? Was ist da, was kann/soll weg? Wer kann ein starker Partner an der Seite des Gärtners sein? Fragen, die im Vorfeld geklärt werden müssen, bevor begonnen werden kann. Ein Konzept muss her.

Hier nochmal der Reihe nach:

1. Grundstück finden
2. Wer wird Partner? Gemeinde, Firma/Konzern, eine Gruppe Menschen, ein großer Investor/Sponsor/gemeinnützige Stiftung etc.
3. Bodenbeschaffenheit, Kleinklima, wie zugänglich usw.
4. Konzepterstellung, Vision, Finanzplan, Grundstücksplanung
5. Öffentlichkeitsarbeit beginnt
6. Ist die Finanzierung, Sponsoring für die Bäume und Pflanzen und alles Weitere vertraglich festgelegt, kann mit der Pflanzung begonnen werden.
7. Nach Pflanzung der ersten Bäume werden die Baumscheiben angelegt, die Wegeführung festgelegt, die Zone 0 mit Lagerhütte und Freilandküche gebaut, Zaun gebaut (eventuell schon vorher Zaun), Wildschutz, Sitzbänke, Verweilplätze (Seelenraum), Wildobst bzw. Kleinklimapflanzungen usw.
8. Es folgen Jahre des Pflegens und ein steter Aufbau der Vielfalt.
9. Gemeinschaftsaktionen helfen, die Öffentlichkeitsarbeit nicht aus den Augen zu verlieren.
10. Erste Ernten können abgegeben werden.
11. Nach ca. 15 Jahren steht ein perfekter Seelengarten und kann evtl. nach und nach erweitert und fortgesetzt werden.

Voraussetzungen

Um so einen Seelengarten aufbauen zu können, braucht es Fachwissen rund ums Gärtnern und die Bürokratie. Auch mit Menschen sollte man gut umgehen können, schließlich geht es auch manchmal um psychische Betreuung, einfach da zu sein und zuhören zu können. Es kann auch ein pädagogischer Ansatz angestrebt werden, und die Arbeit mit Kindergruppen kann das Projekt zusätzlich finanzieren.

- Der Gärtner und Betreuer muss also ein aufgeschlossener, kontaktfreudiger Mensch sein.
- Das Grundstück soll sonnenverwöhnt und gut erreichbar, nicht zu weit vom Siedlungsraum entfernt und gut begehbar sein, auch mal mit einem Rollstuhl.
- Es ist von Vorteil, wenn die Gemeinde dies gutheißt und die Pressearbeit geregelt ist.
- Der Aufbau des Gartens kann vorerst nebenberuflich erfolgen, später hauptberuflich.
- Ein Garten entsteht nicht von heute auf morgen, auch kein Seelengarten. Es wird immer mal wieder Widrigkeiten geben, davon darf man sich nicht abhalten lassen.
- Fläche sollte vorerst mind. 5000 m^2 betragen und ausbaufähig sein. Der Vorteil als ökologischer Lebensraum für alle spielt auf kleineren Flächen keine so große Rolle.
- Regionale Vereine können ins Boot geholt werden, z. B. Gartenbauvereine, Frauenbund, Landjugend, Imker usw.
- Schulen und Kindergärten, Mutter-Kind-Gruppen, Caritas-Gruppen, Senioren (besonders das Wissen der älteren Generation ist oft hilfreich), Sonderpädagogische Einrichtungen, Lebenshilfe-Einrichtungen …
- Die Region erforschen nach eventuell weiteren Gruppen, die Vorteile aus einem Allmende-Garten hätten und auch mal mithelfen könnten!

Ein Allmende-Seelengarten ist also ein Lebensraum für wirklich alle, Jung und Alt, ein Raum für Bewegung und Stille, ein Raum für Vögel, Igel, Siebenschläfer und Co. und vor allem ein Raum zur Versorgung von Körper, Geist und Seele.

Mehr dazu und wie so etwas zu bewerkstelligen ist, erfahrt ihr auf meiner Homepage *www.mienbacher-waldgarten.de* unter der Rubrik *Verein*.

Literaturverzeichnis

KARIN GREINER: Bäume in Küche und Heilkunde, at Verlag

LORE KUTSCHERA, ERWIN LICHTENEGGER: Wurzelatlas mitteleuropäischer Waldbäume und Sträucher, Stocker Verlag

MARTIN CRAWFORD: Einen Waldgarten erschaffen, OLV Verlag

MARIA STUBER: Ich helf dir kochen, BLV Verlag

ANNA ULMER: Heimatgeschmack, Eigenverlag

HELGA DANNER: Naturküche, Ullstein Verlag

MICHAEL MACHATSCHEK, ELISABETH MAUTHNER: Speisekammer aus der Natur, böhlau Verlag

JOHANNES MAURER, BERND KAJTNA, ANDREA HEISTINGER, ARCHE NOAH: Handbuch Bio-Obst, Löwenzahn Verlag

HANNELORE ZECH: Alles aus dem eigenen Garten, SüdOst Verlag

Bezugsadressen

Saatgut:

www.dreschflegel-saatgut.de

www.bingenheimersaatgut.de

www.biogartenversand.de

www.therapiegarten.at

www.magicgardenseeds.de

www.saat-und-gut.de

Bäume, Beeren und Stauden:

www.baumgartner-baumschulen.de

www.baumschule-horstmann.de

www.eggert-baumschulen.de

www.pflanzenhof-online.de

www.garten-schlueter.de

www.lubera.com

www.deaflora.de

Pilzzucht:

www.shiitake.de

www.hawlik-vitalpilze.de

Brauchbare Geräte:

www.speidels-hausmosterei.de

www.mostshop.at

www.shop-weck.de

www.kochform.de

Bildnachweis

Cover: **stock.adobe.com:** ADDICTIVE STOCK, orestligetka, Ingo Bartussek; **de.freepik.com**

de.freepik.com: 57r, 69l, 71r, 73, 74o, 78u, 83, 88, 122l, 213u;
Renate Ende: 104o;
Reinhard Engelhardt: 38 (alle);
Bernhard Gruber: 41, 42;
Katrin Herrmann: 39, 40;
Hermann Ketterl: 43;
Andrea Leuoth-Münzberger: 6l, 6r, 7(alle), 145, 150, 151, 159(alle), 161, 163, 164, 165, 166l, 168(alle), 170, 172r, 173, 174, 175, 176, 178, 179(alle), 183, 183(Einkl.), 184r, 185, 186, 188(alle), 189, 190l, 193, 195, 196, 197(alle), 201, 202, 204, 206, 207, 208(alle), 210o, 212, U4r;
Lisa Müller: 47;
Lilly Schmidtlein: 36, 37;
Hans Söhl: 44, 45;
stock.adobe.com: 54l, 54m, 55o, 56o, 57l, 57m, 60(alle), 61(alle), 68, 74m, 75l, 77o, 78o, 78m, 98m, 129r, 157, U4l, U4m;
Fynn Rasmus Streich: 5m, 74u, 75r, 76o, 76m, 76u, 77u;
Jeannine Tieling: 190r;
Julia Wegler: 203;
Hannelore Zech: alle übrigen Bilder

Hinweise und Vernetzung zu den Mitwirkenden in diesem Buch

Reinhard Engelhardt, Landwirt und Permakultur-Designer, Niederösterreich, www.waldgarten.global

Bernhard Gruber, Permakultur-Designer, Leiter des Waldgarten-instituts in Oberösterreich, www.waldgarteninstitut.at

Kathrin Herrmann, Landwirtin und Permakultur-Designerin, Schwäbisch Hall, www.zurbuntenkuh.de

Hermann Ketterl, Prof. Maschinenbau, Straubing-Bogen, www.ketterlhof.de

Lisa Müller, Permakultur-Designerin und Künstlerin, Rottal-Inn, www.limilla-mosaik.de

Lilly Schmidtlein, Landwirtin und Spezialistin für syntropische Landwirtschaft, Forchheim, www.hofverde.de

Hans Söhl, Metallbauer und Terra-Preta-Spezialist, Mühldorf/Inn, www.soehlmetall.de

Fynn Rasmus Streich, Baumschulgärtner, Schleswig-Holstein, www.baumschule-waldgarten.de

Jeannine Tieling, Coach, Berater, Landshut, www.jeannine-tieling.com

Julia Wegler, Kräuterpädagogin, Tierkommunikation, schamanische Heilarbeit, Dingolfing-Landau, www.tierkommunikation-julia-wegler.de

Autorinnen

Hannelore Zech

Hannelore Zech ist Dipl.-Permakultur-Gestalterin und Baumwart. Ihre Heimat ist der bayerische Vorwald bei Straubing genauso wie das Vilstal bei Reisbach. Ihre Projekte rund um Waldgarten, Sortenerhaltung und Gemeinschaftsgärten sind im ganzen niederbayerischen Raum verteilt. Als Mutter von zwei erwachsenen Söhnen leitet sie die Selbstversorger-Akademie und eine kleine Baumschule, „Iduns Garten". Zusammen mit ihrem ältesten Sohn bietet sie Nutzgartenberatungen und Obstbaumpflege an und hilft bei der Anlage von Hecken- und Waldgartensystemen.

Mehr zu Hannelore unter
www.selbstversorgerakademie.de
Instagram: @hanne_permakultur_waldgarten
Facebook: @Hannelore Zech

Andrea Leuoth-Münzberger

Permakultur-Designerin, Fachberaterin für Selbstversorgung mit essbaren Wildpflanzen, Streuobstwiesenberaterin, Pilz-Coach und Autorin. Mutter einer Tochter. Sie lebt Selbstversorgung und Naturverbundenheit, vermittelt praxisnahes Wissen zu Wildpflanzen, Pilzen und Permakultur und lädt ein, die Natur bewusst zu nutzen, selbst zu kochen und saisonale Vielfalt zu genießen.

Mehr zu Andrea unter
www.permakultur-land-leuoth.de
Instagram: @permakultur_land_leuoth
Facebook : @Andrea Leuoth-Münzberger

Bibliografische Information der Deutschen Nationalbibliothek

Die Deutsche Nationalbibliothek verzeichnet diese Publikation in der Deutschen Nationalbibliografie; detaillierte bibliografische Daten sind im Internet über http://dnb.dnb.de abrufbar.
ISBN 978-3-89251-555-5

FSC
www.fsc.org
MIX
Papier aus verantwortungsvollen Quellen
FSC® C014138

Für uns, die Battenberg Bayerland Verlag GmbH mit all ihren Imprint-Verlagen, ist Nachhaltigkeit ein wichtiger Teil unserer Unternehmensphilosophie. Daher achten wir bei allen unseren Produkten auf den Einsatz umweltschonender Ressourcen und Materialien.
Dieses Buch wurde auf FSC®-zertifiziertem Papier gedruckt. FSC (Forest Stewardship Council®) ist eine nicht staatliche, gemeinnützige Organisation, die sich für die verantwortungsvolle und ökologische Nutzung der Wälder unserer Erde einsetzt.

Unsere Partnerdruckerei kann zudem für den gesamten Herstellungsprozess nachfolgende Zertifikate vorweisen:
- Zertifizierung für FOGRA PSO
- Zertifizierungssystem FSC®
- Leitlinien zur klimaneutralen Produktion (Carbon Footprint)
- Zertifizierung EcoVadis (die Methodik besteht aus 21 Kriterien in den Bereichen Umwelt, Einhaltung menschlicher Rechte und Ethik)
- Zertifikat zum Energieverbrauch aus 100 % erneuerbaren Quellen
- Teilnahme am Projekt „Grünes Unternehmen" zum Schutz von Naturressourcen und der menschlichen Gesundheit

Covergestaltung, Layout & Satz: Margit Schmidt

1. Auflage 2026
ISBN 978-3-89251-555-5

Battenberg Bayerland Verlag GmbH · Pfälzer Straße 11 · 93128 Regenstauf
Unser komplettes Buchprogramm finden Sie unter:
www.battenberg-bayerland.de
Fragen zum Buch? Direkt an produkt@battenberg-bayerland.de